# Word/Excel/PPT 2013高效办公

## 从入门到精通

赛贝尔资讯 编著

清华大学出版社

北 京

## 内 容 简 介

本书内容丰富、图文并茂、由浅入深，结合大量的实例系统地介绍了 Office 在日常工作中涉及的文档、报表、演示 PPT 的各个方面内容，具有较强的实用性和可操作性。读者只要跟随教材中的讲解边学习边操作，即可轻松地掌握运用 Office 办公软件解决日常办公中遇到的各种实际问题，这在工作中会起到事半功倍的效果。

全书共分 10 章，分别介绍了普通文档操作、图文混合文档操作、高级商务文档操作、公司特殊文档操作、普通表格操作、数据计算表格操作、表格中的数据处理与分析、创建统计报表及图表、文本型幻灯片的编排，以及图文混排型幻灯片的编排等内容。另附 2 章扩展学习内容，讲解了应用表格与图表幻灯片的编排、动感幻灯片及放映输出。

本书适合于各行各业爱学习的人群，可助你文档设计更专业、数据分析更容易、演讲解说更有说服力，也可作为各大中专院校的学习教材。

**图书在版编目（CIP）数据**

Word/Excel/PPT 2013 高效办公从入门到精通/赛贝尔资讯编著 .—北京：清华大学出版社，2019
ISBN 978-7-302-52250-8

Ⅰ.① W… Ⅱ.①赛… Ⅲ.①办公自动化 – 应用软件 Ⅳ.① TP317.1

中国版本图书馆 CIP 数据核字（2019）第 017374 号

责任编辑：贾小红
封面设计：魏润滋
版式设计：楠竹文化
责任校对：马军令
责任印制：杨 艳

出版发行：清华大学出版社
　　　　网　　址：http://www.tup.com.cn，http://www.wqbook.com
　　　　地　　址：北京清华大学学研大厦 A 座　　　　邮　　编：100084
　　　　社 总 机：010-62770175　　　　　　　　　　邮　　购：010-62786544
　　　　投稿与读者服务：010-62776969，c-service@tup.tsinghua.edu.cn
　　　　质量反馈：010-62772015，zhiliang@tup.tsinghua.edu.cn
印 装 者：三河市龙大印装有限公司
经　　销：全国新华书店
开　　本：170mm×230mm　　　印　　张：22.5　　　字　　数：656 千字
版　　次：2019 年 8 月第 1 版　　　　　　　　　印　　次：2019 年 8 月第 1 次印刷
定　　价：69.80 元

产品编号：080070-01

# 前⊙言

首先，感谢您选择并阅读本书！

Office 功能强大、操作简单、易学易用，已经被广泛应用于各行各业的办公当中。在日常工作中，我们无论是进行文档撰写、论文著作，还是进行数据统计、报表分析，或者是进行商务演讲、汇报总结等，几乎都离不开它。Office 使得我们的工作过程更加简化、直观、高效，熟练掌握 Office 是目前所有办公人员必备技能之一。

## 一、本书的内容及特色

本书针对初、中级读者的学习特点，以技能学习为纲要，以案例制作为单元，通过大量的行业案例的讲解，对 Office 办公软件中的 Word、Excel、PowerPoint 三个组件进行了全面、详细的阐述。让读者在"学"与"用"的两个层面上融会贯通，真正掌握 Office 精髓。本书内容及特色如下。

➢ **夯实基础，强调实用。**本书以全程图解的方式来讲解基础功能，可以为初、中级读者学习打下坚实基础。

➢ **应用案例，学以致用。**本书紧密结合行业应用实际问题，有针对性地讲解办公软件在行业应用中的相关大型案例制作，便于读者直接拿来应用或举一反三。

➢ **层次分明，重点明确。**本书每节开始处都罗列了本节学习的"关键点""操作要点""应用场景"，并且对一些常常困扰读者的功能特性、操作技巧等会以"专家提醒"的形式进行突出讲解，这让读者在学习之前能明确本节的学习重点，学习之中能解决难点。

➢ **图文解析，易学易懂。**本书采用图文结合的讲解方式，读者在学习过程中能够直观、清晰地看到操作过程与操作效果，更易掌握与理解。

➢ **手机微课，随时可学。**273 节高清微课视频，扫描书中案例的二维码，即可在手机端学习对应微课视频和课后练一练作业，随时随地提升自己。

➢ **超值赠送，资源丰富。**随书学习资源包中还包含 1086 节高效办公技巧高清视频、115 节职场实用案例高清视频和 Word、Excel、PPT 实用技巧速查手册 3 部电子书，移动端存储，随时查阅。

➢ 电子资源，方便快捷。读者可登录清华大学出版社网站（www.tup.com.cn），在对应图书页面下获取资源包的下载方式。也可扫描图书封底的"文泉云盘"二维码，获取其下载方式。

## 二、本书的读者对象

➢ 天天和数据、表格打交道，被各种数据弄懵圈的财务统计、行政办公人员

➢ 想提高效率又不知从何下手的资深销售人员

➢ 刚入职就想尽快搞定工作难题，并在领导面前露一手的职场小白

➢ 即将毕业，急需打造求职战斗力的学生一族

➢ 各行各业爱学习不爱加班的人群

## 三、本书的创作团队

本系列图书的创作团队是长期从事行政管理、HR 管理、营销管理、市场分析、财务管理和教育/培训的工作者，以及微软办公软件专家。本书所有写作素材都取材于企业工作中使用的真实数据报表，拿来就能用，能快速提升工作效率。

本书由赛贝尔资讯组织编写，尽管作者对书中知识点精益求精，但疏漏之处在所难免。如果读者朋友在学习过程中遇到一些难题或是有一些好的建议，欢迎加入我们的 QQ 群进行在线交流。

# 目⊙录

## 第1章　普通文档操作

第2章　图文混合文档操作

第3章　高级商务文档操作

# 第4章 公司特殊文档操作

# 第5章 普通表格操作

第6章　数据计算表格操作

## 第7章　表格中的数据处理与分析

## 第8章　创建统计报表及图表

第9章　文本型幻灯片的编排

第10章 图文混排型幻灯片的编排

目录

# 本书扩展学习内容

（本目录对应的内容在本书配套资源中，扫描封底二维码下载）

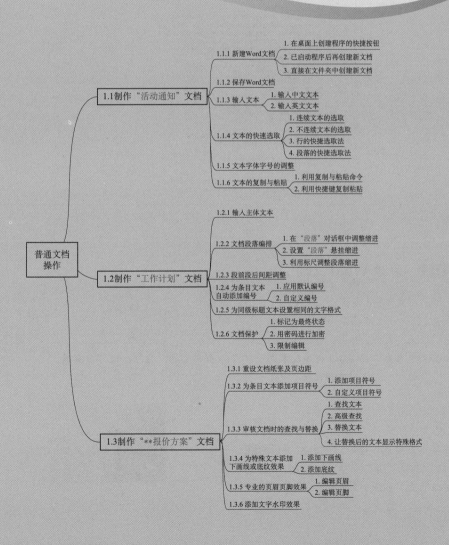

普通文档操作

1.1 制作"活动通知"文档
- 1.1.1 新建Word文档
  - 1. 在桌面上创建程序的快捷按钮
  - 2. 已启动程序后再创建新文档
  - 3. 直接在文件夹中创建新文档
- 1.1.2 保存Word文档
- 1.1.3 输入文本
  - 1. 输入中文文本
  - 2. 输入英文文本
- 1.1.4 文本的快速选取
  - 1. 连续文本的选取
  - 2. 不连续文本的选取
  - 3. 行的快捷选取法
  - 4. 段落的快捷选取法
- 1.1.5 文本字体字号的调整
- 1.1.6 文本的复制与粘贴
  - 1. 利用复制与粘贴命令
  - 2. 利用快捷键复制粘贴

1.2 制作"工作计划"文档
- 1.2.1 输入主体文本
- 1.2.2 文档段落编排
  - 1. 在"段落"对话框中调整缩进
  - 2. 设置"段落"悬挂缩进
  - 3. 利用标尺调整段落缩进
- 1.2.3 段前段后间距调整
- 1.2.4 为条目文本自动添加编号
  - 1. 应用默认编号
  - 2. 自定义编号
- 1.2.5 为同级标题文本设置相同的文字格式
- 1.2.6 文档保护
  - 1. 标记为最终状态
  - 2. 用密码进行加密
  - 3. 限制编辑

1.3 制作"**报价方案"文档
- 1.3.1 重设文档纸张及页边距
- 1.3.2 为条目文本添加项目符号
  - 1. 添加项目符号
  - 2. 自定义项目符号
- 1.3.3 审核文档时的查找与替换
  - 1. 查找文本
  - 2. 高级查找
  - 3. 替换文本
  - 4. 让替换后的文本显示特殊格式
- 1.3.4 为特殊文本添加下画线或底纹效果
  - 1. 添加下画线
  - 2. 添加底纹
- 1.3.5 专业的页眉页脚效果
  - 1. 编辑页眉
  - 2. 编辑页脚
- 1.3.6 添加文字水印效果

# 1.1 制作“活动通知”文档

要使用 Word 程序编辑文档，首先需要创建新文档。文档经过文本编辑及相关格式设置后更需要保存，才能保障后期能够打开并使用。现在有一份“活动通知”文档（如图 1-1 所示），以此文档为例来介绍相关操作要点。

**皖南写生二日游**

**一、行程安排**

**第一天行程：（含中、晚餐）**

指定时间地点集合，前往黄山（车程约 4 小时），抵达后用中餐，**游览塔川村**又名塔上，隶属于宏村镇，距离宏村仅 2 公里，是黟县小桃源众多美丽富绕的自然村落中一个独具魅力的山间村落。粉墙黛瓦，飞檐翘角的二、三十幢古民居依山而建，层层迭迭，错落有致，远远望去，就好象一座巨型宝塔，此为“塔”之来历。**卢村**位于安徽黟县北部是以卢姓为主聚居的古村落。卢村以规模宏大、雕刻精美的木雕楼群而著称，木雕楼享有中国木雕第一楼之誉。卢村最具典型、最有特色的是木雕楼，它体现出徽派民居的精华。卢村木雕楼是由七家里民居组成的木雕楼群，主要包括志诚堂、思济堂、思成堂、玻璃厅等宅院。

**住：西递/周边**

**第二天行程：（含中、晚餐）**

早餐后，**游览西递，**西递村素有“桃花源里人家”之称.西递村建房多用黑色大理石，两条清泉穿村而过，99 条高墙深巷，各具特色的古民居，使游客如置身迷宫。各家各户的富丽宅院、精巧的花园、黑色大理石制作的门框、漏窗，石雕的奇花异卉、飞禽走兽，砖雕的楼台亭阁、人物戏文，及精美的木雕，绚丽的彩绘、壁画，都体现了中国古代艺术之精华。建房、修祠、铺路、架桥，将故里建设得非常舒适、气派。中餐后返程，结束愉快的旅程。

**二、服务项目及接待标准：**

1、交通：国产空调车

2、门票：西递+卢村+塔川

3、餐饮：一早三正餐

4、住宿：双人标准间（独卫、彩电、空调、热水）

5、导服：全程和地方导游陪同讲解服务

6、 保险：旅行社责任险和旅游人身意外险

**三、综合报价：370 元/人（以上价格按照 50 人独立成团核定，不含单房差，住宿预备三星酒店标准间，正餐标准 20 元/人/餐）**

**四、孩子不占床免除 50 元床位费即 320 一人。**

**五、备注：**

1、如遇国家政策性调价和人力不可抗拒因素造成的增加费用和损失敬请自理；

2、在不减少景点的情况下，以上行程可根据实际游览情况调整游览顺序。

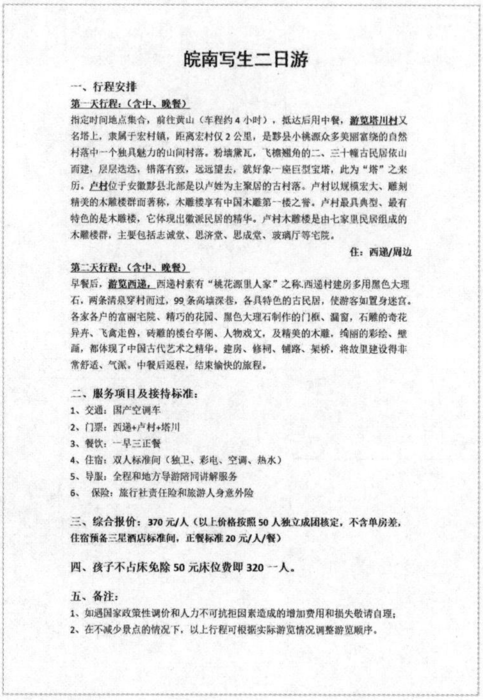

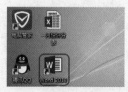

图 1-1

## 1.1.1 新建 Word 文档

**关 键 点：** 创建 Word 文档

**操作要点：** 1. “所有程序”→双击“Word 2013”

2. “文件”→“新建”→“空白文档”

**应用场景：** 通常在启动 Word 程序时就是创建了一个新文档，另外，还可以有其他几种方法创建新文档。

### 1. 在桌面上创建程序的快捷按钮

新程序一般会放在桌面上（如图 1-2 所示），如果不在桌面，也可以单击左下角的按钮，然后选择“所有程序”，在列表中找到 Word 2013 程序，如图 1-3 所示。

图 1-2

图　1-3

❶ 双击 Word 2013 程序，首先进入的是启动界面，界面左侧显示的是最近使用的文件列表，可以在右侧单击"空白文档"创建新文档，如图 1-4 所示。

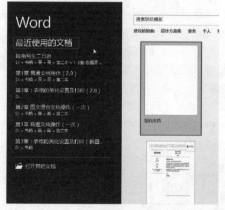

图　1-4

❷ 单击"空白文档"即可创建新的空白文档，如图 1-5 所示。

图　1-5

## 2. 已启动程序后再创建新文档

❶ 如果在启动了 Word 程序后又想创建一个新文档，则可以在程序界面上选择"文件"选项卡，如图 1-6 所示。

图　1-6

❷ 选择"新建"选项，然后在界面右侧单击"空白文档"（如图 1-7 所示）即可创建新文档。

图　1-7

## 3. 直接在文件夹中创建新文档

❶ 进入计算机的某个文件夹中，这个文件夹是用来保存新文档的文件夹。在空白处右击，然后在弹出的菜单中将鼠标指向"新建"，在弹出来的子菜单中选择"Microsoft Word 文档"命令，（如图 1-8 所示），即可新建一个默认名称为"新建 Microsoft Word 文档"的文件，如图 1-9 所示。

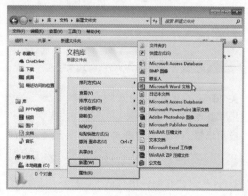

图　1-8

图　1-9

❷ 在如图 1-10 所示的状态，可以为这个新建的文档重新输入新名称。需要编辑时，双击该文档，即可打开文档，并对其进行编辑。

❸ 双击打开文档，在文档的顶部会显示文档的名称，如图 1-11 所示。

图　1-10

图　1-11

练 一 练

**将要经常打开的文档固定在"最近使用的文档"列表中**

最近使用的文档是指最近打开过的文档列表，当有新文档打开时最后一个被替换掉，依次类推。如果最近一段时间的工作中都需要使用某个文件，则可以将它固定在"最近使用的文档"列表中（如图 1-12 所示），而不被新打开的文档替换掉。

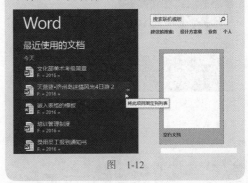

图　1-12

## 1.1.2　保存 Word 文档

关 键 点：保存 Word 文档

操作要点："快速访问工具栏"→"保存"→"另存为"

应用场景：文档创建并编辑后，为便于后期使用是必须进行保存工作的。保存过的文档可以再次打开使用或重新补充、修改编辑等。

首次保存时会弹出对话框，提示用户设置文档保存的位置和名称。

❶ 如图 1-13 所示为新建的文档，需要对文档进行第一次保存操作。单击窗口左上角"快速访问工具

栏"中的"保存"按钮，弹出"另存为"提示面板。

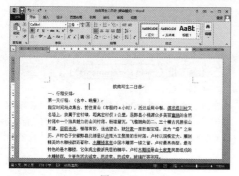

图 1-13

② 单击右侧下方的"浏览"按钮（如图1-14所示），打开"另存为"对话框。

图 1-14

③ 首先在地址框中输入文档要保存的位置，然后在"文件名"文本框中输入保存文档的文件名，如图1-15所示。

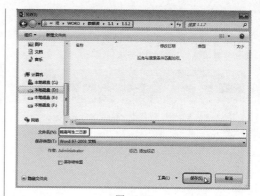

图 1-15

④ 完成设置后单击"保存"按钮即可保存文档。保存文档后，在窗口顶部可以看到文档的名称，如图1-16所示。

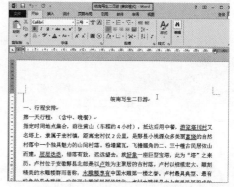

图 1-16

📖 专家提醒

在编辑文档的过程中应随时保存，以免文字丢失。为了省时，可以利用快捷键Ctrl+S保存文档，也可直接单击操作窗口左上角的🔲按钮保存。

## 1.1.3 输入文本

关 键 点：设置数据为文本格式

操作要点：1. Ctrl+S

2."开始"→"字体"→"更改大小写"功能按钮

应用场景：新建文档后对文档进行编辑，首先是文本的输入工作。在编辑过程中，中文或英文输入最为常见。

### 1. 输入中文文本

❶ 新建空白文档后，可以看到光标默认在首行顶格位置闪烁，如图 1-17 所示。

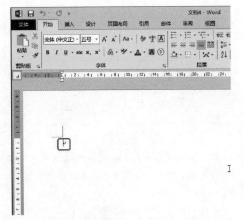

图　1-17

❷ 在键盘上输入文字即可显示在光标处，如图 1-18 所示。

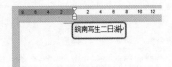

图　1-18

❸ 按 Enter 键换行，接着输入其他文字，需要换行时就按 Enter 键进入下一行，如图 1-19 所示。

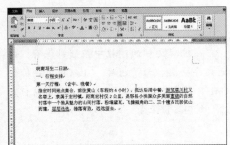

图　1-19

❹ 输入的过程中，注意随时单击窗口左上角的"保存"按钮或按 Ctrl+S 快捷键及时保存。

### 2. 输入英文文本

英文文本的输入与中文相似，定位光标后，在英文输入法状态下即可输入英文，如图 1-20 所示。

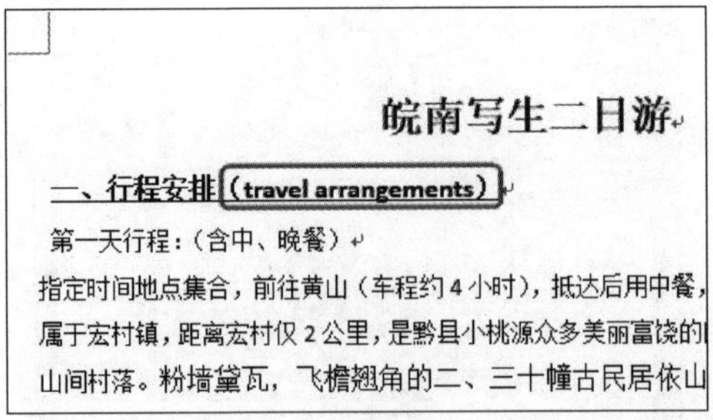

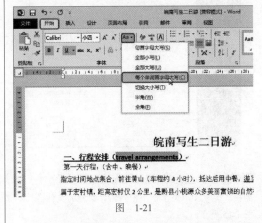

图　1-20

在输入英文文本时，可能有时未及时进行大小写切换，因此可以先全部输入小写字母，然后使用下面的操作一次性将首字母都转换为大写样式。

❶ 将光标定位在第一个英文字母前，按住鼠标左键不放，向右拖动选中全部英文文本，在"开始"选项卡的"字体"组中单击"更改大小写"按钮，弹出下拉列表，如图 1-21 所示。

图　1-21

❷ 在下拉列表中，可以选择要更改的格式，单击该选项即可转换，如"每个单词首字母大写"，转换后的文本如图 1-22 所示。

图　1-22

图　1-20

## 练一练

### 任意定位光标的位置

在输入文本时除了依次按Enter键进入下一行外，也可以利用鼠标在任意位置定位。如图1-23所示，输入文本后，需要在“抵达后用中餐”文字后插入其他文字，则可以移动鼠标指针到目标位置，单击一次即可定位。

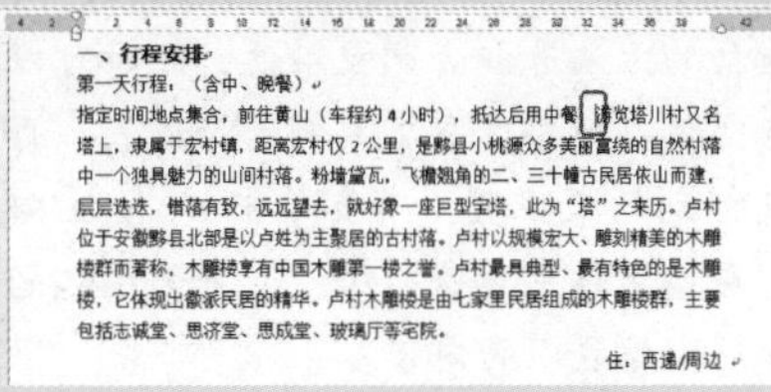

一、行程安排

第一天行程：（含中、晚餐）

指定时间地点集合，前往黄山（车程约4小时），抵达后用中餐，游览塔川村又名塔上，隶属于宏村镇，距离宏村仅2公里，是黟县小桃源众多美丽赢绕的自然村落中一个独具魅力的山间村落。粉墙黛瓦，飞檐翘角的二、三十幢古民居依山而建，层层迭迭，错落有致，远远望去，就好象一座巨型宝塔，此为“塔”之来历。卢村位于安徽黟县北部是以卢姓为主聚居的古村落。卢村以规模宏大、雕刻精美的木雕楼群而著称，木雕楼享有中国木雕第一楼之誉。卢村最具典型、最有特色的是木雕楼，它体现出徽派民居的精华。卢村木雕楼是由七家里民居组成的木雕楼群，主要包括志诚堂、思济堂、思成堂、玻璃厅等宅院。

住：西递/周边

图 1-23

## 1.1.4 文本的快速选取

**关 键 点：** 快速选取文本

**操作要点：** 配合Ctrl键选取

**应用场景：** 输入文本后，不管要对哪些文本进行何种编辑，都需要准确地选中文本。可以通过本节的操作学习如何快速而准确地选中目标文本。

### 1. 连续文本的选取

打开Word文档，将光标定位在想要选择的文本内容的起始位置，按住鼠标左键拖曳，所经过的区域都被选中，如图1-24所示。

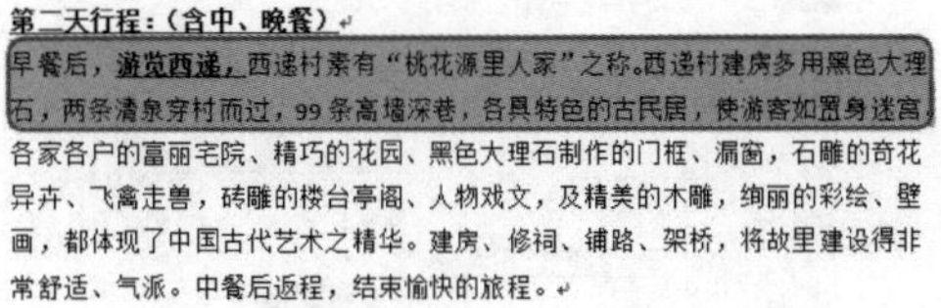

第二天行程：（含中、晚餐）

早餐后，游览西递，西递村素有“桃花源里人家”之称。西递村建房多用黑色大理石，两条清泉穿村而过，99条高墙深巷，各具特色的古民居，使游客如置身迷宫，各家各户的富丽宅院、精巧的花园、黑色大理石制作的门框、漏窗，石雕的奇花异卉、飞禽走兽，砖雕的楼台亭阁、人物戏文，及精美的木雕，绚丽的彩绘、壁画，都体现了中国古代艺术之精华。建房、修祠、铺路、架桥，将故里建设得非常舒适、气派。中餐后返程，结束愉快的旅程。

图 1-24

### 2. 不连续文本的选取

首先选中第一个文本区域，接着按住Ctrl键，并按住鼠标左键拖曳，选中其他文本区域，直至最后一个文本区域选取完成后，松开Ctrl键即可，如图1-25所示。

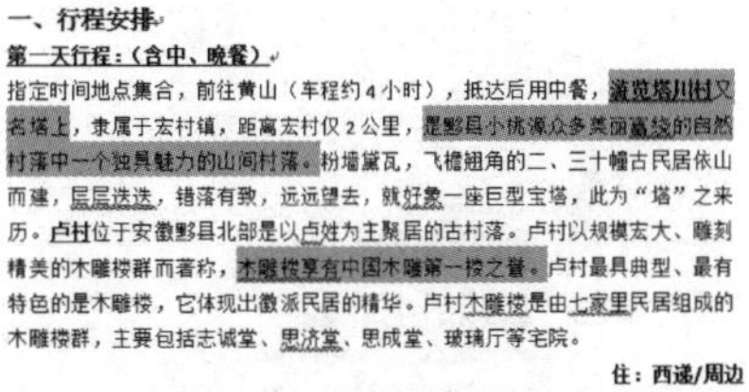

一、行程安排

第一天行程：（含中、晚餐）

指定时间地点集合，前往黄山（车程约4小时），抵达后用中餐，游览塔川村又名塔上，隶属于宏村镇，距离宏村仅2公里，是黟县小桃源众多美丽赢绕的自然村落中一个独具魅力的山间村落。粉墙黛瓦，飞檐翘角的二、三十幢古民居依山而建，层层迭迭，错落有致，远远望去，就好象一座巨型宝塔，此为“塔”之来历。卢村位于安徽黟县北部是以卢姓为主聚居的古村落。卢村以规模宏大、雕刻精美的木雕楼群而著称，木雕楼享有中国木雕第一楼之誉。卢村最具典型、最有特色的是木雕楼，它体现出徽派民居的精华。卢村木雕楼是由七家里民居组成的木雕楼群，主要包括志诚堂、思济堂、思成堂、玻璃厅等宅院。

住：西递/周边

图 1-25

### 3. 行的快捷选取法

将鼠标指针移到要选中行的左侧的空白位置，待指针变成↗向箭头时单击，即可快速选取行，如图1-26所示。

一、行程安排

第一天行程：（含中、晚餐）

指定时间地点集合，前往黄山（车程约4小时），抵达后用中餐，游览塔川村又名塔上，隶属于宏村镇，距离宏村仅2公里，是黟县小桃源众多美丽赢绕的自然村落中一个独具魅力的山间村落。粉墙黛瓦，飞檐翘角的二、三十幢古民居依山而建，层层迭迭，错落有致，远远望去，就好象一座巨型宝塔，此为“塔”之来历。卢村位于安徽黟县北部是以卢姓为主聚居的古村落。卢村以规模宏大、雕刻精美的木雕楼群而著称，木雕楼享有中国木雕第一楼之誉。卢村最具典型、最有特色的是木雕楼，它体现出徽派民居的精华。卢村木雕楼是由七家里民居组成的木雕楼群，主要包括志诚堂、思济堂、思成堂、玻璃厅等宅院。

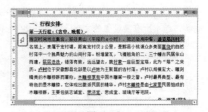

图 1-26

### 4. 段落的快捷选取法

将鼠标指针移到要选中的段落的左端，待指针变成↗向箭头时双击，即可快速选中段落，如图1-27所示。

一、行程安排

第一天行程：（含中、晚餐）

指定时间地点集合，前往黄山（车程约4小时），抵达后用中餐，游览塔川村
名塔上，隶属于宏村镇，距离宏村仅2公里，是黟县小桃源众多美丽赢绕的自
村落中一个独具魅力的山间村落。粉墙黛瓦，飞檐翘角的二、三十幢古民居依
而建，层层迭迭，错落有致，远远望去，就好象一座巨型宝塔，此为“塔”之
历。卢村位于安徽黟县北部是以卢姓为主聚居的古村落。卢村以规模宏大、雕
精美的木雕楼群而著称，木雕楼享有中国木雕第一楼之誉。卢村最具典型、最
特色的是木雕楼，它体现出徽派民居的精华。卢村木雕楼是由七家里民居组成
木雕楼群，主要包括志诚堂、思济堂、思成堂、玻璃厅等宅院。

住：西递/

图 1-27

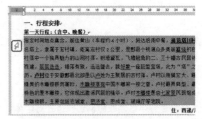

## 专家提醒

如果想要快速选中的文本较长，用鼠标拖动的方法选取会比较不便，此时可以将光标定位在所要选取文本的起始位置，再滑动鼠标到结束位置（不要单击）。按住 Shift 键，在结束位置单击一次，即可选中起始位置和结束位置间的内容。

## 练一练

### 块区域文本的选取

如果要选中某个块状区域文本的内容，

则需要利用 Alt 键。将光标定位在所要选取内容的起始位置，按住 Alt 键不放，同时按住鼠标左键拖曳至结尾位置处，即可实现块区域文本的选取，如图 1-28 所示。

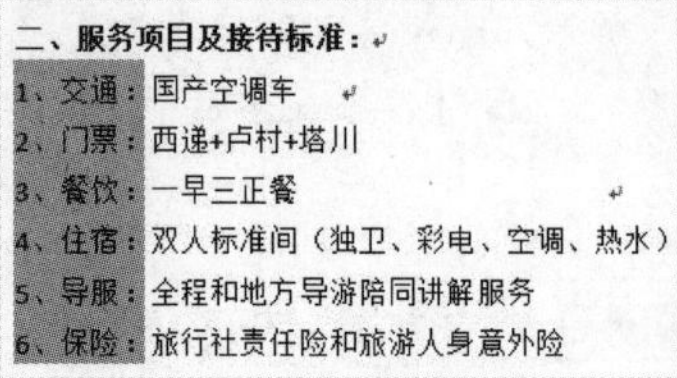

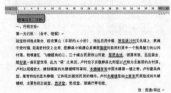

二、服务项目及接待标准：
1、交通：国产空调车
2、门票：西递+卢村+塔川
3、餐饮：一早三正餐
4、住宿：双人标准间（独卫、彩电、空调、热水）
5、导服：全程和地方导游陪同讲解服务
6、保险：旅行社责任险和旅游人身意外险

图 1-28

## 1.1.5　文本字体字号的调整

关 键 点：重新设置字体字号
操作要点：开始→字体组
应用场景：在 Word 2013 版本中输入中文文本时，默认的字体是"宋体"，字号为"五号"，但在实际应用中，大标题、小标题等文本都需要特殊显示，这就要对文体的字体字号进行调整。

❶ 将光标定位在第一个文字前面，按住鼠标左键向右拖动，选中所有要设置的文字，如图 1-29 所示。

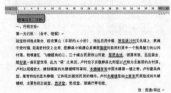

图 1-29

❷ 在"开始"选项卡的"字体"组中单击"字体"下拉按钮，展开下拉列表，如图 1-30 所示。

❸ 鼠标指向字体时，被选中的文字即显示预览效果，单击即可应用字体，如单击"黑体"，效果如图 1-31 所示。

❹ 选中目标文本，单击"字号"下拉按钮，在弹出的下拉列表中选中需要使用的字号，如"二号"，应用效果如图 1-32 所示。

❺ 选择其他需要设置字体字号的文本，按相同的方法分别进行字体字号的设置，通过对字体字号的设置可以让文档的层次感好很多，如图 1-33 所示。

图 1-30

图 1-31

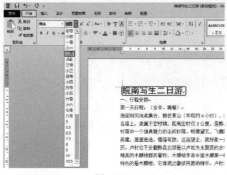

图 1-32

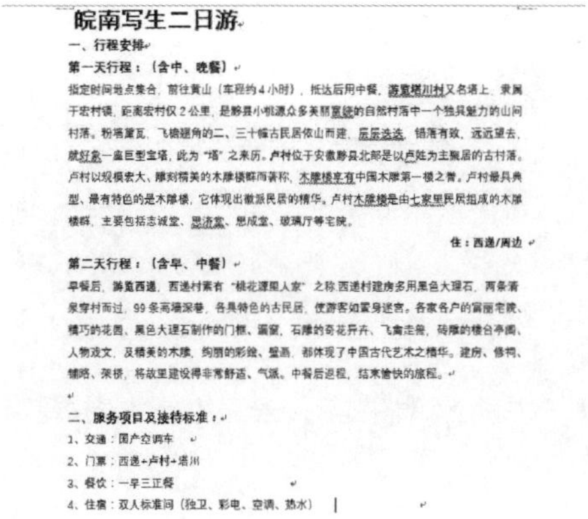

### 设置不同的字体字号

设置如图 1-34 所示的不同的字体、字号效果。

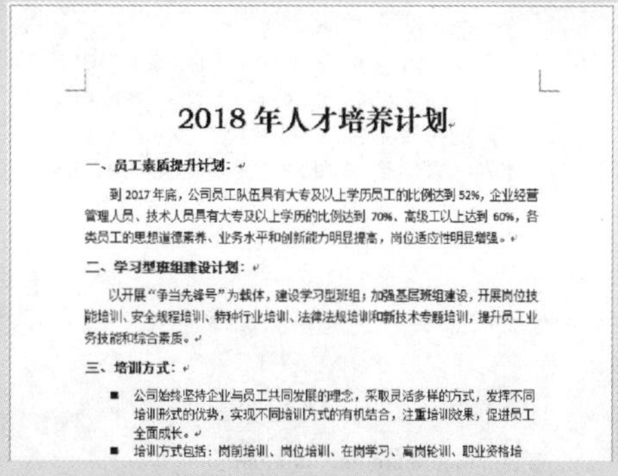

图 1-33

#### 2018 年人才培养计划

一、员工素质提升计划：

到 2017 年底，公司员工队伍具有大专及以上学历员工的比例达到 52%，企业经营管理人员、技术人员具有大专及以上学历的比例达到 70%，高级工以上达到 60%，各类员工的思想道德素养、业务水平和创新能力明显提高，岗位适应性明显增强。

二、学习型班组建设计划：

以开展"争当先峰号"为载体，建设学习型班组；加强基层班组建设，开展岗位技能培训、安全规程培训、物料行业培训、法律法规培训和班长专题培训，提升员工业务技能和综合素质。

三、培训方式：

■ 公司始终坚持企业与员工共同发展的理念，采取灵活多样的方式，支撑不同培训形式的优势，实现不同培训方式的有机结合，注重培训效果，促进员工全面成长。

■ 培训方式包括：岗前培训、岗位培训、在岗学习、离岗轮训、职业资格培

图 1-34

---

## 1.1.6 文本的复制与粘贴

**关 键 点：**复制与粘贴文本
**操作要点：**Ctrl+C、Ctrl+V
**应用场景：**在编辑文档时，如果出现相同的文本，不需要重新输入文字，而是可以利用复制与粘贴功能，将文本复制到其他位置。复制粘贴功能是文本输入过程中最常用的功能之一。

### 1. 利用复制与粘贴命令

❶ 利用鼠标拖曳的方法选中要复制的文本"(含中、晚餐)"，然后右击，在弹出的菜单中选择"复制"命令（如图 1-35 所示），即可将文本添加到剪贴板中。

❷ 将光标定位在文本"第二天行程："后的位置，在"开始"选项卡的"剪贴板"组中单击"粘贴"按钮（如图 1-36 所示），弹出下拉菜单。

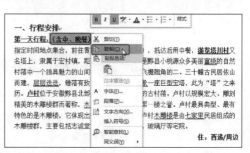

图 1-35

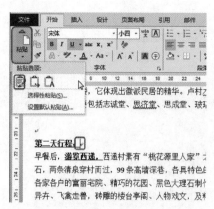

图 1-36

③ 单击"保留源格式"粘贴选项，即可将剪贴板中的文本以原格式粘贴到指定位置，如图 1-37 所示。

图 1-37

### 知识扩展

单击"粘贴"下拉按钮，在弹出的下拉列表中显示了粘贴的选项，如"保留源格式""合并格式""只保留文本"等格式的粘贴，用户可以根据需要，选中不同的粘贴格式。

需要注意使用快捷键粘贴时，粘贴的格式是一个不确定因素，当有特殊要求时，应当使用第一种方法，进行粘贴操作。

### 2. 利用快捷键复制粘贴

对于经常编辑文档的使用者来说，使用快捷键进行复制粘贴操作会更加便捷。

❶ 选中要复制的文本，按 Ctrl+C 快捷键，即可复制文本。

❷ 将光标定位在要粘贴的位置，按 Ctrl+V 快捷键，即可粘贴文本。

### 练一练

#### 复制文本辅助快速输入

如图 1-38 所示，3 个小节标题使用了相同的文字格式并且也有部分重复文字，可以在输入了"一、销售方面的情况"并设置了格式后，采用复制的方法局部修改部分文字完成输入。

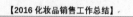

图 1-38

## 1.2 制作"工作计划"文档

工作计划文档是企业一般在某项工作开始之时要求递交的简易汇报，属于常规文档。但无论哪种类型的文档，在文字编辑后都应注重其排版工作。如对文档段落间距的调整，标题文字的特殊设置，条目文本应用有条理的编号等。

如图 1-39 所示的"公司新员工培训计划"文档是一张排版完善的文档，下面以此文档为例，介绍实现相关效果的操作。

图 1-39

## 1.2.1 输入主体文本

关 键 点：输入主体文本

操作要点：输入文本、Enter 键

应用场景：要制作工作计划文档，需要先输入文本内容，然后才能进行相关的格
式设置及排版操作。

新建文档后，首先输入文档的标题，按 Enter 键进入下一行依次输入文本，如图 1-40 所示。

图 1-40

## 1.2.2 文档段落编排

**关键点:** 通过段落格式设置增强文本层次感
**操作要点:** "开始" → "段落" 组 → "段落" 对话框
**应用场景:** 为了使文档符合商业办公的需求,除了要对字体格式进行设置外,还需要对段落进行编排。例如,输入的文本(有些文本可能是通过其他途径复制而来)有时会忽略段落缩进两个字符这种格式,因此在输入主体文本后,可以一次性对相关格式进行调整。

### 1. 在"段落"对话框中调整缩进

❶ 利用鼠标拖曳的方法选中所有要设置格式的段落。在"开始"选项卡的"段落"组中单击右下角的对话框启动器 ![] (如图1-41所示),打开"段落"对话框。

图 1-41

❷ 选择"缩进和间距"选项卡,在"缩进"栏下,设置"左侧"缩进字符为"3字符",如图1-42所示。

图 1-42

❸ 单击"确定"按钮,则所选段落全部左侧缩进3字符,如图1-43所示。

图 1-43

❹ 按照相同的操作,选中其他需要设置为相同格式的段落(如图1-44所示),打开"段落"对话框进行设置,如图1-45所示。

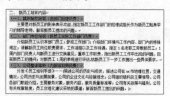

图 1-44

图 1-45

❺单击"确定"按钮即可对所有选中的段落文本设置左侧缩进"2字符",如图1-46所示。

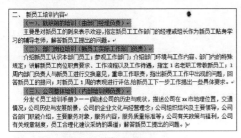

图　1-46

专家提醒

当多处不连续段落都需要设置相同缩进值时,可以按住Ctrl键不放,利用鼠标拖曳的方法依次选中多个段落,然后进行相同的格式缩进设置。

## 2. 设置"段落"悬挂缩进

悬挂缩进的效果是段落的首行缩进值不改变,只对其他行的缩进值进行调整。通过下面的例子来具体学习。

❶选中要设置为"悬挂缩进"效果的段落,在"开始"选项卡的"段落"组中单击右下角的对话框启动器按钮（如图1-47所示),打开"段落"对话框。

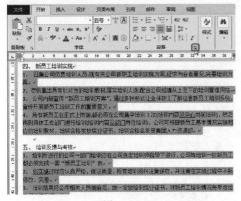

图　1-47

❷在"缩进"栏下,设置左侧缩进字符为"2字符",单击"特殊格式"的下拉按钮,选择"悬挂缩进",再设置缩进值为"2字符",如图1-48所示。

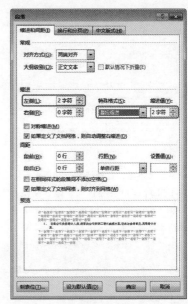

图　1-48

❸单击"确定"按钮,即可得到如图1-49所示的缩进效果。

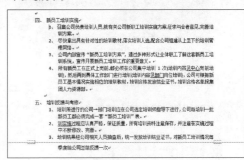

图　1-49

## 3. 利用标尺调整段落缩进

在如图1-50所示文档中,可以看到在文档工具栏下方有一行标尺,标尺上的按钮为缩进按钮。左边的3个按钮,从上至下依次为"首行缩进""悬挂缩进""左缩进"。右边的按钮为"右缩进"。利用它们也可以更直观地调节段落的缩进效果。

❶首行缩进。顾名思义,是将段落的第一行从左向右缩进一定的距离,首行外的各行都保持不变,以便于阅读和区分段落结构。

图　1-50

选中目标文本后，鼠标指针指向"首行缩进"按钮（如图 1-51 所示），按住鼠标左键向右拖动即增大缩进，如图 1-52 所示，向左拖动即减小缩进。缩进字符的数值可以通过标尺来判断。

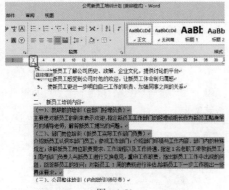

图　1-51

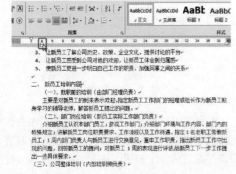

图　1-52

❷ 悬挂缩进。悬挂缩进是相对于首行缩进而言的，在这种段落格式中，段落的首行文本保持不变，而除首行以外的文本缩进一定的距离。常用于项目符号和编号列表。

选中目标文字，鼠标指针指向"悬挂缩进"按钮（如图 1-53 所示），按住鼠标左键向右拖动 2 字符，即可看到所选段落的文本设置了悬挂缩进，如图 1-54 所示。

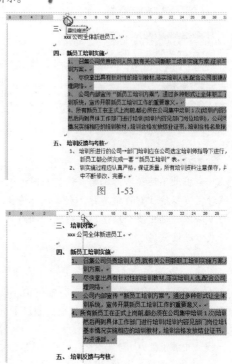

图　1-53

图　1-54

❸ 左缩进。设置整个段落左端统一向右缩进的距离。

选中目标文字，鼠标指针指向"左缩进"按钮（如图 1-55 所示），按住鼠标左键向右拖动 3 个字符，即可看到所选段落的文本设置了左缩进，如图 1-56 所示。

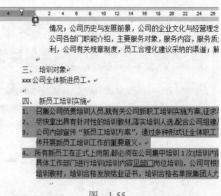

图　1-55

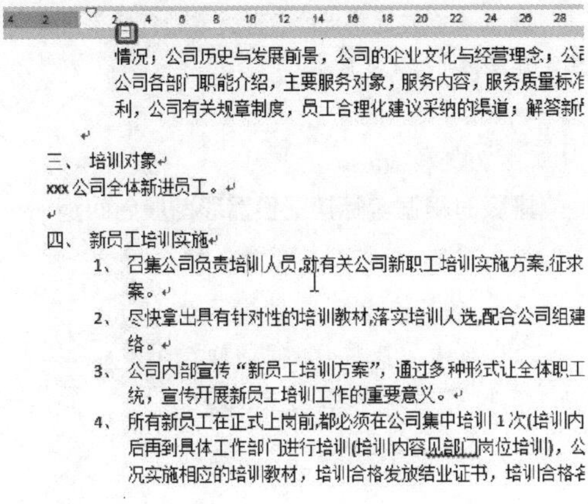

情况；公司历史与发展前景，公司的企业文化与经营理念；公
公司各部门职能介绍，主要服务对象，服务内容，服务质量标准
利，公司有关规章制度，员工合理化建议采纳的渠道；解答新
三、 培训对象
xxx 公司全体新进员工。
四、 新员工培训实施
1、 召集公司负责培训人员，就有关公司新职工培训实施方案，征求
案。
2、 尽快拿出具有针对性的培训教材，落实培训人选，配合公司组建
络。
3、 公司内部宣传"新员工培训方案"，通过多种形式让全体职工
统，宣传开展新员工培训工作的重要意义。
4、 所有新员工在正式上岗前，都必须在公司集中培训 1 次(培训内
后再到具体工作部门进行培训(培训内容见部门岗位培训)，公
况实施相应的培训教材，培训合格发放结业证书，培训合格


图 1-56

## 知识扩展

如果文档中未出现标尺，可以在"视图"→"显示"组中选中"标尺"前面的复选框（如图 1-57 所示），即可显示出标尺，如果要取消标尺，则取消选中复选框。

布局
引用
邮件
审阅
视图
标尺
网格线
导航窗格
显示
显示比例
100%
单页
多页
页宽
显示比例
新建窗口


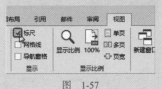

图 1-57

## 练一练

### 设置不同的缩进效果

如图 1-58 所示，根据实际情况设置不同的缩进值实现排版。

二、重点推荐软件产品

（一）高校档案管理系统

高校档案管理系统是面向高等院校教师、学生、文献档案集中管理而研发的专业档案系统，旨在使教师档案管理更加方便、简单、快捷。

1. 系统提供一站式档案扫描入库、归档、检索、借阅管理功能，纸质档案与电子档案实现融合管理。
2. 档案管理软件并与档案扫描仪等设备实现集成，纸质档案电子化管理工作变得更加轻松，极大提高人工操作效率。
3. 采用细粒度的权限控制，档案安全管理等级最小化。

（二）互动式网络大学平台

互式动网络大学平台是我公司根据多年的教育信息化服务实践，结合高等院校教育、教学特点而研发的新一代网络辅助教学平台，是在线学习、精品课堂、知识分享、交流讨论、专题培训、实验研究等综合性学习、科研平台。达到如下目标：

1. 实现网上课程在线学习。对必选课程与选修课程进行有效管理，实现网上选课、在线学习、交流、辅导。
2. 建立培训讲师档案，并与课程、学习计划等统筹管理。
3. 创建校级学习论坛。提供学生、老师知识、科研交流。

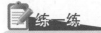

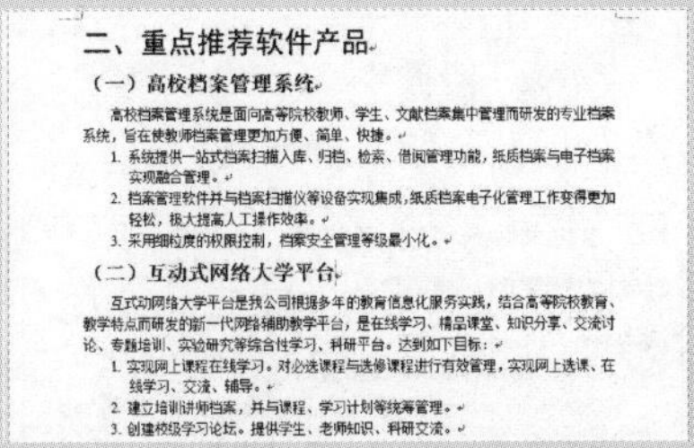

图 1-58

## 1.2.3 段前段后间距调整

**关 键 点：** 段前段后间距的调整

**操作要点：** "开始"→"段落"组→"段落"对话框

**应用场景：** 段间距，即段落与段落之间的距离。段前间距即该段与上一行的距离，段后间距即该段与下一行的距离。通过段前段后间距的调整，可以使文档看起来更有层次感，条理更加清晰。

❶ 将鼠标指针移至目标段落的左侧位置（左侧页边距位置），此时光标会变成右指向的白色箭头，双击即可选中该段落（单击选中整行，双击选中整段）。按住 Ctrl 键，依次选中其他目标段落，如图 1-59 所示。在"开始"选项卡的"段落"组中单击右下角的对话框启动器按钮 ，打开"段落"对话框。

❷ 在"间距"栏下，设置"段前"和"段后"间距均为"0.5 行"（可以单击右侧的上下调节钮进行调节，以 0.5 行为单位），如图 1-60 所示。

❸ 单击"确定"按钮返回文档中，即可看到所选段落的段前段后间距发生了改变，如图 1-61 所示。

引用
邮件
审阅
视图
AaBbCcDd
正文
AaBbCcDd
无间隔
AaBb
标题 1
段落
5、 使新员工更进一步明白自己工作的职责、加强同事之间的关系
二、 新员工培训内容
（一）就职前的培训（由部门经理负责）
主要是对新员工的到来表示欢迎，指定新员工工作部门的经理或组长作为新员工
习的辅导老师，解答新员工提出的问题。
（二）部门岗位培训（新员工实际工作部门负责）
介绍新员工认识本部门员工；参观工作部门；介绍部门环境与工作内容、部门内
规定；讲解新员工岗位职责要求、工作流程以及工作待遇，指定 1 名老职工带教新
周内部门负责人与新员工进行交换意见，重申工作职责，指出新员工工作中出现的
答新员工的提问；对新员工 1 周的表现进行评估，给新员工下一步工作提出一些具体
（三）公司整体培训（内部培训师负责）
分发《员工培训手册》——简述公司的历史与现状，描述公司在 xx 市地理位置
情况；公司历史与发展前景，公司的企业文化与经营理念；公司组织结构及主要领导


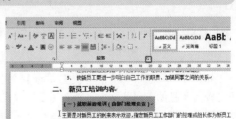

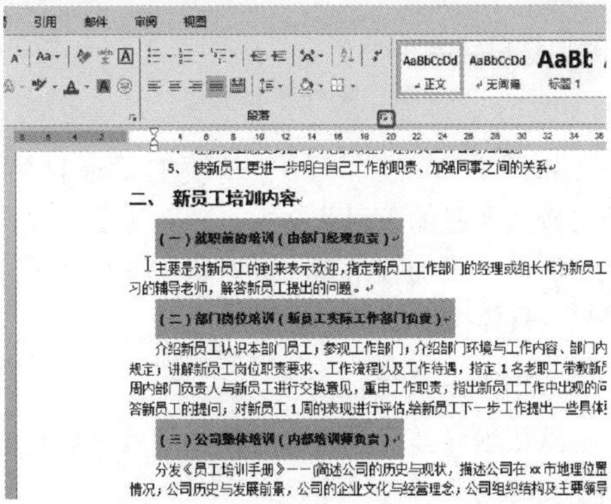

图 1-59

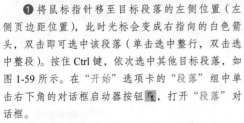

图　1-60

图　1-61

❹ 如果有其他位置的段落需要进行段落间距设置，都按相同的方法设置。

**练一练**

### 排版时根据实际情况设置段前段后间距

如图 1-62 所示，为各级标题设置不同的段前段后距离，正文也设置了段后 0.5 行间距，让文本整体效果看起来比较松散。

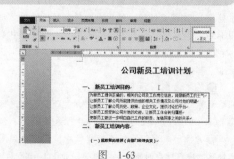

图　1-62

---

## 1.2.4 为条目文本自动添加编号

> **关 键 点**：通过对文本添加编号使文本更具条理性
> **操作要点**：1．"开始"→"段落"组
> 　　　　　　2．"开始"→"段落"→"自定义编号"
> **应用场景**：对于一些条目性的文本，一般需要使用编号，这样会让文本条理更加清晰，更便于阅读。

如图 1-63 所示，"一、新员工培训目的"下是较为明显的条目式文本，现在为了让这段文字看起来更加有条理，可以给文本自动添加编号，具体操作如下。

### 1．应用默认编号

默认编号是程序内置的几种编号，具有应用方便的优点。

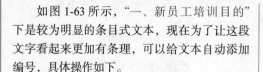

图　1-63

❶ 选中全部目标文本，在"开始"选项卡的"段落"组中单击"编号"下拉按钮（如图1-64所示），打开"编号库"菜单。

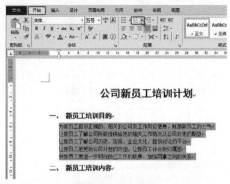

图 1-64

❷ 在"编号库"菜单中，列出了计算机默认的几种编号（如图1-65所示），单击即可使用，添加编号后的条目文档如图1-66所示。

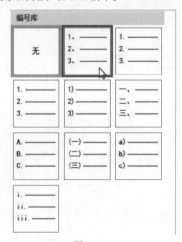

图 1-65

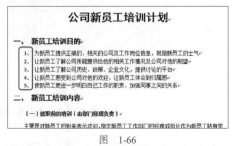

图 1-66

❸ 按照相同的操作，给文档中其他需要添加编号的条目文本添加编号。

## 2. 自定义编号

除了编号库中的编号外，如果想使用的编号样式在编号库中未提供，还可以自定义编号的样式。

❶ 选中目标文本后，在"开始"选项卡的"段落"组中单击"编号"按钮，在下拉列表中选择"定义新编号格式"选项（如图1-67所示），打开"定义新编号格式"对话框。

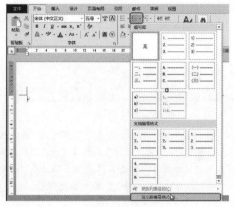

图 1-67

❷ 单击"编号样式"文本框的下拉按钮，在弹出的下拉列表中还有多种可以选用的编号样式，如图1-68所示。

❸ 选择样式后单击"字体"按钮（如图1-69所示），打开"字体"对话框，对文字格式进行相应的设置，如更改字体，设置字形为"加粗 倾斜"，更改字号，设置颜色等，如图1-70所示。

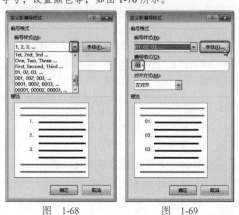

图 1-68          图 1-69

图 1-70

④ 设置完成后单击"确定"按钮回到"编号格式"对话框中,单击"确定"按钮即可为选中的文本应用自定义的编号,如图 1-71 所示。同时在"编号库"中可以看到新建的样式,如图 1-72 所示。

图 1-71

编号库

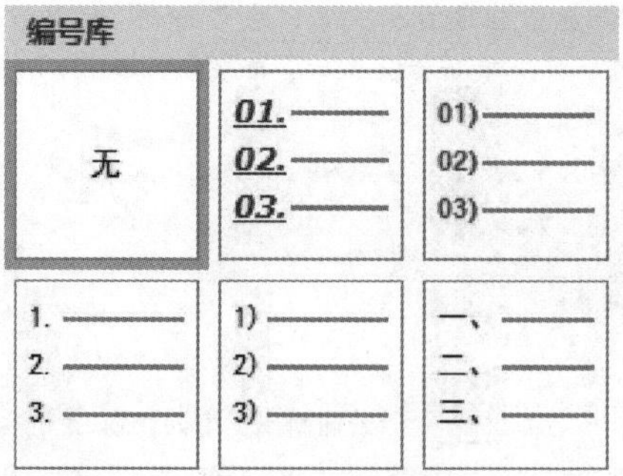

图 1-72

练一练

为条目文本编号

为如图 1-73 所示的文本设置编号。

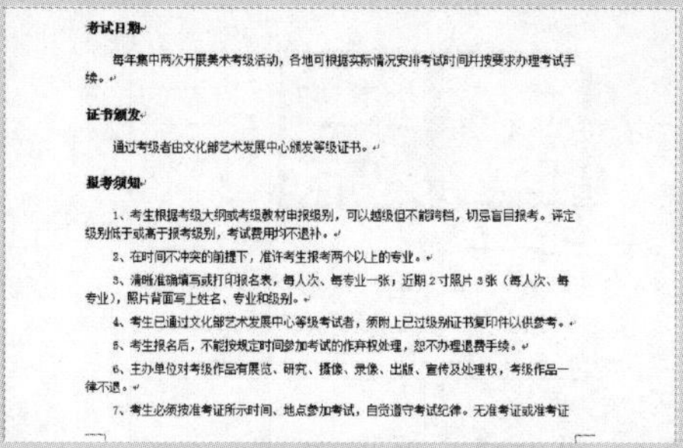

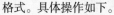

图 1-73

**1.2.5 为同级标题文本设置相同的文字格式**

**关 键 点**:使用格式刷快速刷取文字格式

**操作要点**:"开始"→"剪贴板"→"格式刷"

**应用场景**:如果某级标题文字已经设置了文字格式,其他同级标题也需要使用相同格式时,可以直接使用格式刷快速刷取格式,而不必逐一设置。

如图 1-74 所示的文本中可以看到正文的大标题,即编号为"一、新员工培训目的"的标题所设置的文字格式和段落格式,现在它的同级标题需要设置相同的文字格式。可以在设置一个标题格式后,利用格式刷为同级标题复制格式。具体操作如下。

① 选中标题"一、新员工培训目的",在"开始"选项卡的"剪贴板"组中双击"格式刷"按钮,如图 1-75 所示。

② 此时光标会变成刷子形状,将光标定位在标题"二、"前,按住鼠标左键向右拖动,选中该标题,

如图 1-76 所示。

图　1-74

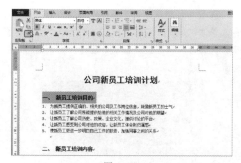

图　1-75

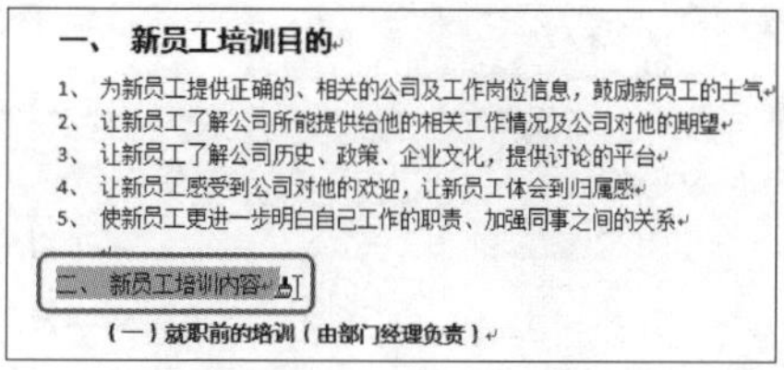

一、　新员工培训目的
1、为新员工提供正确的、相关的公司及工作岗位信息，鼓励新员工的士气
2、让新员工了解公司所能提供给他的相关工作情况及公司对他的期望
3、让新员工了解公司历史、政策、企业文化，提供讨论的平台
4、让新员工感受到公司对他的欢迎，让新员工体会到归属感
5、使新员工更进一步明白自己工作的职责、加强同事之间的关系

二、　新员工培训内容

（一）就职前的培训（由部门经理负责）

图　1-76

❸ 松开鼠标左键，即可将标题"一、"的格式粘贴到标题"二、"中，如图 1-77 所示。

❹ 此时光标仍是刷子形状，按照相同的操作方法，为其他的同级标题刷取相同的格式，效果如图 1-78 所示。

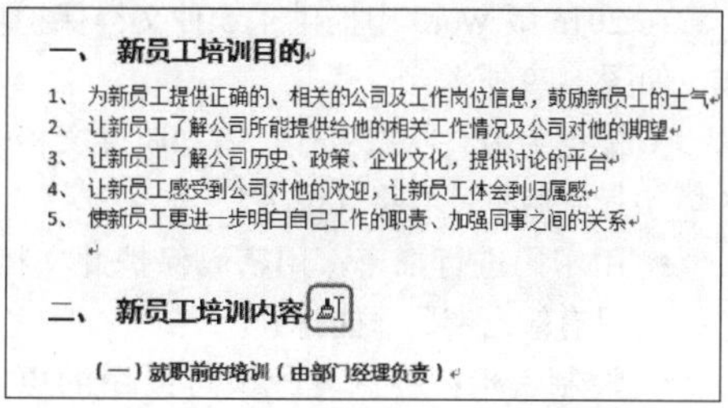

### 1.2.6　文档保护

**关 键 点**：通过保护设置使文档安全性更高
**操作要点**："文件" → "信息" 提示面板
**应用场景**：商务办公中经常会涉及很多机密性的文档，因此当文件编辑完成后就需要设置保护，用以控制其他人对此文档的操作。

一、　新员工培训目的
1、为新员工提供正确的、相关的公司及工作岗位信息，鼓励新员工的士气
2、让新员工了解公司所能提供给他的相关工作情况及公司对他的期望
3、让新员工了解公司历史、政策、企业文化，提供讨论的平台
4、让新员工感受到公司对他的欢迎，让新员工体会到归属感
5、使新员工更进一步明白自己工作的职责、加强同事之间的关系

二、　新员工培训内容

（一）就职前的培训（由部门经理负责）

图　1-77

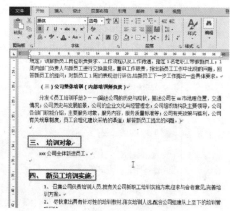

图　1-78

❺ 格式刷取完成后，再次单击"格式刷"按钮取消其启用状态即可。

### 📎 专家提醒

单击"格式刷"按钮，可以复制粘贴一次格式，粘贴格式后会自动退出格式刷的启用状态。

当有多处需要使用格式刷复制粘贴格式时，应该双击"格式刷"按钮，复制粘贴后，再次单击"格式刷"按钮，退出工作状态即可。

在 2013 版 Word 中提供了 5 种文档保护功能，如图 1-79 所示。

- 标记为最终状态：让读者知晓此文档是最终版本，并将其设为只读。
- 用密码进行加密：用密码保护此文档，只有输入密码才能打开。
- 限制编辑：控制其他人可以做的更改类型。
- 限制访问：授予用户访问权限，同时限制其编辑、复制和打印的能力。
- 添加数字签名：通过添加不可见的数字签名来确保文档的完整性。

图 1-79

### 1. 标记为最终状态

❶ 打开文档，选择"文件"选项卡（如图 1-80 所示），弹出"信息"提示面板。

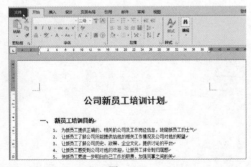

图 1-80

❷ 在右侧窗格中单击"保护文档"下拉按钮，在弹出的列表中选中保护功能，如"标记为最终状态"（如图 1-81 所示），打开 Microsoft Word 提示框。

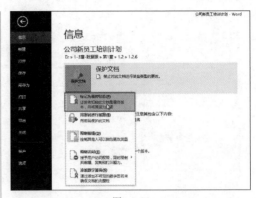

图 1-81

❸ 提示框警示用户是否将文档标记为终稿并保存，单击"确定"按钮（如图 1-82 所示），弹出提示框，此时文档已经被标记为最终状态，如图 1-83 所示。

图 1-82

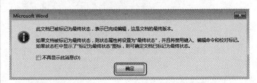

图 1-83

❹ 单击"确定"按钮，完成设置，如 1-84 所示。

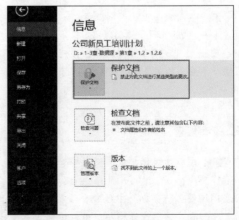

图 1-84

### 2. 用密码进行加密

❶选择"用密码进行加密"选项（如图1-85所示），打开"加密文档"对话框。

图 1-85

❷在"密码"文本框中输入密码，如图1-86所示。

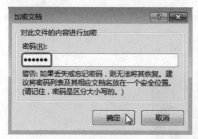

图 1-86

❸单击"确定"按钮，弹出"确认密码"对话框，在"重新输入密码"文本框中再次输入步骤❷中输入的密码，如图1-87所示。

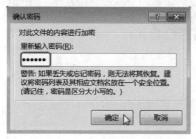

图 1-87

❹单击"确定"按钮，如图1-88所示。

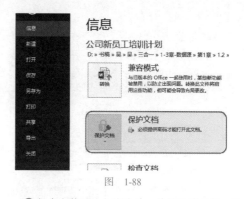

图 1-88

❺保存文档后，加密生效。关闭当前文档，再次打开时，会弹出"密码"对话框，如图1-89所示。输入密码，并单击"确定"按钮，即可打开文档。

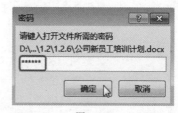

图 1-89

### 3. 限制编辑

❶选择"限制编辑"选项（如图1-90所示），在文档右侧打开"限制编辑"窗格。

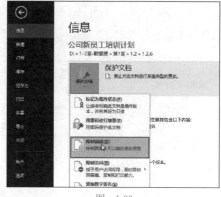

图 1-90

❷在"2.限制编辑"栏中选中"仅允许在文档中进行此类型的编辑"复选框，单击右侧下拉按钮，在列表中选择"不允许任何更改（只读）"选项，然后在"3.启动强制保护"栏中单击"是，启动强制保护"按钮（如图1-91所示），打开"启动强制保护"

对话框。

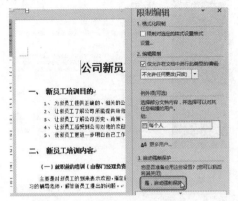

图 1-91

③ 在"保护方法"栏中选中"密码"单选按钮并设置密码，如图 1-92 所示。

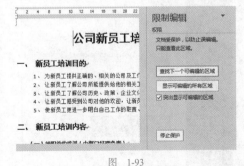

图 1-92

④ 单击"确定"按钮返回到文档中，可以看到文本已被保护的提示信息，如图 1-93 所示。

图 1-93

⑤ 当打开文档对其修改时，系统会阻止编辑。在打开的"限制编辑"窗格中单击"停止保护"按钮，弹出"取消保护文档"对话框，输入密码，单击"确定"按钮，即可重新编辑文档，如图 1-94 所示。

图 1-94

### 练一练

#### 取消文档的加密保护

为文档设置加密保护后，如果想要撤销保护，方法如下：在"信息"面板中选择"用密码进行加密"选项（如图 1-95 所示），打开"加密文档"对话框，删除"密码"文本框中的密码即可。

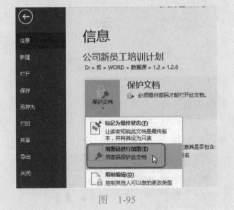

图 1-95

## 1.3 制作"** 报价方案"文档

如图 1-96 所示的报价方案文档也是专业的商务文档之一，此文档一般都是对外呈现的，因此在格式设置及整体外观设计上要符合商务文档的要求，专业的文档可以增强数据的可信度，同时也时刻向对方传达着专业、敬业的职业精神。

图　1-96

## 1.3.1　重设文档纸张及页边距

关 键 点：设置文档纸张以及页边距

操作要点："布局"→"页面设置"组→"页面设置"对话框

应用场景：Word 2013 版的文档默认纸张方向是纵向，大小为标准 A4 纸张大小，默认上下边距为 2.54 厘米，左右边距为 3.18 厘米。当这个默认的纸张和页边距不适合时，可以在排版前就为文档自定义设置纸张与页边距。

❶ 新建文档后，在"布局"选项卡的"页面设置"组中单击对话框启动器按钮，（如图 1-97 所示），打开"页面设置"对话框。

❷ 选择"页边距"选项卡，设置"上"边距为"2.2 厘米"，"下"边距为"2 厘米"，左右边距皆为"2.8 厘米"，调节的方法可以直接输入数值，也可以单击右侧的上下调节钮进行调节，如图 1-98 所示。页边距应根据实际需要设置。

❸ 单击"确定"按钮完成设置。

图　1-97

23

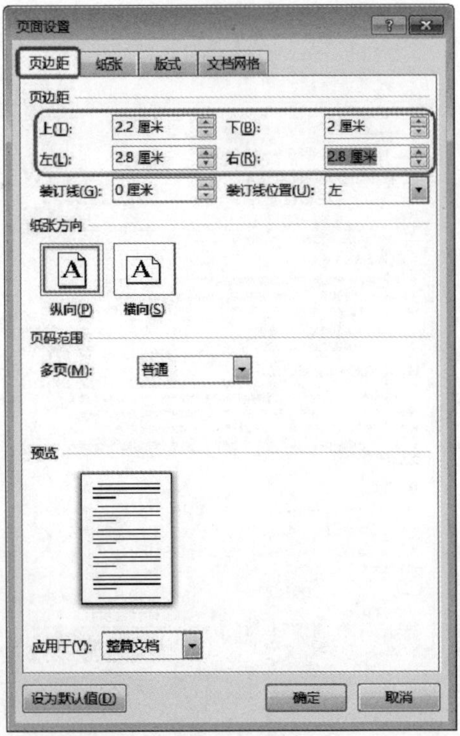

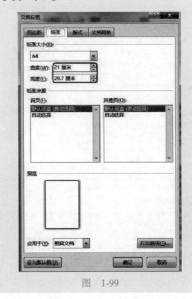

图 1-98

## 知识扩展

对于宣传海报、传单等文档，纸张大小需要特别设置。在"页面设置"对话框中选择"纸张"选项卡，手动输入"高度"和"宽度"的值，即可自定义纸张大小，如图 1-99 所示。

图 1-99

## 1.3.2 为条目文本添加项目符号

**关 键 点：** 为条目文本添加符号
**操作要点：** "开始"→"段落"组→"项目符号"功能按钮
**应用场景：** 项目符号也应用于条目性的文本，或文档小标题等，应用项目符号所起到的作用也是增强文本条理性与层次感，让文档的外观效果及可读性更强。

### 1. 添加项目符号

❶选中条目文本，在"开始"选项卡的"段落"组中单击"项目符号"下拉按钮（如图 1-100 所示），打开"项目符号库"下拉列表。

❷"项目符号库"下拉列表中展示了 Word 常用的几种项目符号，选中任意项目符号均可应用，例如图 1-101 中所示，应用效果如图 1-102 所示。

❸按照相同的方法，给其他条目文本添加同一种项目符号。

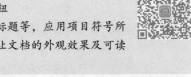

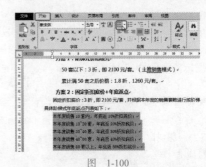

图 1-100

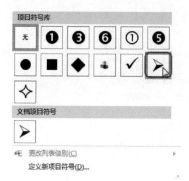

图 1-101

**方案 2：固定折扣底价+年底返点**

固定折扣底价：3 折，即 2100 元/套，并根据本年度的销
具体阶梯式年底返点列表如下：

- 本年度销售 10 套内，年底返 10%折扣底价；
- 本年度销售 10~20 套，年底返 20%折扣底价；
- 本年度销售 30~40 套，年底返 30%折扣底价；
- 本年度销售 40~80 套，年底返 40%折扣底价；
- 本年度销售 80 套以上，年底返 50%折扣底价。

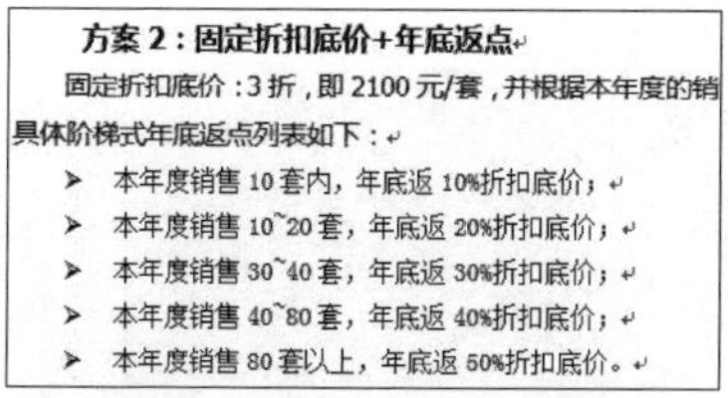

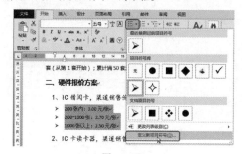

图 1-102

## 2. 自定义项目符号

除了使用样式库中的样式外，还可以自定义更加丰富的项目符号样式。

❶ 选中目标文本，在“开始”选项卡的“段落”组中单击“项目符号”下拉按钮，在弹出的下拉菜单中选择“定义新项目符号”命令（如图 1-103 所示），打开“定义新项目符号”对话框。

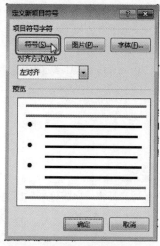

图 1-103

❷ 单击“符号”按钮（如图 1-104 所示），打开“符号”对话框。

❸ 在展开的符号列表框中选中符号，如图 1-105 所示。

❹ 单击“确定”按钮返回“定义新项目符号”对话框，在“预览”框中可以使用效果，如图 1-106 所示。

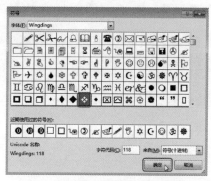

图 1-104

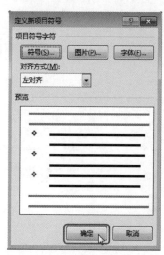

图 1-105

图 1-106

⑤ 单击"确定"按钮，即可为所选文本添加自定义的项目符号，如图1-107所示。

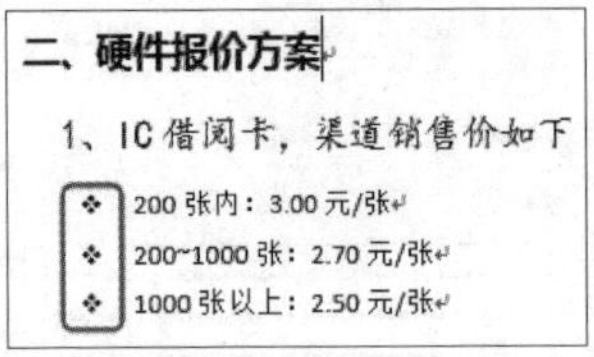

二、硬件报价方案

1、IC借阅卡，渠道销售价如下

❖ 200 张内：3.00 元/张
❖ 200~1000 张：2.70 元/张
❖ 1000 张以上：2.50 元/张

图 1-107

**练一练**

为条目文本添加项目符号

为如图1-108所示的文本应用项目符号效果。

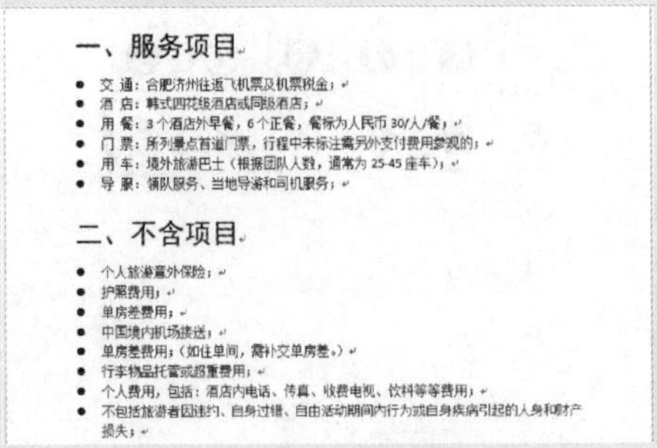

一、服务项目

● 交 通：合肥济州往返飞机票及机票税金。
● 酒 店：韩式酒店外早餐，6个正餐，餐标为人民币30/人餐。
● 用 餐：3个酒店外早餐，6个正餐，餐标为人民币30/人餐。
● 门 票：序列景点首道门票，行程中未标注需另外支付费用参观的。
● 用 车：境外旅游巴士（根据团队人数，调整为25-45车）。
● 导 景：领队服务、当地导游和司机服务。

二、不含项目

● 个人旅游意外保险。
● 护照费用。
● 单房差费用。
● 中国境内机场送运。
● 单房差费用：（如住单间，需补交单房差费用）。
● 行李物品托管或超重费用。
● 个人费用，包括：酒店内电话、传真、收费电视、饮料等等费用。
● 不可抗拒因素如自然、自身过错、自由活动期间个人行为或自身疾病引起的人身和财产损失。

图 1-108

## 1.3.3 审核文档时的查找与替换

**关 键 点：**通过查找和替换功能来修改文档
**操作要点：**1."开始"→"编辑"→"查找"
　　　　　　2."开始"→"编辑"→"高级查找"
**应用场景：**"查找和替换"功能通常是在对文档中的多处相同的内容进行统一修改时使用。试想当文档编辑时出现少量失误，肉眼手工查看既不能保障完全正确，又浪费时间。因此利用程序提供的"查找和替换"功能则可以一次性快速实现查找与替换。

### 1. 查找文本

❶ 打开文档，在"开始"选项卡的"编辑"组中单击"查找"下拉按钮，在弹出的菜单中选择"查找"命令，打开"导航"窗格，如图1-109所示。

图 1-109

❷ 在导航搜索框中输入文字，查找结果即显示在文本框下面，并且会在电子文档中以黄色高亮底纹

特殊显示，例如，输入"方案"，查询结果如图1-110所示。

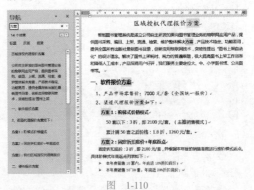

图 1-110

❸ 删除导航搜索框中的文字，则可清除突出显示。

## 2. 高级查找

　　如果只是普通的查找，利用"导航"窗格就可以实现，如果想实现一些达到特殊条件的筛选，则必须要打开"查找和替换"对话框进行设置。例如，下面的替换要求是，要求将文档中所有用括号表示的文本都以特殊格式显示出来。

　　❶ 打开文档，在"开始"选项卡的"编辑"组中单击"查找"下拉按钮，在弹出的菜单中选择"高级查找"命令（如图 1-111 所示），打开"查找和替换"对话框。

图　1-111

　　❷ 单击"更多"按钮，显示更多查找条件。在"查找内容"框中输入"（*）"，选中"使用通配符"复选框，如图 1-112 所示。

图　1-112

　　❸ 单击"阅读突出显示"按钮，在弹出的下拉列表中选择"全部突出显示"命令，如图 1-113 所示。

　　❹ 关闭"查找和替换"对话框，回到文档中可以看到所有以括号表示的文本都以特殊格式突出显示出来，如图 1-114 所示。

图　1-113

图　1-114

### 专家提醒

　　Word 文档中使用通配符有两种格式，一种是"？"，它代表单个字符，如果固定查找两个字符，就使用"？？"，依次类推；再如"？市场"这个查找对象，就是查找所有"市场"文字前包含一个字的对象。另一种通配符是"*"，它代表多个字符。使用此通配符注意要有一个让程序判断的标志，否则只使用"*"是没有任何意义的。例如，《*》""*"""（*）"，程序会以《》""""作为标志，即无论书名号或是双引号内有多少文字，凡是带这个符号的对象都将被找到。

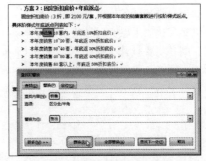

成替换，如图 1-118 所示。

图 1-117

图 1-118

在较长的 Word 文档中，有时需要准确定位到某一页或某一行，可以使用"查找"功能中的"定位"选项来实现。

打开"查找和替换"对话框，选择"定位"选项卡，在"定位目标"列表框中选中"行"，在"输入行号"文本框中输入行数 8，单击"定位"按钮，如图 1-115 所示。

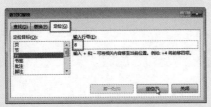

图 1-115

除此之外还可以在"定位目标"中选择定位到指定的页，指定的批注等。

## 3. 替换文本

查找文本的目的仅仅是查看目标对象，如果不仅需要查找，还需要对查找到的对象进行替换，则可以按如下步骤操作。

❶ 打开文档，在"开始"选项卡的"编辑"组中单击"替换"按钮（如图 1-116 所示），打开"查找和替换"对话框。

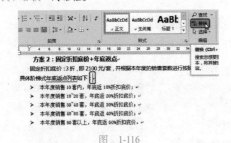

图 1-116

❷ 在"查找内容"文本框中输入"销售"，在"替换为"文本框中输入"售出"，单击"替换"按钮，即可将光标后的文本选中，第一次出现的"销售"替换为"售出"，如图 1-117 所示。

❸ 单击"全部替换"按钮，弹出 Microsoft Word 提示框，此时已经全部替换成功，并提示有多少处完

❹ 单击"确定"按钮，返回到文档中，即可看到替换结果，如图 1-119 所示。

图 1-119

## 4. 让替换后的文本显示特殊格式

如果对设置的某项替换不能完全确认无误，则可以在进行替换时设置让替换后的文本显示特殊的格式，方便对替换后的文本进行二次审核。

❶ 打开文档，在"开始"选项卡的"编辑"组中单击"替换"按钮，打开"查找和替换"对话框，并单击"更多"按钮，打开隐藏的菜单。

❷ 在"查找内容"文本框中输入"年底"，在"替换为"文本框中输入"年末"，如图 1-120 所示。

❸ 将光标定位在"替换为"文本框中，单击左下角的"格式"按钮，在展开的下拉列表中选择"字体"选项（如图 1-121 所示），弹出"替换字体"对话框。

❹ 将字形设置为"加粗 倾斜"；字号为"四号"、字体颜色设置为"褐色"，单击"确定"按钮（如图 1-122 所示），返回"查找和替换"对话框。

图 1-120

图 1-121

图 1-122

⑤ 单击"全部替换"按钮弹出提示对话框,提示共有几处被替换,如图 1-123 所示。单击"确定"按钮,替换后的效果如图 1-124 所示。

图 1-123

图 1-124

## 练一练

### 一次性删除文档中的所有空格

当文档来自于网络或其他途径时,可能会存在大量空格,因此整理文档时可以一次性删除所有空格。如图 1-125 所示,在"替换"选项卡的"查找内容"框中输入空格,在"替换为"框中不输入任何字符,保持空白。

图 1-125

> **关 键 点**：添加下画线或底纹效果来突出特殊文本
> **操作要点**：1."开始"→"字体"组→"下画线"功能按钮
> 　　　　　 2."开始"→"段落"组→"底纹"功能按钮
> **应用场景**：为文字添加下画线或底纹效果，是为了突出强调这些重要的特殊文字，
> 　　　　　 引起读者的重视，同时也能在一定程度上美化文档。

## 1. 添加下画线

❶ 选中目标文本"主推销售模式"，在"开始"选项卡的"字体"组中单击"下画线"下拉按钮（如图 1-126 所示），弹出下拉菜单。

图　1-126

❷ 选择"下画线"命令，即可为选中的特殊文本添加下画线，如图 1-127 所示。

图　1-127

❸ 也可以指向"下画线颜色"，然后更改下画线的颜色，如图 1-128 所示。

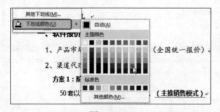

图　1-128

## 2. 添加底纹

❶ 选中目标文本，在"开始"选项卡的"段落"组中单击"底纹"下拉按钮（如图 1-129 所示），弹出下拉列表。

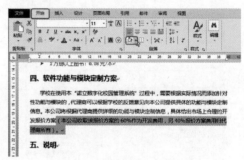

图　1-129

❷ 在主题颜色列表中，单击任意颜色色块（如图 1-130 所示），即可为所选文字添加底纹效果，效果如图 1-131 所示。

图　1-130

图　1-131

## 练一练

### 添加底纹和下画线效果

设置如图 1-132 所示的底纹与下画线效果。

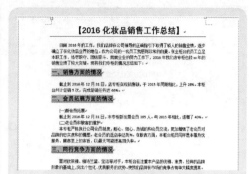

图 1-132

## 1.3.5 专业的页眉页脚效果

**关 键 点**：为文档设置页眉页脚效果

**操作要点**：1. 进入页眉页脚编辑状态

2."页眉和页脚工具 - 设计"→"插入"组→"图片"

**应用场景**：专业的商务文档都少不了页眉页脚的设置。页眉通常显示文档的附加信息，可以显示文档名称、单位名称、企业 LOGO 等，页脚通常显示企业的宣传标语、页码等。拥有专业的页眉页脚，则能立即提升文档的视觉效果。

### 1. 编辑页眉

❶ 在文档顶部的任意位置双击（如图 1-133 所示），即可进入页眉页脚编辑状态，如图 1-134 所示。

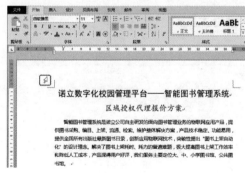

图 1-133

❷ 在页眉文字输入区单击一次，变成闪烁的光标，并输入文字，设置字体格式为"宋体""小二""加粗"，如图 1-135 所示。

❸ 按 Enter 键，切换到下一行，然后在"开始"选项卡的"字体"组中单击"清除所有格式"按钮（如图 1-136 所示），即可将此行置于页眉默认直线的下方，如图 1-137 所示。

图 1-134

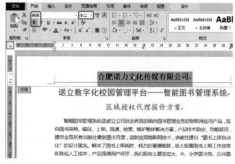

图 1-135

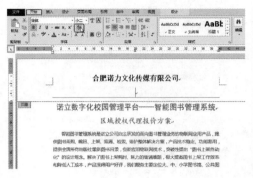

图 1-136

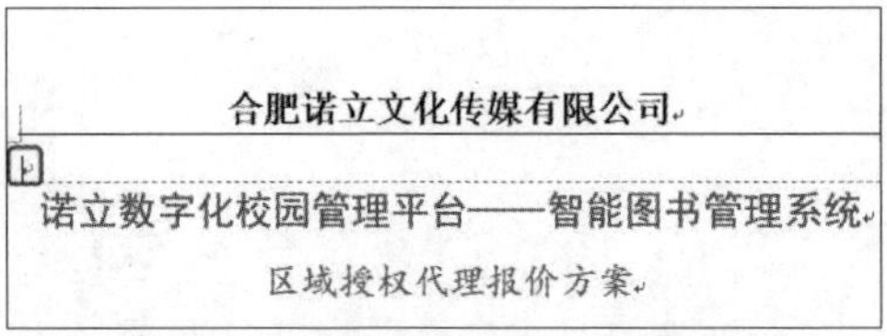

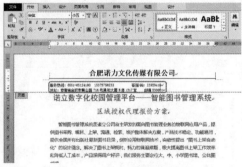

图 1-137

④ 依次输入"服务热线""客服 QQ""地址""邮编"等信息，并设置字体为"宋体"，字号为"小五"，如图 1-138 所示。

图 1-138

⑤ 按 Enter 键空两行，增加页眉与正文标题之间的距离。

⑥ 在"页眉和页脚工具 - 设计"选项卡的"插入"组中单击"图片"按钮（如图 1-139 所示），打开"插入图片"对话框。

⑦ 找到并选中图片，单击"插入"按钮（如图 1-140 所示），即可在页眉中插入图片。

⑧ 选中插入的图片，在"图片工具 - 格式"选项卡的"排列"组中单击"自动换行"下拉按钮，在弹出的菜单中选择"浮于文字上方"命令，如图 1-141所示。

所示。调节图片到合适的大小，并移动到目标位置，最终得到如图 1-142 所示的页眉。

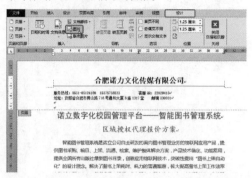

图 1-139

图 1-140

图 1-141

图 1-142

## 专家提醒

　　插入图片到页眉后要修改其版式为浮于文字上方是因为默认的图片是嵌入式的，无法很自由地移动图片的位置，因此将其更改为"浮于文字上方"的版式，然后才能自由移动。

### 2. 编辑页脚

　　如果当前处理页眉编辑状态，则可以切换至页脚编辑区，或者直接在页脚位置双击进入编辑状态。

　　❶ 在"页眉和页脚工具－设计"选项卡的"导航"组中单击"转至页脚"按钮，如图 1-143 所示。

图　1-143

　　❷ 编辑页脚，输入相关文字，如图 1-144 所示。

## 1.3.6　添加文字水印效果

**关 键 点：** 设置文档的文字水印效果

**操作要点：**"设计"→"页面背景"组"水印"功能按钮

**应用场景：** 水印是在页面内容后面添加的虚影文字，例如"机密""紧急"等。模糊的水印是表明文档需要特殊对待的好方法，不会分散他人对内容的注意力。水印又分为图片水印和文字水印，这里以文字水印为例，介绍添加水印的方法。

　　❶ 在文档任意区域单击，然后在"设计"选项卡的"页面背景"组中单击"水印"下拉按钮（如图 1-146 所示），弹出下列表。

　　❷ 选择"自定义水印"命令（如图 1-147 所示），打开"水印"对话框。

　　❸ 选中"文字水印"单选按钮，在"文字"文

　　编辑完成后，单击"关闭页眉和页脚"按钮，退出页眉和页脚编辑状态。

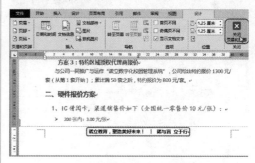

图　1-144

## 练一练

### 在页脚处添加页码

　　如图 1-145 所示，为文档添加页码。

图　1-145

本框中输入内容"诺立文化"，在"字体"设置框右侧可单击下拉按钮，从列表中选择水印文字的字体，设置颜色为"蓝色""半透明"，如图 1-148 所示。

　　❹ 单击"确定"按钮，即可看到文本中添加了水印，效果如图 1-149 所示。

图 1-146

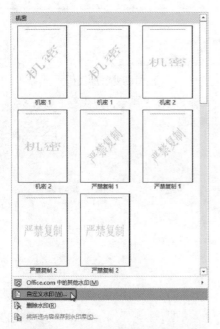

图 1-147

图 1-148

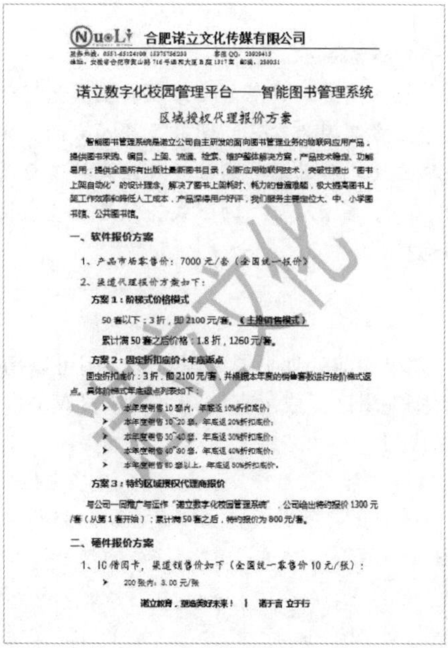

诺立数字化校园管理平台——智能图书管理系统

区域授权代理报价方案

图 1-149

## 练一练

### 设置水印效果

为文档添加如图 1-150 所示的文字水印效果。

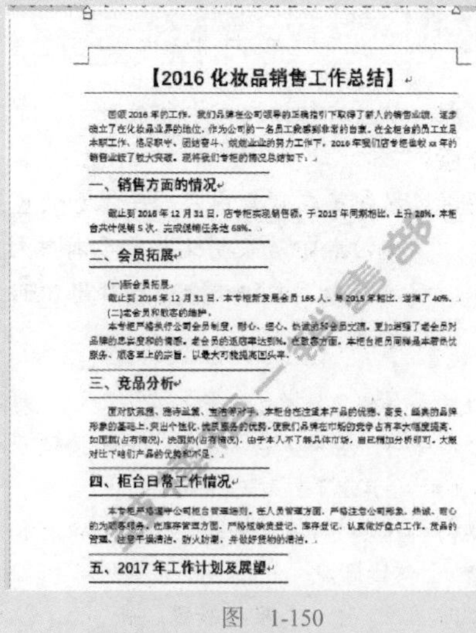

图 1-150

## 1. 自定义办公文档的默认保存位置

文档默认保存在"我的文档"文件夹中，但实际工作时，文档基本都需要保存在其他位置，如果近期编写的文档多数需要保存在同一个位置，可以按以下操作将该位置设为文档默认保存位置，之后保存文档时将自动保存在该位置。

❶ 选择"文件"选项卡，在打开的面板中选择"选项"命令（如图 1-151 所示），打开"Word 选项"对话框。

图 1-151

❷ 切换至"保存"标签，选中"默认情况下保存到计算机"复选框，并单击"默认本地文件位置"框后的"浏览"按钮（如图 1-152 所示），打开"修改位置"对话框。

图 1-152

❸ 在计算机中找到并选中想保存到文件的文件夹，如图 1-153 所示。单击"确定"按钮即可将该文件夹设为默认保存位置。

图 1-153

## 2. 快速输入财务大写金额

金额的大写形式（例如，陆仟肆佰玖拾捌万元整）在正规的财务文档中经常出现，所以对于财务人员而言，掌握快速输入金额大写形式十分必要。本例需要将图 1-154 所示文档中的金额转换成图 1-155 所示的大写数字。

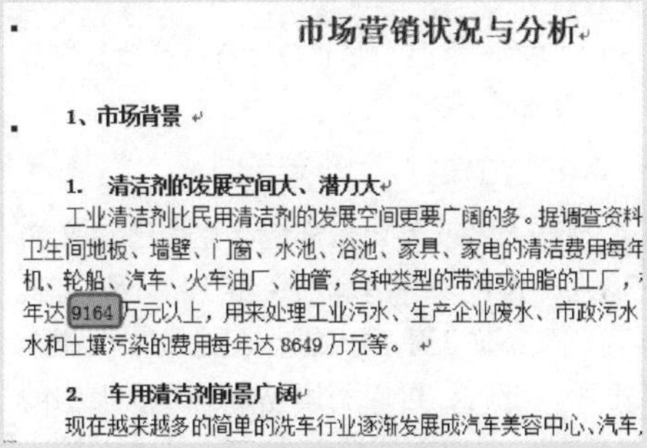

### 市场营销状况与分析

#### 1、市场背景

**1. 清洁剂的发展空间大、潜力大**

工业清洁剂比民用清洁剂的发展空间更要广阔的多。据调查资料卫生间地板、墙壁、门窗、水池、家具、家电的清洁费用每年机、轮船、汽车、火车油厂、油管，各种类型的带油或油脂的工厂，年达 9164 万元以上，用来处理工业污水、生产企业废水、市政污水水和土壤污染的费用每年达 8649 万元等。

**2. 车用清洁剂前景广阔**

现在越来越多的简单的洗车行业逐渐发展成汽车美容中心、汽车

图 1-154

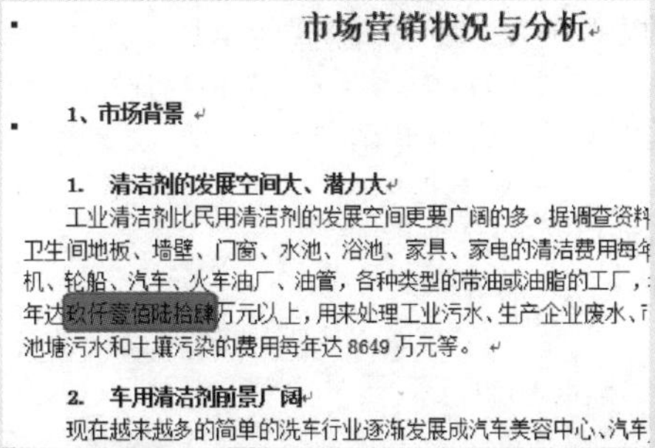

### 市场营销状况与分析

#### 1、市场背景

**1. 清洁剂的发展空间大、潜力大**

工业清洁剂比民用清洁剂的发展空间更要广阔的多。据调查资料卫生间地板、墙壁、门窗、水池、浴池、家具、家电的清洁费用每年机、轮船、汽车、火车油厂、油管，各种类型的带油或油脂的工厂，年达仟壹佰陆拾肆万元以上，用来处理工业污水、生产企业废水、市池塘污水和土壤污染的费用每年达 8649 万元等。

**2. 车用清洁剂前景广阔**

现在越来越多的简单的洗车行业逐渐发展成汽车美容中心、汽车

图 1-155

❶ 打开 Word 文档，首先将阿拉伯数字选中。在"插入"选项卡的"符号"组中单击"编号"按钮（如图 1-156 所示），打开"编号"对话框。

图 1-156

❷ 在"编号类型"列表框中选择"壹，贰，叁…"，如图 1-157 所示。

图 1-157

❸ 单击"确定"按钮即可将阿拉伯数字转换为大写货币金额。

### 3. 在文档中输入生僻字

某些人名或公司名称包含生僻字给文档的输入工作带来许多麻烦，由于既不知道其读音，又不懂五笔输入法，在输入时往往无从下手。此时，可以利用 Word 2013 提供的"插入符号"功能辅助输入，不仅可以插入特殊符号，还可以插入生僻字。本例要输入的生僻字为"翎"，具体操作如下。

❶ 首先输入一个与该生僻字有相同偏旁部首的汉字，然后选中该汉字，在"插入"选项卡的"符号"组中单击"符号"按钮（如图 1-158 所示），在下拉菜单中选择"其他符号"命令，打开"符号"对话框。

❷ 在"符号"选项卡下，找到需要的生僻字，如图 1-159 所示。

❸ 单击"插入"按钮即可插入生僻字，如图 1-160 所示。

图 1-158

图 1-159

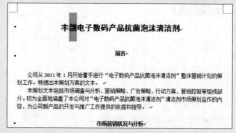

图 1-160

### 4. 远距离移动文本

当文本在不同的页面间进行移动时，使用鼠标进行操作不仅麻烦，还容易出错，此时可以借助 F2 键进行远距离移动。

❶ 选中要移动的文本，按 F2 键（如果要复制文本，则按 Shift+F2 快捷键），窗口左下角显示"移至何处？"字样，如图 1-161 所示。

❷ 将光标定位到要移动的位置（为方便学习与查看，本例只在本页中移动），如图 1-162 所示。

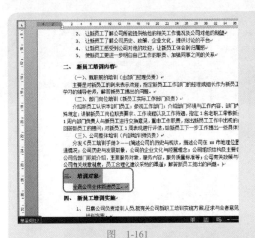

图　1-161

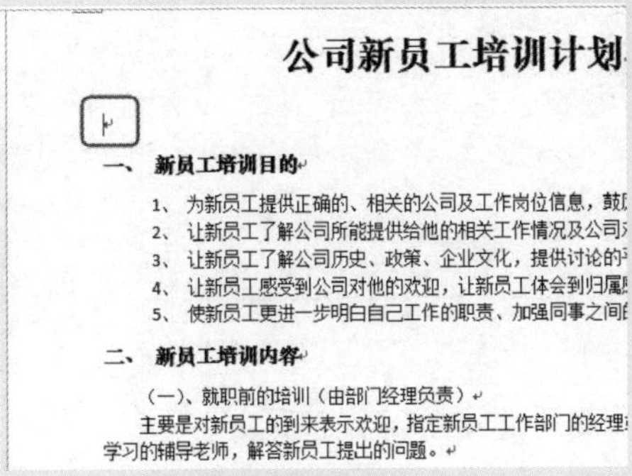

图　1-162

❸ 按 Enter 键即可完成所选文本的移动，如图 1-163 所示。

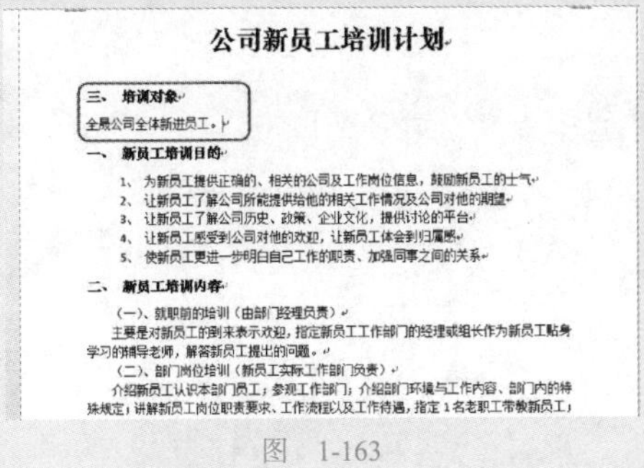

图　1-163

### 5. 让编号重新从 1 开始

当给文档中的一类条目文本添加编号后，如果有另一类条目文本需要添加编号，经常会出现第二次编号的数字会延续第一

次编号开始，但需要的是重新开始编号的情况。

在编号上单击，当出现"自动更正选项"按钮时单击，在弹出的菜单中选择"重新开始编号"命令（如图 1-164 所示），即可重新从 1 开始编号，如图 1-165 所示。

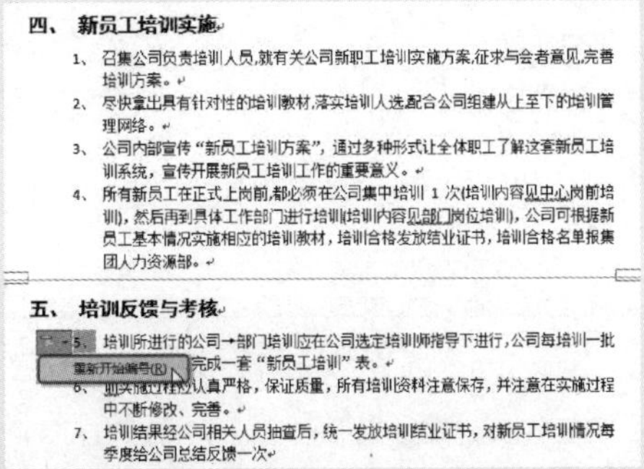

图　1-164

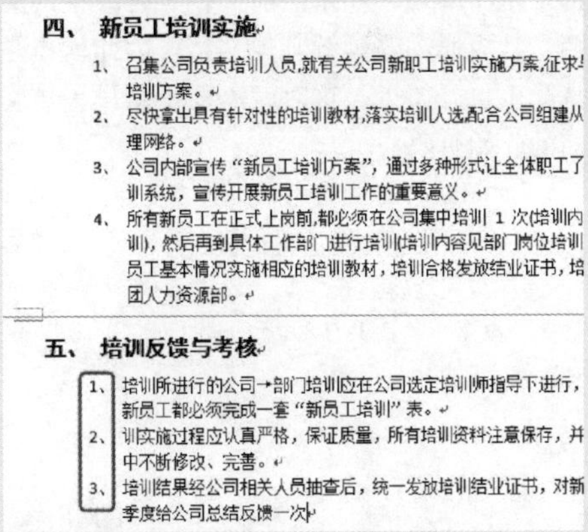

图　1-165

### 6. 一次性删除文档中的所有空行

在整理资料文档时，经常会出现文档中存在大量空行的情况，尤其是从网上复制粘贴的内容，空白段落很多。此时可以利用查找替换的方法一次性删除所有空行。

❶ 打开"查找和替换"对话框，在"替换"选项卡的"查找内容"框中输入^p，在"替换为"框中不输入任何字符，保持空白，如图 1-166 所示。

❷ 单击"全部替换"按钮进行替换即可。

图 1-166

### 7. 自定义起始页码

在文档中插入页码后，默认情况下页码都是从 1 开始，如果当前文档是延续性的文档，其页码需要延续其他文档，因此就不是从第 1 页开始了，这时就需要重新设置该文档的起始页码。

❶ 双击页脚区进入编辑状态，在"页眉和页脚工具设计"选项卡的"页眉和页脚"组单击"页码"功能按钮，在下拉列表中选择"设置页码格式"命令（如图1-167所示），打开"页码格式"对话框。

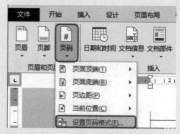

图 1-167

❷ 选中"起始页码"复选框，在"起始页码"框中设置起始页码数，例如，设置为5，如图 1-168 所示。

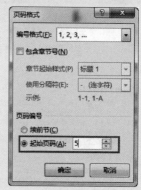

图 1-168

❸ 单击"确定"按钮，即可让当前文档的起始页码从第 5 页开始。

读书笔记

# 第 2 章

## 图文混合文档操作

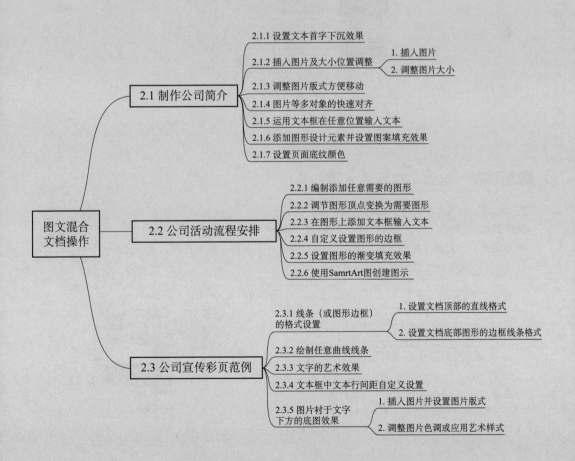

图文混合
文档操作

**2.1 制作公司简介**
- 2.1.1 设置文本首字下沉效果
- 2.1.2 插入图片及大小位置调整
  - 1. 插入图片
  - 2. 调整图片大小
- 2.1.3 调整图片版式方便移动
- 2.1.4 图片等多对象的快速对齐
- 2.1.5 运用文本框在任意位置输入文本
- 2.1.6 添加图形设计元素并设置图案填充效果
- 2.1.7 设置页面底纹颜色

**2.2 公司活动流程安排**
- 2.2.1 编制添加任意需要的图形
- 2.2.2 调节图形顶点变换为需要图形
- 2.2.3 在图形上添加文本框输入文本
- 2.2.4 自定义设置图形的边框
- 2.2.5 设置图形的渐变填充效果
- 2.2.6 使用SamrtArt图创建图示

**2.3 公司宣传彩页范例**
- 2.3.1 线条（或图形边框）的格式设置
  - 1. 设置文档顶部的直线格式
  - 2. 设置文档底部图形的边框线条格式
- 2.3.2 绘制任意曲线线条
- 2.3.3 文字的艺术效果
- 2.3.4 文本框中文本行间距自定义设置
- 2.3.5 图片衬于文字下方的底图效果
  - 1. 插入图片并设置图片版式
  - 2. 调整图片色调或应用艺术样式

## 2.1 制作公司简介

公司简介文档是常用的办公文档之一，根据每家公司性质不同，在拟定文本时会有所有不同，但它们有着一个共同的特点，就是需要专业排版，让文档最终能呈现商务化的视觉效果。下面以此文档为例来介绍相关的知识点。

图 2-1

### 2.1.1 设置文本首字下沉效果

关 键 点：设置文本首字下沉的排版效果
操作要点："插入"→"文本"→"首字下沉"功能按钮
应用场景：为文档设置首字下沉效果，一方面可以突出显示首字文字；另一方面也可以美化文档的编排效果。

❶ 选中首字"绘"，如图 2-2 所示。

图 2-2

❷ 在"插入"选项卡的"文本"组中单击"首字下沉"下拉按钮，弹出下拉菜单，选择"下沉"命令（如图 2-3 所示），鼠标指向命令时即时预览，单

击即可应用此效果，如图 2-4 所示。

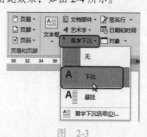

图 2-3

图 2-4

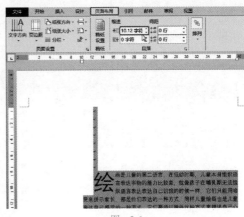

图 2-6

## 知识扩展

如果需要更加特殊化的下沉效果，则可以选择"首字下沉选项"命令，打开"首字下沉"对话框，在"选项"栏中可以设置首字的字体、下沉行数以及距离正文的间距等，如图 2-5 所示。

图 2-5

③ 将光标定位到首行起始位置，按 Enter 键，空出 8 行（此操作是为后面要添加图形设计元素预留位置）。然后按 Ctrl+A 快捷键，选中全部文本，在"布局"选项卡的"段落"组中，在左侧缩进值的文本框中输入值"10.12 字符"（如图 2-6 所示），将文字调整到右侧，左侧用来插入图片。

## 练一练

### 设置首字下沉的排版效果

设置如图 2-7 所示的首字下沉的排版效果。

图 2-7

## 2.1.2 插入图片及大小位置调整

**关 键 点：** 在文档中插入图片以及调整

**操作要点：** 1. "插入"→"插图"组→"图片"功能按钮

2. "图片工具-格式"→"大小"组

**应用场景：** 为了丰富公司简介文字的排版效果，美化文档，需要对整体版面效果进行设计，如设计标题、插入图片和图形元素等。图片的使用，会提升文档的说服力和可信度，又能美化文档。

下面介绍在 Word 2013 中插入图片，并对图片的大小和位置进行调整，具体操作如下。

第 2 章　图文混合文档操作

41

## 1. 插入图片

❶在"插入"选项卡的"插图"组中单击"图片"按钮（如图 2-8 所示），打开"插入图片"对话框。

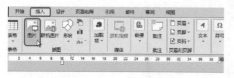

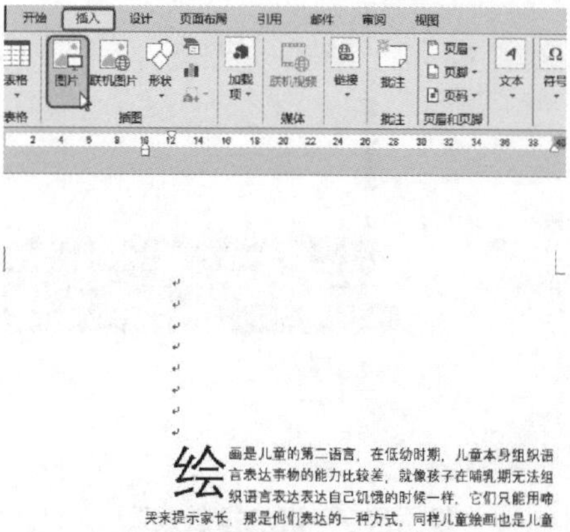

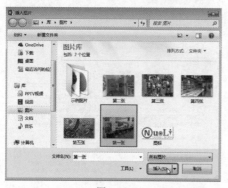

图 2-8

❷选中需要插入的图片，如图 2-9 所示。

图 2-9

❸单击"插入"按钮，返回到 Word 工作界面，即可看到鼠标光标处插入了图片，如图 2-10 所示。

图 2-10

## 2. 调整图片大小

图片大小的调整主要有两种方法：一是通过鼠标拖动调整；二是通过"图片工具 - 格式"→"大小"调整。具体操作如下。

❶单击图片，图片四周会显示 8 个控制点，鼠标指针指向四边中间的控制点，指针会变成平直或垂直的双向箭头，通过拖动鼠标，可以调整该边的大小，如图 2-11 所示。当鼠标指针指向顶角的控制点时，指针会变成倾斜的双向箭头，通过鼠标的拖动，可以调整图片的高、宽同比例增减，如图 2-12 所示。

图 2-11

图 2-12

❷将鼠标指针指向右上角的控制点，按住鼠标左键并拖动，向内拖动减小，向外拖动增大，如图 2-13 所示。到达需要的大小后，松开鼠标左键，图片即可调整到目标大小，如图 2-14 所示。

图 2-13

图 2-14

选中图片,在"图片工具-格式"→"大小"选项组中,在"形状高度"与"形状宽度"文本框中输入精确值(如图2-15所示)。

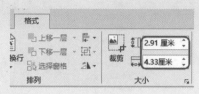

图 2-15

**练一练**

### 在文档中应用图片

如图 2-16 所示,插入图片到文档中。

VR 房产行业项目定位

图 2-16

**知识扩展**

除了拖动法调整图片大小外,还可以利用输入长宽值的方法调整图片的大小。

## 2.1.3 调整图片版式方便移动

**关 键 点:** 设置图片版式为"浮于文字上方",方便图片任意移动
**操作要点:** "图片工具-格式"→"排列"→"自动换行"功能按钮
**应用场景:** 图片插入到文档中默认的版式是嵌入型,此版式下的图片无法很自由地移动到任意位置,因此为方便图片的设计与排版,需要对版式进行更改。

图片版式主要有嵌入型、四周型、紧密型、衬于文字下方、浮于文字上方等几种类型,如图2-17所示。

❶选中图片,在"图片工具-格式"选项卡的"排列"组中单击"自动换行"下拉按钮,弹出下拉菜单,选择"浮于文字上方"命令,如图2-18

所示。

❷单击选中图片,此时鼠标指针变成四向箭头,按住鼠标左键不放,移动鼠标,可移动图片到任意位置,如图2-19所示。

❸按照相同的方法,依次插入其他图片,分别调整到合适的大小并移动位置,如图2-20所示。

第 2 章　图文混合文档操作

43

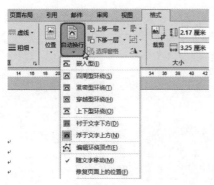

图 2-17

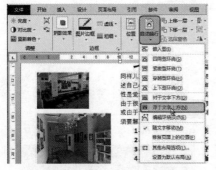

图 2-18

图 2-19

图 2-20

## 知识扩展

当插入的图片有多余的部分时，可以及时地在 Word 程序中进行裁剪。首先选中图片，然后右击，在弹出的菜单中选择"裁剪"命令（如图 2-21 所示），此时图片四周会出现黑色的边框，将鼠标指针指向任意边角处，按住鼠标左键拖动，灰色区域即为即将被裁剪掉的区域，确定要裁剪的区域后，在图片以外的任意位置处单击即可进行裁剪，如图 2-22 所示。

图 2-21

图 2-22

## 练 一 练

### 快速调整图片的外观样式

如图 2-23 所示，将图片的硬边缘快速修改为椭圆形的边缘羽化的效果，让图片更好地融入文本中。

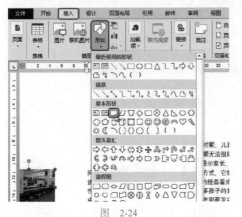

图 2-23

 的内容在右侧

图 2-25

## 2.1.4 图片等多对象的快速对齐

**关 键 点：** 设置图片有序对齐

**操作要点：** 1. "插入" → "插图"组→"形状"功能按钮

2. "绘图工具 - 格式" → "形状样式"组→"形状填充"功能按钮

3. "绘图工具 - 格式" → "排列"组→"组合"功能按钮

**应用场景：** 当插入多张图片和对象到文档中辅助设计时，对象有序地对齐就显得非常重要。因为对齐也是设计学中一个最基本的设计理念。图片摆放仅靠肉眼判断肯定会不准确，此时可以使用 Word 中提供的"对齐"功能，且形式多样，通过几步命令操作即可实现快速准确对齐。

❶ 在"插入"选项卡的"插图"组中单击"形状"下拉按钮，弹出下拉菜单，单击"矩形"图形，如图 2-24 所示。

图 2-24

❷ 在第一张图片的右侧绘制大小适中的矩形（此矩形是辅助修饰的），如图 2-25 所示。

❸ 在"绘图工具 - 格式"选项卡的"形状样式"组中单击"形状填充"下拉按钮，弹出下拉菜单，单击选用合适的填充颜色，如"金色"，即可为添加的形状填充颜色，如图 2-26 所示。

❹ 单击"形状轮廓"下拉按钮，在弹出的下拉菜单中选择"无轮廓"命令，如图 2-27 所示。

❺ 按照相同的操作，给第 3、第 5 张图分别添加修饰形状，如图 2-28 所示。

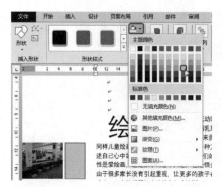

图 2-26

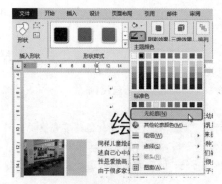

图 2-27

图 2-28

❻ 首先选中第一张图，然后按 **Ctrl** 键，继续选中第一张图右侧的形状，在"图片工具-格式"选项卡的"排列"组中单击"组合"下拉按钮，弹出下拉菜单，选择"组合"命令（如图 2-29 所示），即可将两张图组合，如图 2-30 所示。

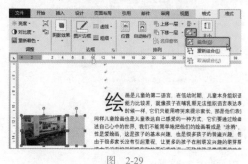

图 2-29

图 2-30

❼ 按照相同的方法，组合第 3 张图片与它旁边的图形和第 5 张图片与它旁边的图形。

❽ 选中所有图片，在"图片工具-格式"选项卡的"排列"组中单击"对齐"下拉按钮，弹出下拉菜单，选择"左对齐"命令（如图 2-31 所示），即可实现所有选中的对象快速左对齐，如图 2-32 所示。

图 2-31

同样儿童绘画也是儿童表达自己感受的一种方式，□述自己心中的世界，我们不能简单地把他们的绘画着□性是爱绘画，是孩子的基本兴趣，也是很多孩子□由于很多家长没有引起重视，让更多的孩子在刚萌芽□或由于没有接受积极有效的高标准培训，而致使孩子□须要解决的问题是：

1、如何给孩子一种高标准、快速的绘画□
2、如何让孩子通过学习绘画来达到开发□
3、如何组织行之有效的教学
4、如何让孩子轻松、愉快的学习□

**灵动思维绘画项目介绍**

1、灵动思维绘画是以儿童心理学、潜能科学、□基础，以绘画为施教载体，让孩子充分利用并锻炼手、□促进孩子的感觉综合平衡，开发儿童大脑、启迪儿童右□合开创了儿童有氧思维的先河。简单的说，灵动思□想去绘画，借此来锻炼儿童发散性思维、开发儿童□学方法改变了传统的绘画教育格局，这种改变达到了□方位的观察、了解、想象一种事物。

2、灵动思维绘画是"一画"、"二讲"、"三想□可以提高学生的动手动脑能力；通过"讲"可以□言的能力；通过"想"丰富学生的知识面、拓宽脑□索性的状态□

图 2-32

⑨ 通过如图 2-32 所示的效果可以看到，虽然对象进行了左对齐，但它们之间的间距却不等，因此还需要进行第二次对齐。再次选中所有对象，在"图片工具-格式"选项卡的"排列"组中单击"对齐"下拉按钮，弹出下拉菜单，选择"纵向分布"命令（如图 2-33 所示），二次对齐后的效果如图 2-34 所示。

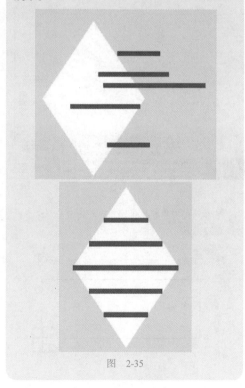

图 2-33　　　　图 2-34

📋 **练一练**

### 快速调整图片的外观样式

如图 2-35 所示，上图为绘制的多个形状，通过"左右居中"与"纵向分布"两次对齐命令即可达到下图中的对齐效果。

图 2-35

**关 键 点：** 绘制文本框更灵活地排版文本

**操作要点：** "插入"→"文本"组→"文本框"功能按钮

**应用场景：** 直接输入的文字无法自由移动与设计，因此如果想对文本进行一些特殊的设计，例如，要把标题处理得更具设计感，这时就必须使用文本框。

下面以设计"公司简介"文档的标题为例来介绍文本框的灵活使用。

❶ 打开"公司简介"文档，在"插入"选项卡的"文本"组中单击"文本框"下拉按钮，弹出下拉菜单，选择"绘制文本框"命令（如图2-36所示），鼠标指针会变成十字形状。

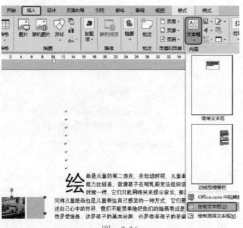

图 2-36

❷ 在文档的顶部单击，并向外拖动绘制文本框，如图2-37所示。

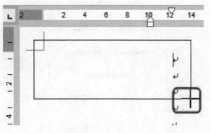

图 2-37

❸ 选中文本框，在"文本框工具-格式"选项卡的"形状样式"组中单击"形状填充"下拉按钮，在弹出的菜单中选择"无填充颜色"命令，如图2-38

所示。单击"轮廓填充"下拉按钮，在弹出的菜单中选择"无轮廓"命令，如图2-39所示。

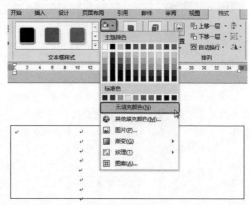

图 2-38

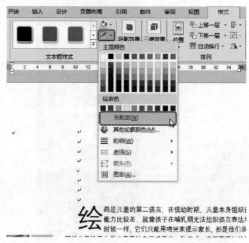

图 2-39

❹ 在文本框中输入英文文本Company profile，设置字体为"方正综艺简体"，字号为14，字体颜色为"橙色"。然后选中首字母C，在"字号"数值框中输入值55，如图2-40和图2-41所示。

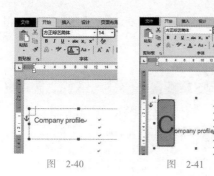

图 2-40　　　　　　图 2-41

⑤ 按照相同的方法，绘制一个无填充、无轮廓的文本框，输入文本"公司简介"，并设置字体，如图 2-42 所示。

图　2-42

### 练一练

**在图片上使用文本框输入文字**

在图片中绘制文本框并设计文字，得到如图 2-43 所示的设计效果。

图　2-43

读书笔记

## 2.1.6　添加图形设计元素并设置图案填充效果

**关 键 点：** 添加图形设计元素

**操作要点：** 1. "插入"→"插图"→"形状"功能按钮

　　　　　　2. "图片工具－格式"→"形状样式"组→"形状填充"功能按钮

**应用场景：** 程序中提供了多种形状，形状的使用要恰到好处才能为文档增色，让文本的整体效果更具设计感。

本例中添加了矩形图表并设置图案填充效果来起到布局版面的作用。

❶ 打开"公司简介"文档，在"插入"选项卡的"插图"组中单击"形状"下拉按钮，在弹出的下拉列表中选择"矩形"图形（如图 2-44 所示），即可在文档中绘制矩形，如图 2-45 所示。

❷ 选中"矩形"图形，在"绘图工具－格式"选项卡的"形状样式"组中单击"形状填充"下拉按钮，弹出下拉菜单，选择"图案"命令（如图 2-46 所示），打开"填充效果"对话框。

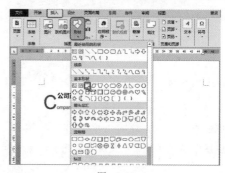

图　2-44

图 2-45

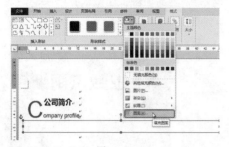

图 2-46

③ 在"图案"列表中选择需要的图案样式，本例选中"虚线网格"图案，并依次单击"前景"设置框与"背景"设置框右侧的下拉按钮，在下拉列表中选择颜色，根据选择的图案与设置的前景色与背景色，在对话框的右下角给出了预览效果，如图 2-47 所示。

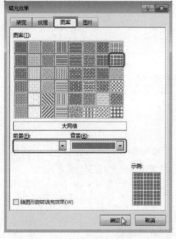

图 2-47

④ 单击"确定"按钮，即可为图形填充图案效果，如图 2-48 所示。

图 2-48

练一练

**使用图形辅助设计文档标题**

如图 2-49 所示，使用图表辅助对文档标题进行设计。

图 2-49

读书笔记

## 2.1.7 设置页面底纹颜色

**关 键 点**：页面底纹颜色的设置

**操作要点**："设计"→"页面背景"组→"页面颜色"功能按钮

**应用场景**：页面底纹默认为白色，根据实际文档的需要也可以对页面底纹颜色进行更改。颜色和深浅度应该根据实际情况选择。

❶ 在文档任意位置处单击，在"设计"选项卡的"页面背景"组中单击"页面颜色"下拉按钮，在弹出的菜单中选择"填充效果"命令（如图 2-50 所示），打开"填充效果"对话框。

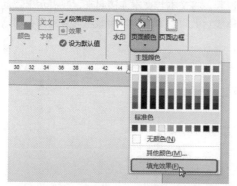

图 2-50

❷ 在"渐变"选项卡下，选中"双色"复选框，单击"颜色 1"下拉按钮，在弹出的下拉列表中单击"白色，背景 1，深色 5%"，如图 2-51 所示。

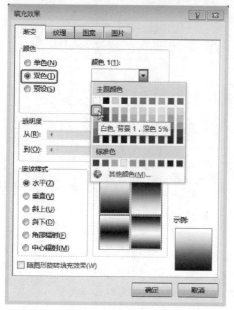

图 2-51

❸ 单击"颜色 2"下拉按钮，在弹出的菜单中单击"白色，背景 1，深色 15%"，如图 2-52 所示。

❹ 单击"确定"按钮，即可为文档设置双色页面颜色，如图 2-53 所示。

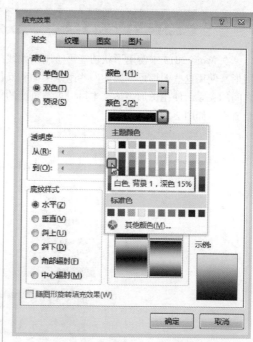

图 2-52

图 2-53

## 2.2 公司活动流程安排

在 Word 2013 中使用形状功能可绘制出如线条、多边形、箭头、流程图、标注、星与旗帜等图形。使用这些图形可以描述一些组织架构和操作流程，将文本与文本连接起来，并表示出彼此之间的关系。使用图形表达文本可以丰富页面的整体表达效果。本例将使用多图形来制作公司活动流程，如图 2-54 所示。

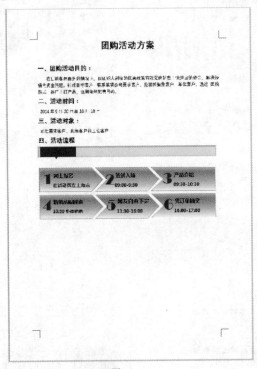

图　2-54

### 2.2.1 绘制添加任意需要的图形

关　键　点：选用自选图形设计图示效果

操作要点：1. "插入" → "插图" 组→ "形状" 功能按钮

　　　　　　2. "图片工具－格式" → "形状样式" 组→ "形状填充" 功能按钮

应用场景：程序的 "形状" 列表中显示了多种图形，需要哪种样式的图形都可以

　　　　　　进入此处选用。因此只要具备设计思路，则可以使用自选图形设计任意图示效果。

❶打开 "团购活动方案" 文档，在 "插入" 选项卡的 "插图" 组中单击 "形状" 下拉按钮弹出下拉列表，在 "基本形状" 栏中选择 "矩形" 图形，如图 2-55 所示。

❷单击图形后，鼠标指针变为 "＋" 样式，在需要的位置上按住鼠标左键不放拖动，至合适位置后释放鼠标，即可得到矩形，如图 2-56 所示。

❸在图形上右击，在弹出的菜单中选择 "设置

形状格式"命令（如图 2-57 所示），打开"设置形状格式"窗格。

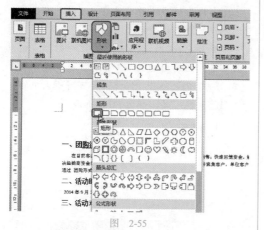

图 2-55

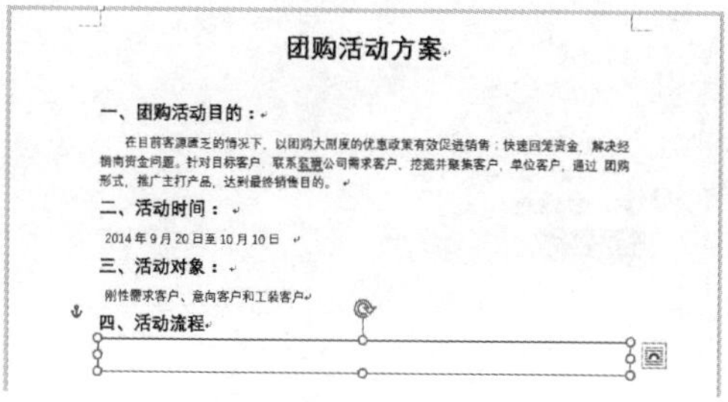

图 2-56

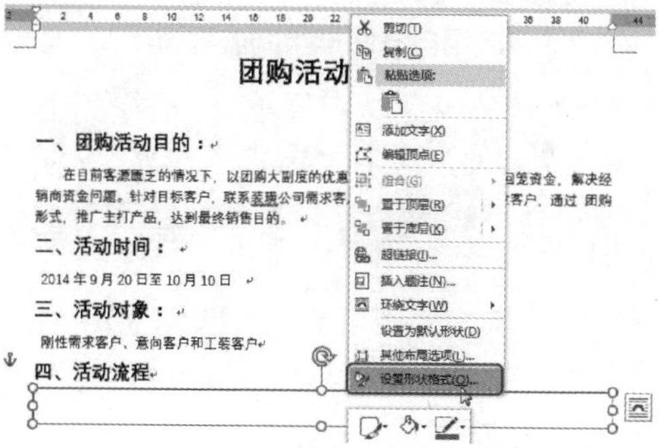

图 2-57

④ 单击"填充与线条"标签按钮，展开"线条"栏，单击"颜色"下拉按钮，设置颜色为"白色，深色 15%"，在"宽度"文本框中输入值"2.5 磅"，然后单击"复合类型"右侧下拉按钮，选择"双线"选项，如图 2-58 所示。

⑤ 展开"填充"栏，选中"纯色填充"单选按

钮，并设置填充色为"白色，深色 5%"，如图 2-59 所示。

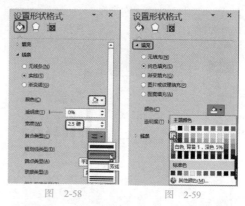

图 2-58          图 2-59

⑥ 完成上面的设置后，图形效果如图 2-60 所示。

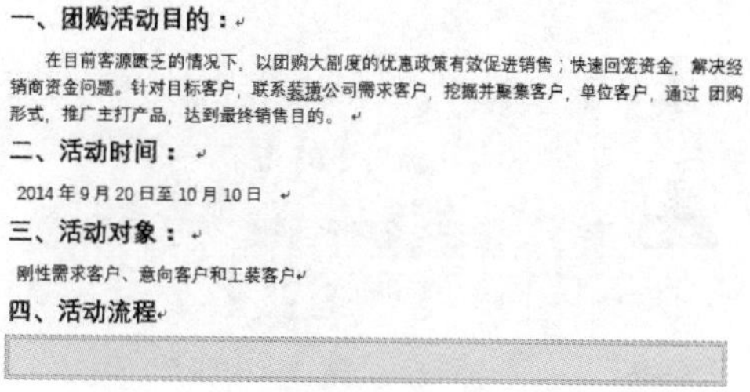

一、团购活动目的：

在目前客源匮乏的情况下，以团购大折度的优惠政策有效促进销售；快速回笼资金，解决经销商资金问题。针对目标客户，联系墓顶公司需求客户，挖掘并聚集客户，单位客户，通过团购形式，推广主打产品，达到最终销售目的。

二、活动时间：

2014 年 9 月 20 日至 10 月 10 日。

三、活动对象：

刚性需求客户、意向客户和工装客户。

四、活动流程。

图   2-60

⑦ 在"插入"选项卡的"插图"组中单击"形状"下拉按钮，弹出下拉列表，在"流程图"栏中选择"流程图：合并"图形，如图 2-61 所示。

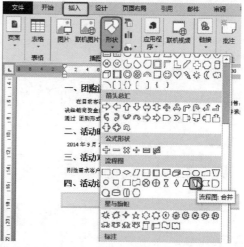

图   2-61

⑧ 按住鼠标左键不放，同时向右下角拖动，至合适位置后释放鼠标，即可绘制出图形。选中图形，在"绘图工具-格式"选项卡的"形状样式"组中单击"形状填充"下拉按钮，选中"深红"，如图 2-62 所示。

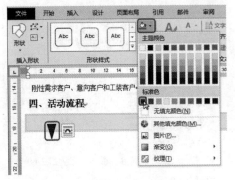

图　2-62

⑨ 单击"形状轮廓"下拉按钮，在下拉菜单中选择"无轮廓"命令，如图 2-63 所示。

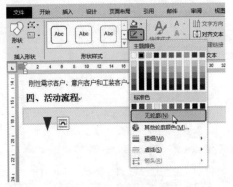

图　2-63

⑩ 按照相同的方法绘制一个矩形，填充颜色为"深红""无轮廓"，按图 2-64 所示的样式放置。

图　2-64

知识扩展

当图形过多，并叠放在一起时，需要合理地设置图形的叠放次序。

如图 2-65 所示，选中最长的图形，然后右击，在弹出的菜单中依次执行"置于底层"→"置于底层"操作，即可将所选中的图形放置在底层，如图 2-66 所示。

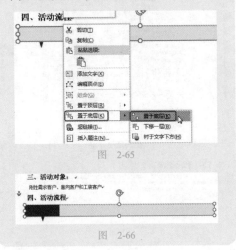

图　2-65

图　2-66

练一练

**应用自选图形绘制流程图**

如图 2-67 所示，使用矩形图形、箭头等图制设计流程图。

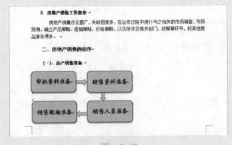

图　2-67

## 2.2.2 调节图形顶点变换为需要图形

**关 键 点**：通过对图形的顶点的变换来使外观达到需要图形的要求

**操作要点**：1. "插入"→"插图"→"形状"

2. Ctrl+C、Ctrl+V

**应用场景**：虽然程序提供了众多自选图形，但是有时却不一定能完全满足需要，这时可以对图形的顶点进行变换。通过拖动图形的顶点可任意调节图形的形状，使得形状的外观更符合需求。下面以在活动安排流程中变换图形顶点为例介绍。

❶ 打开 2.2.1 节中最后编辑得到的"团购活动方案"文档，在"插入"选项卡的"插图"组中单击"形状"下拉按钮，弹出下拉列表，在"箭头总汇"栏中选择"五边形"图形，如图 2-68 所示。

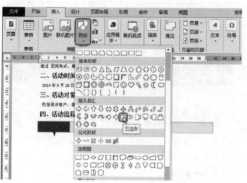

图　2-68

❷ 按住鼠标左键不放，同时向右下角拖动，至合适位置后释放鼠标，绘制出一个"箭头：五边形"图形，如图 2-69 所示。

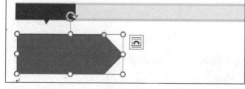

图　2-69

❸ 在"插入"选项卡的"插图"组中单击"形状"下拉按钮，弹出下拉列表，在"箭头总汇"栏中选择"箭头：燕尾形"图形，如图 2-70 所示。

图　2-70

❹ 按住鼠标左键不放，同时向右下角拖动，至合适位置后释放鼠标，绘制出一个"箭头：燕尾形"图形，如图 2-71 所示。通过在"大小"组中设置，调整两个图形为同高同宽。

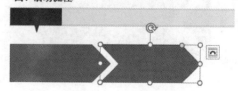

图　2-71

❺ 按照相同的方法，再绘制一个"箭头：燕尾形"图形。在"绘图工具 - 格式"选项卡的"插入形状"组中单击"编辑形状"下拉按钮，在弹出的下拉菜单中选择"编辑顶点"命令，如图 2-72 所示。此时图形的顶点会变成黑色实心正方形，鼠标指针放在顶点位置上，会变成如图 2-73 所示的形状。

第 2 章　图文混合文档操作

55

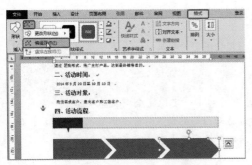

图　2-72

图　2-73

⑥ 单击右上角的顶点，并向上拖动（如图2-74 所示），至适当位置后释放，即可调整图形的外观，如图2-75 所示。

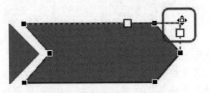

图　2-74

图　2-75

⑦ 调整另一点，得到如图 2-76 所示的图形。

图　2-76

⑧ 按住 Ctrl 键不放，依次在各个图形上单击，将 3 个图形同时选中，按 Ctrl+C 快捷键复制，再按 Ctrl+V 快捷键粘贴一次，如图 2-77 所示。

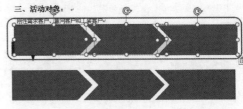

图　2-77

⑨ 将光标放在粘贴得到的图形上，待光标变成四向箭头时，按住鼠标左键进行拖动，将图形移到合适的位置，如图 2-78 所示。

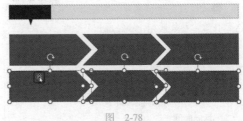

图　2-78

## 2.2.3　在图形上添加文本框输入文本

关 键 点：在图形上添加文本框输入文本

操作要点："插入"→"文本"→"内置"→"简单文本框"

应用场景：绘制图形后，可以在图形上添加文本框来输入文字，从而更便于对文字位置的调整。在图形上添加文本框的方法如下。

❶ 在"插入"选项卡的"文本"组中单击"文本框"下拉按钮，弹出下拉列表，在"内置"列表框中选择"简单文本框"选项（如图2-79所示），即可插入文本框，如图2-80所示。

图 2-79

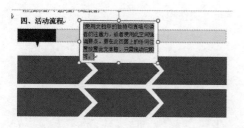

图 2-80

❷ 在文本框中输入"网上报名"，如图2-81所示。

图 2-81

❸ 设置字体为"微软雅黑"，字号为"小四"，单击"加粗"按钮，如图2-82所示。

图 2-82

❹ 选中文本框，在"绘图工具－格式"选项卡的"形状样式"组中单击"形状填充"下拉按钮，弹出下拉菜单，选择"无填充颜色"命令，如图2-83所示。

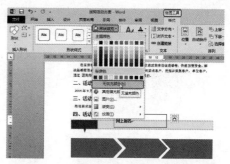

图 2-83

❺ 单击"形状轮廓"下拉按钮，在弹出的下拉菜单中选择"无轮廓"命令，如图2-84所示。

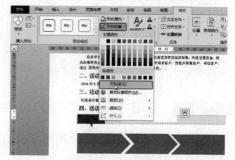

图 2-84

❻ 利用复制粘贴的方式得到多个无填充无轮廓的文本框，分别设置它们不同的字体，并摆放于合适的位置上，可以达到如图2-85所示的效果。

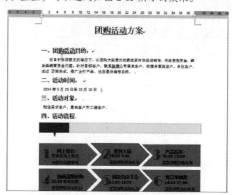

图 2-85

除了在图形上添加文本框输入文本外，还可以直接在图形上输入文本。

选中图形后右击，在弹出的菜单中选择"添加文字"命令（如图 2-86 所示），即可输入文本。

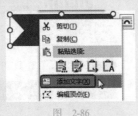

图　2-86

专家提醒

在图形添加文字时不方便对文字位置的任意放置，并且稍放大文字就会超出图形。

像本例的一个图形上就使用了多种不同层次的文字，一共使用了 3 个文本框，如果

采用直接在图形上添加文字的方式是无法实现的，必须采用多文本框组合的方式。

练一练

### 添加图形并编辑文字

如图 2-87 所示，在文本中绘制图形，并添加文字设计图示效果。

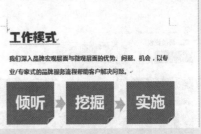

图　2-87

## 2.2.4　自定义设置图形的边框

**关　键　点：** 自定义设置图形的边框
**操作要点：** "设置形状格式"右侧窗格
**应用场景：** 图形边框的线条可以设置为实线或虚线，也可以设置线条的粗细和颜色。图形边框的设置是由文档的整体风格决定的。

❶ 打开"团购活动方案"文档，选中图形后右击，在弹出的菜单中选择"设置形状格式"命令（如图 2-88 所示），打开"设置形状格式"窗格。

❷ 单击"填充与线条"标签按钮，展开"线条"栏，选中"实线"单选按钮，单击"颜色"下拉按钮，在展开的列表中选择需要使用的颜色，在"宽度"设置框中设置线条的宽度为"1.5 磅"，如图 2-89 所示。

❸ 完成以上设置，通过对比可以看到只有第一个图形显示了所设置的边框，其他图形还是默认边框，如图 2-90 所示。

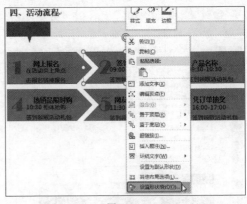

图　2-88

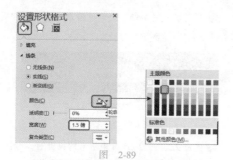

图 2-89

### 设置图形的边框

如图 2-91 所示的图形只使用了边框（使用的是复合线型），未使用填充颜色。

图 2-91

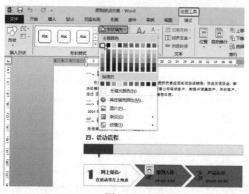

图 2-90

## 2.2.5 设置图形的渐变填充效果

**关 键 点：** 通过对图形设置渐变填充颜色来美化图形

**操作要点：** "绘图工具 - 格式" → "形状样式" → "形状填充"

**应用场景：** 在文档中应用图形后，为图形设置填充颜色一般来说是一个必要的美化步骤。图形的填充一般分为纯色填充、渐变填充、图片或纹理填充和图案填充 4 种。为图形设置渐变填充效果时，可以先选择颜色，然后程序会根据选择的颜色给出几种可选择的渐变方式，可以从几种预设的渐变效果中快速选择使用。

❶选中第一个图形，在"绘图工具 - 格式"选项卡的"形状样式"组中单击"形状填充"下拉按钮，弹出下拉菜单，选中"白色"颜色，如图 2-92 所示。

❷再次打开"形状填充"下拉菜单，依次选择"渐变" → "线性向下"命令，如图 2-93 所示。

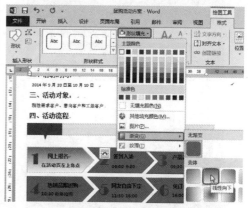

图 2-92

图 2-93

❸ 完成全部设置后，即可为图形设置渐变填充效果，如图 2-94 所示。

图　2-94

❹ 选中设置完成的第一个图形，在"开始"选项卡的"剪贴板"组中双击"格式刷"按钮，如图 2-95 所示。（单击"格式刷"按钮可复制一次格式，双击"格式刷"按钮可多次重复复制格式。）

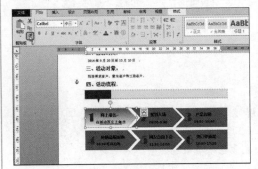

图　2-95

❺ 双击格式刷后，将鼠标指针移至文档中，即可看到光标变成了刷子形状（如图 2-96 所示），在图形上单击一次，即可复制格式，如图 2-97 所示。

图　2-96

图　2-97

❻ 利用格式刷功能，给其他图形快速填充相同的格式，如图 2-98 所示。

图　2-98

❼ 完成 2.2.1 ～ 2.2.5 节中所有的设置后，"团购活动方案"文档编辑完成，如图 2-99 所示。

图　2-99

**知识扩展**

在设置图形的渐变填充效果时，除了采用上面正文中介绍的方法，先设置基本颜色，然后从"形状填充"→"渐变"子菜单中选择渐变效果外。

选中图形，在"绘图工具－格式"→"形状样式"选项组中单击按钮，打开"设置形状格式"窗口。展开"填充"栏，选中"渐变填充"单选按钮，下面多个选项都可对渐变的参数进行设置，如图 2-100 所示。

例如，单击"预设渐变"的下拉按钮，在展开的下拉列表中可快速选择渐变的样式与颜色，如图 2-101 所示；单击"类型"的下拉按钮，可以选择渐变的类型（初学者可尝试选择不同类型，查看其对应的渐变效果），如图 2-102 所示。

单击"方向"的下拉按钮，可以选择渐变的方向（这其中的效果根据选择的渐变类型而有所不同），如图 2-103 所示。

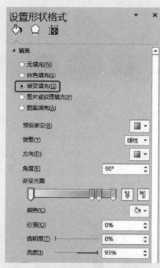

图 2-100

图 2-101

图 2-102

图·2-103

选中下面的渐变光圈,在"颜色"下拉列表中可重新选择光圈颜色,并且也可以通过 和 按钮来新增或删除光圈,如图 2-104 所示。

图 2-104

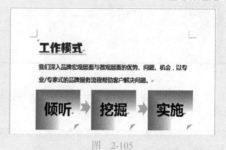

**自定义图形的渐变填充效果**

如图 2-105 所示的图形中设置了渐变填充效果。

图 2-105

## 2.2.6 使用 SmartArt 图创建图示

**关 键 点:** 使用 SmartArt 图示来表达多种数据关系

**操作要点:** "插入"→"插图"组→"SmartArt"功能按钮

**应用场景:** 通过插入形状并合理布局可以实现表示流程、层次结构和列表等关系,但要想获取完美的效果,其操作步骤一般会比较多,因为图形需要逐一添加并编辑。在 Word 中也提供了 SmartArt 图形功能,利用它可以很方便地表达多种数据关系。

这里以市场营销环境为例，详细讲解SmartArt图形的插入和编辑，如图2-106所示为设计后的效果。

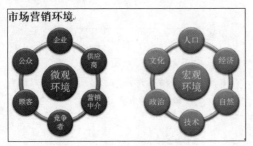

图　2-106

① 打开"市场营销环境分析"文档，在"插入"选项卡的"插图"组中单击SmartArt按钮（如图2-107所示），打开"选择SmartArt图形"对话框。

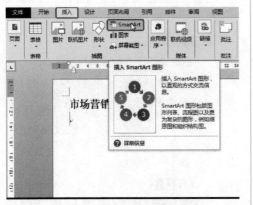

图　2-107

② 单击滚动条按钮，向下拖动，在列表中选择"射线循环"选项，如图2-108所示。

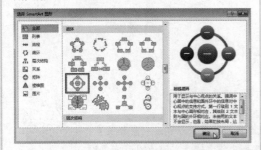

图　2-108

③ 单击"确定"按钮，即可在文档中插入SmartArt图形（默认图形），如图2-109所示。

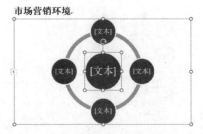

图　2-109

④ 选中其中一个图形后右击，在弹出的菜单中依次执行"添加形状"→"在后面添加形状"操作（如图2-110所示），即可添加形状。

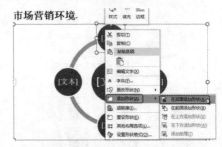

图　2-110

⑤ 根据当前的实际情况，需要添加两个形状，如图2-111所示为添加了两个形状的SmartArt图形。

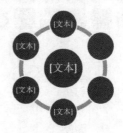

图　2-111

⑥ 在形状上单击，即可定位光标，输入文本内容，如图2-112所示。

图　2-112

**知识扩展**

　　创建 SmartArt 图时，默认的形状中会有"文本"提示字样，单击即可定位光标输入文字，而新添加的图形中无此提示，要添加文字需要单击图形左侧的 ◁ 按钮，展开文本输入窗口，在其中定位光标即可输入，如图 2-113 所示。

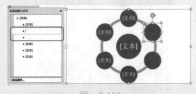

图　2-113

　⑦ 选中图形，鼠标指针指向四周的控点，按住鼠标左键拖动即可调节图形的大小（与调节图形图片的大小的方法一样），如图 2-114 所示。

图　2-114

　⑧ 按照相同的方法，插入第二个 SmartArt 图形并编辑文字，如图 2-115 所示。

**市场营销环境**

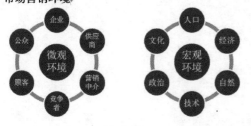

图　2-115

　⑨ 选中"宏观环境"SmartArt 图形，在"SmartArt 工具 - 设计"选项卡的"SmartArt 样式"组中单击

"更改颜色"下拉按钮（如图 2-116 所示），弹出下拉列表。

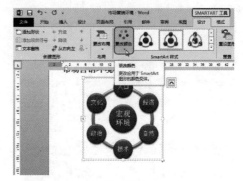

图　2-116

　⑩ 在打开的列表框栏中选择"彩色填充 - 个性色 6"（如图 2-117 所示），即可更改图形的颜色，如图 2-118 所示。

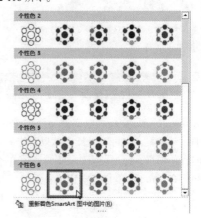

图　2-117

图　2-118

　⑪ 保持 SmartArt 图形的选中状态，在"SmartArt 样式"选项组中单击列表框右下角的"其他"按钮，

第 2 章　图文混合文档操作

在打开的列表框的"文稿的最佳匹配对象"栏中选择"强烈效果"选项（如图 2-119 所示），即可得到如图 2-120 所示的效果。

图 2-119

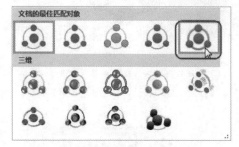

图 2-120

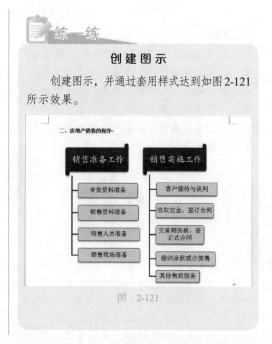

练 一 练

## 创建图示

创建图示，并通过套用样式达到如图 2-121 所示效果。

图 2-121

## 2.3 公司宣传彩页范例

公司宣传彩页文档一般都需要使用图形图片来辅助设计，在 Word 中合理排版文档，并搭配合理的设计方案，也可以设计出效果不错的宣传彩页文档。如图 2-122 所示的文档正是在 Word 中制作的宣传彩页，通过图形、图片、颜色的合理组合，得到了不错的效果。下面以这个文档为例，介绍如何在 Word 中制作公司宣传彩页。

图 2-122

## 2.3.1 线条（或图形边框）的格式设置

**关 键 点**：绘制线条或图形的边框
**操作要点**："插入"→"插图"组
　　　　　　　"绘图工具－格式"→"形状样式"组→"形状轮廓"功能按钮
**应用场景**：绘制的线条或图形的边框，默认粗细为"1磅"，颜色为灰色的直线。
　　　　　　　一般为了配合文档的整体风格，需要设置线条的格式。

首先将基本文字输入到文档中，按前面学习的排版文档的方法对文字进行基本排版，效果如图 2-123 所示。

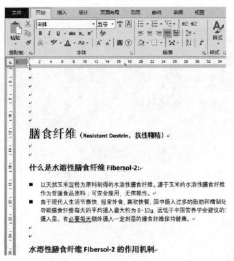

图 2-123

### 1. 设置文档顶部的直线格式

❶ 打开"公司宣传彩页"文档，在顶部预留位置插入小图，添加文本框输入"本期健康小辞典"文字，对于右上角的装饰图形，可以绘制圆形并按自己的设计思路摆放，如图 2-124 所示。

图 2-124

❷ 下方是两个"矩形"图形拼接放置，并在矩形上绘制文本框添加文字（这里的文本框都需要设置

为无轮廓无填充的效果，此项操作在 2.1.5 节已经介绍过），如图 2-125 所示。

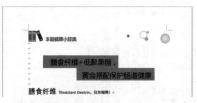

图 2-125

❸ 在"插入"选项卡的"插图"组中单击"形状"下拉按钮，在展开的"线条"栏中单击"直线"选项（如图 2-126 所示），在图中绘制一条如图 2-127 所示的直线。

图 2-126

图 2-127

❹ 保持线条的选中状态，在"绘图工具－格式"选项卡的"形状样式"组中单击"形状轮廓"下拉按钮，弹出下拉列表，可以对线条的颜色、粗细和线型进行设置，如图 2-128 所示。

❺ 在"主题颜色"列表中选择线条颜色，然后把鼠标指针移到"粗细"选项，在打开的子菜单中选择"1磅"操作（如图 2-129 所示），完成以上操作后系统会自动关闭下拉列表。

第 2 章　图文混合文档操作

65

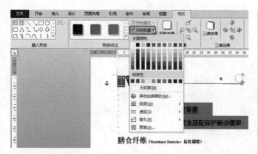

图 2-128

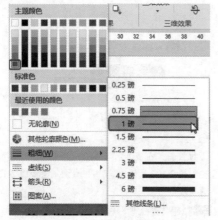

图 2-129

⑥ 再次单击"形状填充"下拉按钮，把鼠标指针移到"虚线"，在打开的的子菜单中选择"方点"操作，如图 2-130 所示。

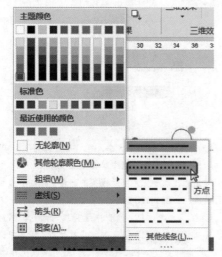

图 2-130

⑦ 完成线条的全部格式设置后，得到如图 2-131所示的效果。

图 2-131

⑧ 对图形边框的格式设置与线条一样，选中图形后（例如本例线条旁的两个圆形），在"绘图工具 - 格式"选项卡的"形状样式"组中单击"形状轮廓"下拉按钮，弹出下拉列表，依次对边框设置与线条相同的颜色、粗细和方点虚线，如图 2-132 所示，效果如图 2-133 所示。

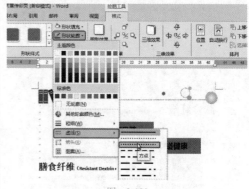

图 2-132

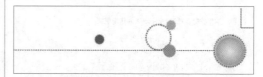

图 2-133

### 2. 设置文档底部图形的边框线条格式

移至文档底部，与水溶性膳食纤维的功效相关的内容显示在图形之中，如图 2-134 所示是通过在图形上绘制文本框，并对文本框设置无轮廓、无填充的效果来实现。

图 2-134

现在要在位于中间的图形上设置如图 2-135 所示的虚线效果，具体操作如下。

图 2-135

❶ 在"插入"选项卡的"插图"组中单击"形状"下拉按钮，在展开的"基本形状"列表框中选择"椭圆"选项。按住 Shift 键，绘制一个圆，半径略小于大圆，如图 2-136 所示。

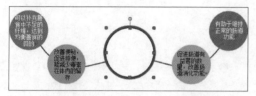

图 2-136

❷ 在"绘图工具 – 格式"选项卡的"形状样式"组中单击"形状填充"下拉按钮，在弹出的下拉列表中选择"无填充颜色"命令，如图 2-137 所示。

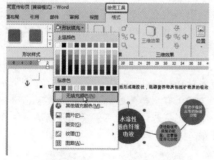

图 2-137

❸ 单击"轮廓填充"下拉按钮，设置颜色为"白色"（如图 2-138 所示），在"粗细"子菜单中选择"1.5 磅"（如图 2-139 所示），在"虚线"子菜单中选择"圆点"，如图 2-140 所示。通过这些边框设置即可得到如图 2-135 所示的效果。

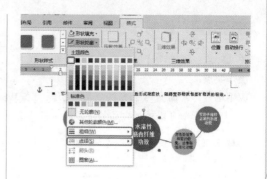

图 2-138

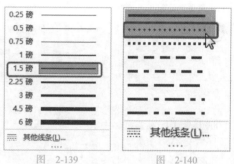

图 2-139    图 2-140

练　练

## 为图形设置边框格式

如图 2-141 所示的图示中，各图形中设置了不同的边框格式。

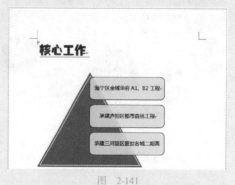

图 2-141

## 2.3.2 绘制任意曲线线条

**关 键 点**：根据设计思路来任意绘制曲线线条
**操作要点**："插入" → "插图" → "形状" → "线条" 选择曲线
**应用场景**：前面介绍了直线线条的绘制，在 Word 中还可以绘制曲线。曲线的线条可以根据自己的设计思路任意绘制，具体操作如下。

❶ 打开"公司宣传彩页"文档，在"插入"选项卡的"插图"组中单击"形状"下拉按钮，弹出下拉列表，在"线条"列表框中选择"曲线"图形（如图 2-142 所示），鼠标指针变成十字形状，即可在图中任意位置绘制任意形状的曲线。

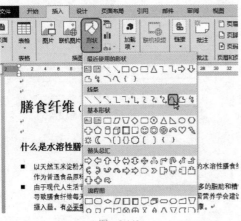

图 2-142

❷ 首先在文档中的指定位置单击（此位置作为曲线的起点），拖动鼠标到合适位置再单击（此位置作为曲线的转折点），继续拖动，在第三个位置单击确定顶点，如图 2-143 所示。

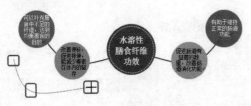

图 2-143

❸ 按照相同的方法，沿着第三点继续绘制曲线，

在末尾位置处快速双击，曲线绘制完成，如图 2-144 所示。

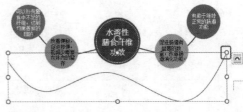

图 2-144

❹ 得到曲线线条后，可以像 2.3.1 节介绍的设置线条格式的方法一样对曲线的格式进行设置。

### 练一练

**手动绘制创意图形**

利用"形状"中的各种自选图形的组合可以获取创建图形，如图 2-145 所示。其中操作要点如下。

（1）绘制图形可以按设计思路，需要旋转的就进行旋转。

（2）有重叠关系的注意叠放次序。

（3）完成设计后可将多图形组合成一个图形。

图 2-145

## 2.3.3 文字的艺术效果

**重点知识**：设置文字的艺术效果
**操作要点**："开始" → "字体" → "文字效果和版式"功能按钮
**应用场景**：使用 Word 提供的艺术字功能，可以让一些大号字体呈现不一样的效果，既突出显示又能美化版面。

❶ 打开"公司宣传彩页"文档，选中文档顶部矩形上的文字，在"开始"选项卡的"字体"组中单击"文字效果和版式"下拉按钮（如图 2-146 所示），弹出下拉列表。

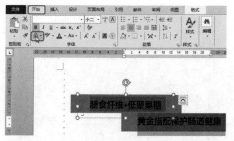

图 2-146

❷ 在展开的下拉列表中有几种艺术样式（如图 2-147 所示），单击即可套用，如图 2-148 所示。

图 2-147

图 2-148

❸ 套用的艺术样式是基于原字体的，即套用艺术字样式后，只改变文字的外观效果而不改变字体字号，例如，上面选择的艺术样式，之前使用的是"宋

体"，当更改字体后，可以看到它们会保持相同的外观样式，如图 2-149 和图 2-150 所示。

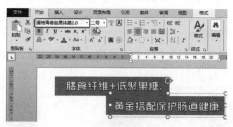

图 2-149

图 2-150

练一练

### 为标题文字用艺术字效果

如图 2-151 所示为标题文字应用了艺术字效果。

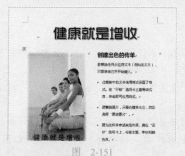

图 2-151

## 2.3.4 文本框中文本行间距自定义设置

**关 键 点：** 调整文本框中文字的行间距让文字显示更加紧凑
**操作要点：** "开始"→"段落"组→"段落"对话框
**应用场景：** 在文本框中输入文字时，根据所设置的字体不同，有时间距会比较大，
文字松散，不能以最佳效果显示于图形上，此时可以对其间距重新
调整。

打开"公司宣传彩页"文档，在如图 2-152 所示的图形上绘制文本框并输入文字，可以看到文框中文字默认的行间距过大。对文本框中文本行间距的设置同文档中的文本行间距设置相同，具体操作如下。

图 2-152

❶ 选中文本框中的文字，在"开始"选项卡的"段落"组中单击对话框启动器按钮（如图 2-153 所示），打开"段落"对话框。

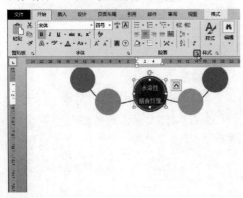

图 2-153

❷ 在"间距"栏下，单击"行距"文本框的下拉按钮，在展开的下拉列表中选择"固定值"，然后在"设置值"数值框中输入"18磅"，如图 2-154 所示。

❸ 单击"确定"按钮关闭"段落"对话框，可以看到文本框中的文本行间距变小，如图 2-155 所示。

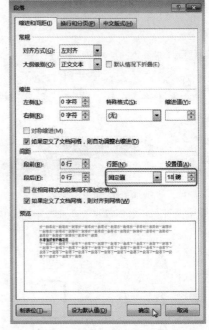

图 2-154

图 2-155

❹ 调整文本框的大小和文本的居中对齐，得到如图 2-156 所示的效果。

图 2-156

Word/Excel/PPT 2013 高效办公从入门到精通

⑤在其他图形中绘制文本框并输入文本，按照相同的方法，依据实际情况调整行间距，如图 2-157 所示。

图 2-157

**减小文本框中文字与边距的距离**

在文本框中输入文字，默认其与文本框边线的距离稍大，如果单独使用文本框，这没什么问题，但是如果在图形上用文本框显示文本时，建议把此值调小，因为如果间距大，无法以最小化的文本框来显示最多的文字，稍放大文字就会让文字又自动分配到下一行中，整体文字松散不紧凑，这不便于整体图形与文本框的

排版。

选中文本框后右击，在弹出的菜单中选择"设置形状格式"命令，打开"设置形状格式"窗格。单击"布局属性"标签按钮，在"文本框"栏中设置"上""下""左""右"的边距值，如图 2-158 所示。

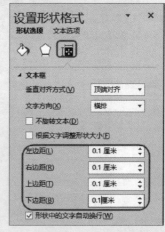

图 2-158

## 2.3.5 图片衬于文字下方的底图效果

**关 键 点：** 设置图片衬于文字下方的排版方式

**操作要点：** 1. "插入"→"插图"组→"图片"功能按钮

2. "绘图工具"→"排列"组→"自动换行"功能按钮

3. "图片工具-格式"→"调整"组→"颜色"功能按钮

**应用场景：** 有些文档在编辑及排版操作完成后，可以插入一幅图片作为底图显示，从而增强文档的视觉效果。默认插入图片会掩盖文字或其他对象，要实现底图效果，需要按如下方法操作。

### 1. 插入图片并设置图片版式

❶打开"公司宣传彩页"文档，在"插入"选项卡的"插图"组中单击"图片"按钮（如图 2-159 所示），打开"插入图片"对话框。

❷找到背景图片所在位置，选中图片，如图 2-160 所示。

❸单击"插入"按钮，即可在文档中插入图片，如图 2-161 所示。

图 2-159

图 2-160

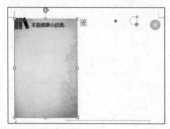

图 2-161

**专家提醒**

在选取图片时注意要选择横纵比例与页面差不多的高清图片。否则无论是横向拉宽还是纵向拉长图片，都会造成横纵比例失调，效果失真的情况。

❹选中图片，在"绘图工具"选项卡的"排列"组中单击"环绕文字"下拉按钮，展开下拉列表，选择"衬于文字下方"命令，如图 2-162 所示。更改版式后的图片显示于文字的下方，不影响文档中的文字和图片。

图 2-162

❺手动调整图片至页面大小，如图 2-163 所示。

图 2-163

### 2. 调整图片色调或应用艺术样式

在文本中使用图片后，如果感觉其颜色与当前版面配色搭配不协调，则还可以对图片的色调进行重调，另外，还能为图片应用艺术效果。

❶例如，在本例中选中底图，在"图片工具-格式"选项卡的"调整"组中单击"颜色"下拉按钮，弹出下拉列表，在"重新着色"栏中选择"蓝色-个性色5浅色"，如图 2-164 所示。单击即可看到图片颜色发生的变化，效果如图 2-165 所示。

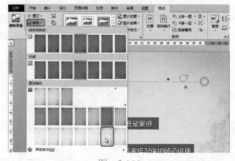

图 2-164

❷在"调整"选项组中单击"艺术效果"下拉按钮，弹出下拉列表，选择"马赛克气泡"选项，如图 2-166 所示。单击即可看到图片应用艺术效果，如图 2-167 所示。

图 2-165

图 2-166

图 2-167

 练一练

### 图片衬于文字下方显示

如图 2-168 所示，实现图片衬于文字下方显示的效果。

图 2-168

技高一筹

### 1. 设置特大号字体

系统默认的最大字体是 72 号字体，但有些文档中需要使用特大号字体。例如，下例的招聘海报中需要使用 80 号特大字，可以通过下述技巧来实现。

❶ 选中"招聘"，在"开始"选项卡的"字体"组中，在"字号"文本框中输入字号，例如，输入 80，如图 2-169 所示。

❷ 按 Enter 键即可应用，如图 2-169 所示。

图 2-169

## 2. 在图片中抠图

"删除背景"功能实际是实现抠图的操作，在过去的版本中要想抠图必须借助其他图片处理工具，而在 Word 2013 之后的版本都可以直接在 Word 程序实现抠图。例如，图 2-170 所示的图片有白色底纹，不能很完善地与文档的页面颜色相融合，因此可以利用"删除背景"功能将白色底纹删除，具体操作如下。

❶ 选中图片，在"图片工具-格式"选项卡的"调整"组中单击"删除背景"按钮，如图 2-170 所示。

图　2-170

❷ 执行上述操作后即可进入背景消除工作状态（默认情况下，变色的为要删除区域，本色的为保留区域），先拖动图片上的矩形框确定要保留的大致区域。

❸ 在"背景消除"选项卡的"优化"组中单击"标记要保留的区域"按钮，此时鼠标变成铅笔形状，如果有想保留的区域已变色，就在那个位置拖动，直到所有想保留的区域都保持本色为止，如图 2-171 所示。

图　2-171

❹ 绘制完成后，在"背景消除"选项卡的"关闭"组中单击"保留更改"按钮（如图 2-172 所示）即可删除不需要的部分，效果如图 2-173 所示。

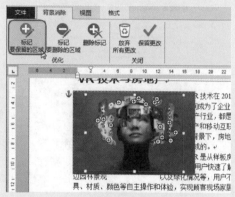

图　2-172

图　2-173

专家提醒

　　有时图片色彩复杂，在进行背景删除时则可能需要多步操作才能完成，首先进入删除背景时图片会自动变色一部分，可以单击"标记要保留的区域"按钮，在图片上点选，不断增加要保留的区域；也可以单击"标记要删除的区域"按钮，在图片上点选，不断增加要删除的区域。

## 3. 快速重换图形形状

　　绘制了图形，对其进行各种效果的设置后，如果对图片形状不满意，不用重新绘制图形再设置，通过以下操作直接更改图形形状即可。

① 选中图形（如果一次性更改多个就一次性选中），在"图片工具 - 格式"选项卡的"插入形状"组中单击"编辑形状"按钮，在下拉列表中选择"更改形状"选项，在子菜单中选择想更改的目标形状（如图 2-174 所示），即可更改图形形状，如图 2-175 所示。

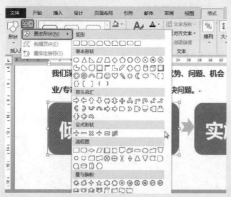

图　2-174

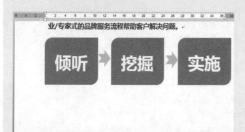

图　2-175

## 4. 将设置好的图形效果设置为默认效果

将设置好的图形效果设置为默认效果，下次无论绘制什么形状的图形都会自动应用此效果。

① 选中设置好的图形，右击，在弹出的菜单中选择"设置为默认形状"命令，如图 2-176 所示。

② 设置完成后，绘制任何图形都会使用这一效果，如图 2-177 所示。

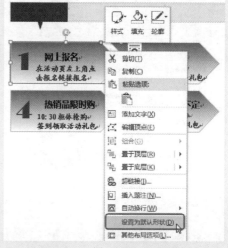

图　2-176

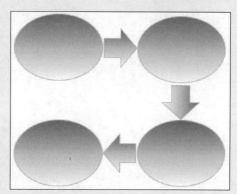

图　2-177

## 5. 快速还原默认图片

用户在编辑图片时，有时会进行反复调整，如果对结果不满意，需要将图片恢复原始状态，可以通过"重设图片"功能迅速将图片恢复到原始状态。

① 选中需要恢复的图片，在"图片工具 - 格式"选项卡下"调整"组中选择"重设图片"选项，如图 2-178 所示。

② 执行上述操作，即可恢复图片到原始状态，效果如图 2-179 所示。

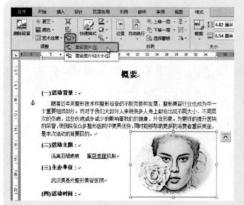

图 2-178

图 2-179

读书笔记

# 第3章

## 高级商务文档操作

高级商务
文档操作

### 3.1 制作信息登记表

- 3.1.1 插入指定行列数的表格
- 3.1.2 按表格结构合并单元格
- 3.1.3 按表格的结构调整行高和列宽
  - 1. 在"单元格大小"组中精确调整
  - 2. 手动调整
- 3.1.4 设置表格中文本对齐方式
- 3.1.5 设置表格文字竖向显示
- 3.1.6 用图形图片设计页面页眉页脚
- 3.1.7 打印信息登记表

### 3.2 简易产品说明（项目介绍）文档

- 3.2.1 为文档制作目录结构
- 3.2.2 添加封面
- 3.2.3 在页眉中合理应用图片
- 3.2.4 创建常用基本信息填写表格
  - 1. 创建表格并设置边框
  - 2. 文字的输入及设置

　　Word 文档中常常会需要添加表格，例如本例中要创建的信息登记表，此信息登录表是文本加表格的综合排版效果。这种类型的文档也是日常办公中经常要用到的文档，如图 3-1 所示。

图　3-1

### 3.1.1 插入指定行列数的表格

**关 键 点：**在文档中插入表格
**操作要点：**"插入"→"表格"组→"表格"功能按钮
**应用场景：**有些文档在编辑过程中需要配备表格。当需要插入表格时，先将光标
　　　　　　　定位到目标位置上，然后使用 Word 中的表格功能插入表格。

　　❶ 打开"乐加绘画信息表"文档，在"插入"选项卡的"表格"组中单击"表格"下拉按钮，弹出下拉菜单，选择"插入表格"命令（如图 3-2 所示），打开"插入表格"对话框。

　　❷ 在"表格尺寸"栏的"列数"数值框中输入 9；在"行数"数值框中输入 10，如图 3-3 所示。

　　❸ 单击"确定"按钮，即可在文档中插入一个"10 行，9 列"的表格，如图 3-4 所示。

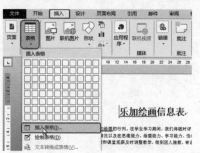

图　3-2

插入表格
表格尺寸
列数(C): 9
行数(R): 10
"自动调整"操作
固定列宽(W): 自动
根据内容调整表格(F)
根据窗口调整表格(D)
为新表格记忆此尺寸(S)
确定
取消

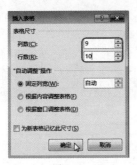

图 3-3

乐加绘画信息表
尊敬的家长朋友：
欢迎您加入乐加绘画的行列。在学生学习期间，我们将随时评测、跟踪研究该生在左右脑潜能方面的开发情况以及在思维能力、绘画能力、学习能力、性格能力等多方面的能力状态，并根据资料反馈和课堂观察及时调整教学，做到因人施教、有备而教。请详细填写下表，多谢合作。

图 3-4

## 3.1.2 按表格结构合并单元格

**关 键 点：** 合并或拆分表格

**操作要点：** "表格工具 - 布局" → "合并" 组→ "合并单元格" / "拆分单元格"

**应用场景：** 插入的表格结构是最基本的结构，在实际应用中，当有一对多的关系时，常常需要合并或拆分单元格才能达到实际要求。因此可以通过合并多单元格或拆分单元格的操作来布局表格的结构。

❶ 选中需要合并的单元格，在"表格工具 - 布局"选项卡的"合并"组中单击"合并单元格"按钮（如图 3-5 所示），即可将选中的多个单元格合并为一个单元格，如图 3-6 所示。

文件 开始 插入 设计 页面布局 引用 邮件 审阅 视图 设计 布局
选择 查看网格线 属性
绘制表格 橡皮擦
删除 在上方插入 在下方插入 在左侧插入 在右侧插入
合并单元格 拆分单元格 拆分表格
0.69 厘米 1.67 厘米 自动调整
表 绘图 行和列 合并 单元格大小
乐加绘画信息表

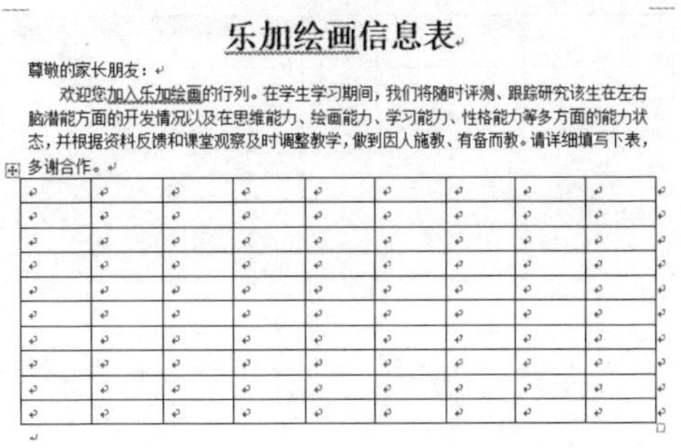

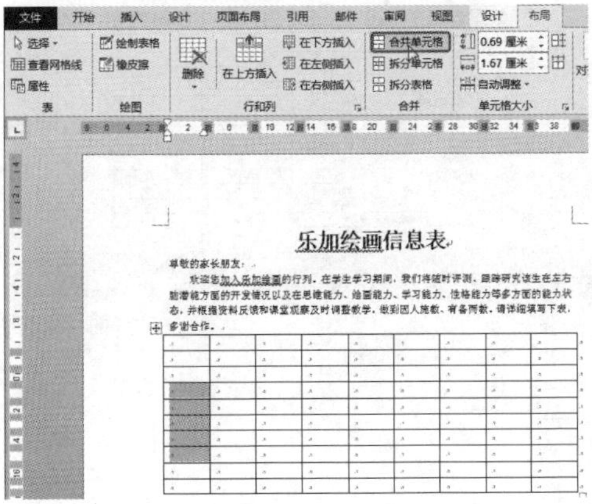

图 3-5

❷ 在合并的单元格中单击定位光标，输入文本"学员基本情况"，如图 3-7 所示。

❸ 按照相同的方法，合并其他需要合并的单元格，并输入信息，如图 3-8 所示。

❹ 选择需要拆分的单元格，在"合并"选项组中单击"拆分单元格"按钮（如图 3-9 所示），打开"拆分单元格"对话框。

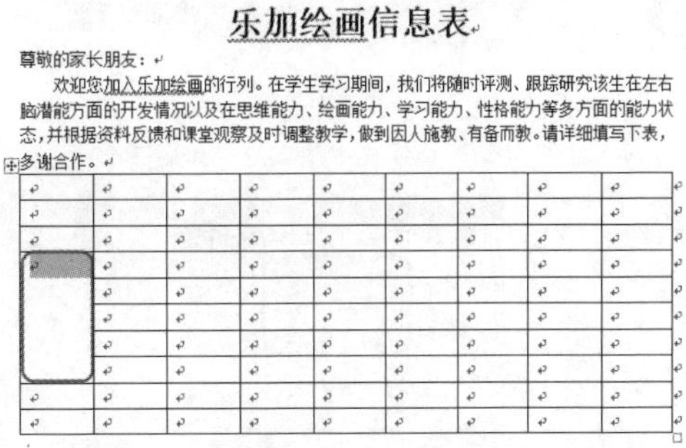

乐加绘画信息表
尊敬的家长朋友：
欢迎您加入乐加绘画的行列。在学生学习期间，我们将随时评测、跟踪研究该生在左右脑潜能方面的开发情况以及在思维能力、绘画能力、学习能力、性格能力等多方面的能力状态，并根据资料反馈和课堂观察及时调整教学，做到因人施教、有备而教。请详细填写下表，多谢合作。

图 3-6

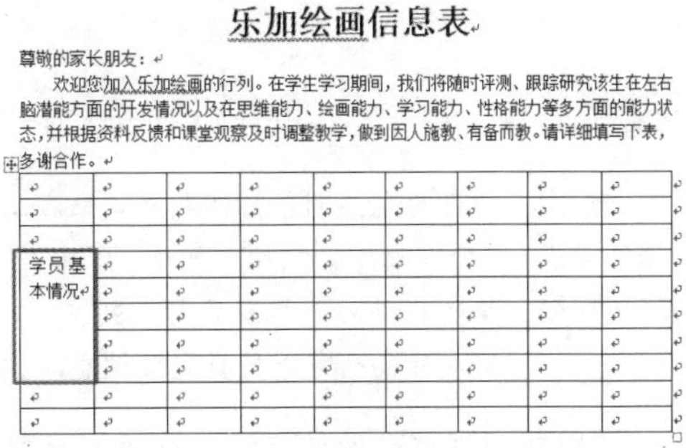

乐加绘画信息表
尊敬的家长朋友：
欢迎您加入乐加绘画的行列。在学生学习期间，我们将随时评测、跟踪研究该生在左右脑潜能方面的开发情况以及在思维能力、绘画能力、学习能力、性格能力等多方面的能力状态，并根据资料反馈和课堂观察及时调整教学，做到因人施教、有备而教。请详细填写下表，多谢合作。
学员基本情况

图 3-7

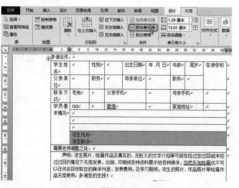

| 学生姓名 |  | 性别 |  | 出生日期 | 年月日 | 年龄 |  | 周岁 |  | 在读学校 |  |
| 父亲单位 |  | 职务 |  | 母亲单位 |  | 职务 |  |  |  |  |  |
| 联系方式 | 宅电 |  | 父亲手机 |  |  | 母亲手机 |  |  |  |  |  |
| 学员基本情况 | QQ |  | 微信 |  |  | 家庭地址 |  |  |  |  |  |
|  |  |  |  |  |  |  |  |  |  |  |  |
|  | 该生优点 |  |  |  |  |  |  |  |  |  |  |
|  | 该生缺点 |  |  |  |  |  |  |  |  |  |  |
| 需要老师调整之处： |  |  |  |  |  |  |  |  |  |  |  |

声明：该生照片、绘画作品及真实的、无贬义的文字介绍等可能在经过您过目或未经过过目的情况下无偿发表、出版、印刷成各种资料展示给各种媒体，当然乐加绘画也不可以任何名目收取您的媒体刊登、发表费用。及学习期间，该生的照片、作品照片等绘画作品无偿使用。多谢您的支持！

家长签字：
年　月　日

图　3-8

图　3-9

⑤ 在"列数"数值框中输入2，如图3-10所示。

图　3-10

### 3.1.3　按表格的结构调整行高和列宽

**关 键 点**：通过自定义调整行高和列宽来满足自己的需求
**操作要点**："表格工具-布局"→"单元格大小"组
**应用场景**：编辑表格时，其默认行高列宽很少能正好满足需求，因此需要在制作时对行列宽进行自定义调整。

调整行高列宽有两种方法可选择，分别如下。

⑥ 单击"确定"按钮，即可将选中的单元格拆分为两列，如图3-11所示。

| 学生姓名 |  | 性别 |  | 出生日期 | 年月日 | 年龄 |  | 周岁 |  | 在读学校 |  |
| 父亲单位 |  | 职务 |  | 母亲单位 |  | 职务 |  |  |  |  |  |
| 联系方式 | 宅电 |  | 父亲手机 |  |  | 母亲手机 |  |  |  |  |  |
| 学员基本情况 | QQ |  | 微信 |  |  | 家庭地址 |  |  |  |  |  |
|  |  |  |  |  |  |  |  |  |  |  |  |
|  | 该生优点 |  |  |  |  | 该生缺点 |  |  |  |  |  |
| 需要老师调整之处： |  |  |  |  |  |  |  |  |  |  |  |

声明：该生照片、绘画作品及真实的、无贬义的文字介绍等可能在经过您过目或未经过过目的情况下无偿发表、出版、印刷成各种资料展示给各种媒体，当然乐加绘画也不可以任何名目收取您的媒体刊登、发表费用。及学习期间，该生的照片、作品照片等绘画作品无偿使用。多谢您的支持！

家长签字：
年　月　日

图　3-11

**练一练**

### 建立表格并规划结构

如图3-12所示表格，让文本内容条理很清晰。

图　3-12

#### 1. 在"单元格大小"组中精确调整

① 选中需要调整行高或列宽的表格，在"表格

工具 - 布局"选项卡的"单元格大小"组中的"高度"数值框中输入"0.6厘米"（如图 3-13 所示），按 Enter 键，即可一次性调整单元格的行高。

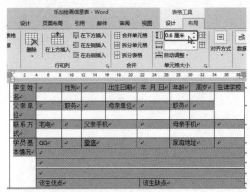

图　3-13

❷ 要调整列宽，则在"宽度"设置框中输入目标值。

### 2. 手动调整

❷ 将光标移至需要调整列宽的边框线上，当鼠标指针变成双向箭头时，按住鼠标左键向右拖动增加列宽，向左拖动减小列宽，如图 3-14 所示。

## 乐加绘画信息表

学生学习期间，我们将随时评测、跟踪研究该生在左右脑潜能方面的开学习能力、性格能力等多方面的能力状态，并根据资料反馈和课堂观察而教。请详细填写下表，多谢合作。

| | 出生日期 | 年 月 日 | 年龄 | 周岁 | 在读学校 |
|---|---|---|---|---|---|
| | 母亲单位 | | 职务 | | |
| 父亲手机 | | | 母亲手机 | | |
| 微信 | | | 家庭地址 | | |

图　3-14

❷ 将光标移至需要调整行高的边框线上，当鼠标指针变成双向箭头时，按住鼠标左键向上拖动减小行高，向下拖动增加行高，如图 3-15 所示。

❸ 用同样的方法继续调整表格中其他单元格的行高和列宽，如图 3-16 所示。

❹ 在单元格中输入其他文本，完善表格的内容的编制，如图 3-17 所示。

## 乐加绘画信息表

学生学习期间，我们将随时评测、跟踪研究该生在左右脑潜能方面的开学习能力、性格能力等多方面的能力状态，并根据资料反馈和课堂观察而教。请详细填写下表，多谢合作。

| | 出生日期 | 年 月 日 | 年龄 | 周岁 | 在读学校 |
|---|---|---|---|---|---|
| | 母亲单位 | | 职务 | | |
| 父亲手机 | | | 母亲手机 | | |
| 微信 | | | 家庭地址 | | |

图　3-15

| 学生姓名 | | 性别 | | 出生日期 | | 年 月 日 | 年龄 | | 周岁 | 在读学校 |
|---|---|---|---|---|---|---|---|---|---|---|
| 父亲单位 | | | 职务 | | 母亲单位 | | 职务 | | | |
| 联系方式 | 宅电 | | 父亲手机 | | | 母亲手机 | | | | |
| 学员基本情况 | QQ | | 微信 | | | 家庭地址 | | | | |
| | | | | | | | | | | |
| | 该生优点 | | | | 该生缺点 | | | | | |
| 需要老师调整之处： | | | | | | | | | | |

声明：该生照片、绘画作品及真实的、无贬义的文字介绍等可能在经过您过目或未经过目的情况下无偿发表、出版、印刷成各种资料展示给各种媒体，当然乐加绘画也不可以任何名目收取您的媒体刊登、发表费用。及学习期间，该生的照片、作品照片等绘画作品无偿使用。多谢您的支持！

家长签字：

年　　月　　日

图　3-16

| 学生姓名 | | 性别 | | 出生日期 | | 年 月 日 | 年龄 | | 周岁 | 在读学校 |
|---|---|---|---|---|---|---|---|---|---|---|
| 父亲单位 | | | 职务 | | 母亲单位 | | 职务 | | | |
| 联系方式 | 宅电 | | 父亲手机 | | | 母亲手机 | | | | |
| 学员基本情况 | QQ | | 微信 | | | 家庭地址 | | | | |
| | 是否参加过 0-3 岁早起教育： 是 □ 否 □ | | | | | | | | | |
| | 是否进行过左右脑潜能开发： 是 □ 否 □ | | | | | | | | | |
| | 是否有绘画基础： 无基础 □ 有基础 □（在 曾学过 个月 面） | | | | | | | | | |
| | 该生绘画兴趣情况：不喜爱 □ 一般喜爱 □ 十分喜爱 □ 特别感兴趣 □ | | | | | | | | | |
| | 该生用笔、动手能力方面（可多相同选）： | | | | | | | | | |
| | 手较稳 □ 轻重得当 □ 轻快灵活 □ 笔录清晰 □ 用笔率 □ | | | | | | | | | |
| | 无握笔基础 □ 用笔过重 □ 用笔潦草 □ 动笔较慢 □ 用笔迟缓、不稳 □ | | | | | | | | | |
| | 该生其他特长、爱好： | | | | | | | | | |
| | 班级荣誉： 各种荣誉： | | | | | | | | | |
| | 该生优点 | | | | 该生缺点 | | | | | |
| 需要老师调整之处： | | | | | | | | | | |

声明：该生照片、绘画作品及真实的、无贬义的文字介绍等可能在经过您过目或未经过目的情况下无偿发表、出版、印刷成各种资料展示给各种媒体，当然乐加绘画也不可以任何名目收取您的媒体刊登、发表费用。及学习期间，该生的照片、作品照片等绘画作品无偿使用。多谢您的支持！

家长签字：

年　　月　　日

图　3-17

## 3.1.4 设置表格中文本对齐方式

**关 键 点：** 设置表格中文本对齐方式

**操作要点：** “表格工具－布局”→“对齐方式”组

**应用场景：** 表格中的文字的对齐方式有9种，为了使表格的文本整齐有条理，可以为表格中文本合理设置对齐方式。

❶ 将光标移至表格内，表格的左上角会出现“选择表格”按钮⊞，单击⊞图标，即可选中整个表格，如图3-18所示。

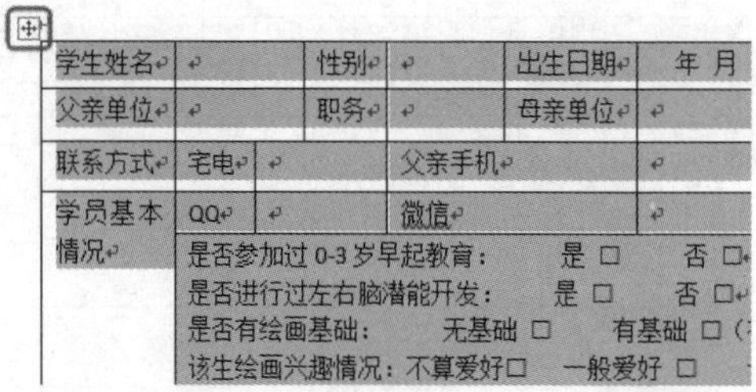

图 3-18

❷ 在“表格工具－布局”选项卡的“对齐方式”组中单击“水平居中”按钮（如图3-19所示），即可设置文本全部水平居中（即横向纵向都居中），如图3-20所示。

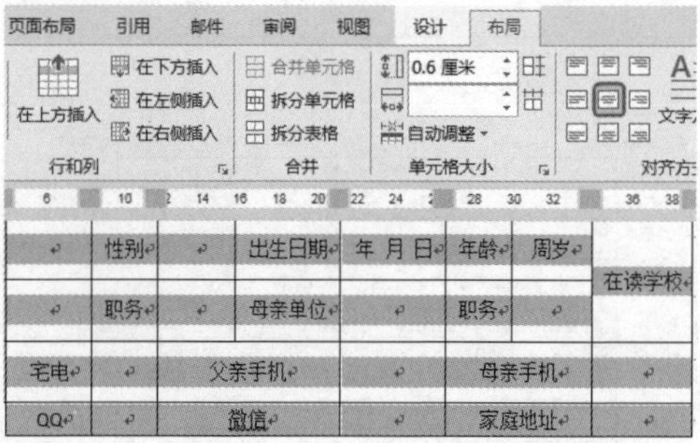

图 3-19

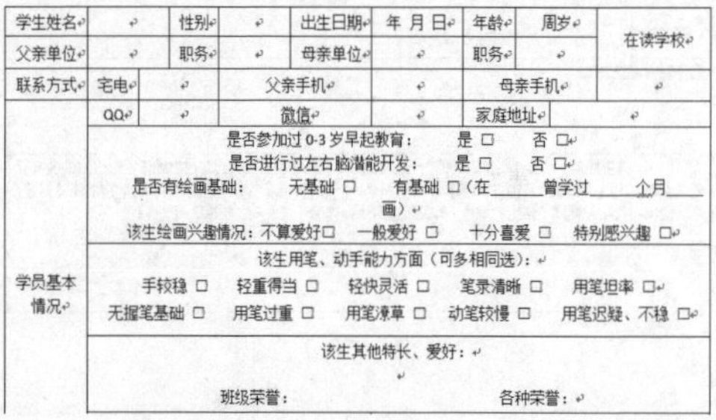

图 3-20

❸ 选择需要设置其他对齐方式的单元格，在“对齐方式”选项组中单击“中部两端对齐”按钮（如图3-21所示），即可对其他单元格的对齐方式重新调整。

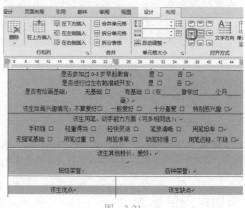

图 3-21

❹ 如果还有其他部分单元格需要使用不同的对齐方式，则按照相同的方法进行设置，全部设置完成后，效果如图3-22所示。

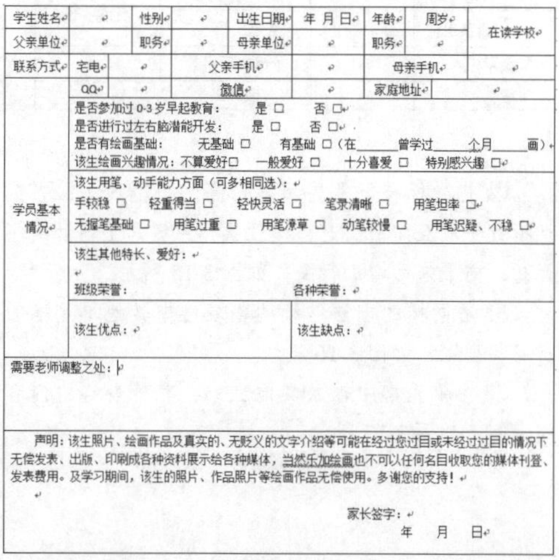

图 3-22

**设置表格中文字的对齐方式**

如图 3-23 所示表格，多数情况会使用居中显示方式，当一列表中是长短不一的数据时，建议使用左对齐。

图 3-23

### 3.1.5 设置表格文字竖向显示

**关 键 点**：设置文字方向为竖向显示

**操作要点**："表格工具－布局"→"对齐方式"组→"文字方向"功能按钮

**应用场景**：表格中的文字默认为横向显示，在某些情况下将文字设置为竖向显示效果会更好。Word 提供的"文字方向"功能可以快速实现文字横纵向的相互转换。

❶选中"学员基本情况"文本，在"表格工具－布局"选项卡的"对齐方式"组中单击"文字方向"按钮（如图 3-24 所示），即可将文字设置为竖向显示，如图 3-25 所示。

图 3-24

图 3-25

❷选中"学员基本情况"文本，在"开始"选项卡的"字体"组中单击对话框启动器，打开"字体"对话框，在"字体"选项卡下，依次设置字体格式为"加粗""三号"，如图 3-26 所示。

图 3-26

❸选择"高级"选项卡，在"间距"下拉列表框中选择"加宽""磅值"数值框输入"1 磅"，如图 3-27 所示。

图 3-27

④ 单击"确定"按钮，返回到文档中，即可看到文字改变了字体，并且间距也增大了，如图 3-28 所示。

| 学生姓名 | | 性别 | | 出生日期 | | 年 月 日 | | 年龄 | | 周岁 | | 在读学校 | |
|---|---|---|---|---|---|---|---|---|---|---|---|---|---|
| 父亲单位 | | | 职务 | | 母亲单位 | | | | 职务 | | | |
| 联系方式 | 宅电 | | | 父亲手机 | | | 母亲手机 | | | | | |
| | QQ | | | 微信 | | | 家庭地址 | | | | | |
| 学员基本情况 | 是否参加过0-3岁早起教育： 是 否 | | | | | | | | | | | | |
| | 是否进行过左右脑潜能开发： 是 否 | | | | | | | | | | | | |
| | 是否有绘画基础： 无基础 有基础（在___曾学过___个月___幅） | | | | | | | | | | | | |
| | 该生绘画兴趣情况：不算爱好 一般爱好 十分喜爱 特别感兴趣 | | | | | | | | | | | | |
| | 该生用笔、动手能力方面（可多相同选）： | | | | | | | | | | | | |
| | 手较稳 轻重得当 轻快灵活 用笔清晰 用笔顺率 | | | | | | | | | | | | |
| | 无握笔基础 用笔过重 用笔薄率 动笔较慢 用笔迟疑、不稳 | | | | | | | | | | | | |
| | 该生其他特长、爱好： | | | | | | | | | | | | |
| | 所获荣誉： 各种荣誉 | | | | | | | | | | | | |
| | 该生优点： 该生缺点： | | | | | | | | | | | | |

图 3-28

## 3.1.6 用图形图片设计页面页眉页脚

**关 键 点**：用图形图片设计页面的页眉页脚

**操作要点**：1. "插入"→"插图"组→"形状"功能按钮

2. "页眉和页脚工具-设计"

**应用场景**：专业的商务文档一般会包含页眉页脚信息，例如，当前这份"乐加绘画信息表"就可以通过页眉页脚的方式将公司的联系电话和地址添加到页眉页脚中，另外还可以通过添加图形、图片等补充修饰。

❶ 在页眉页脚区域双击，即可进入"页眉和页脚"编辑状态，如图 3-29 所示。

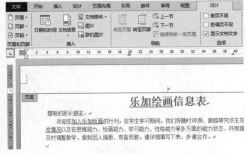

图 3-29

❷ 在"插入"选项卡的"插图"组中单击"形状"下拉按钮，在展开的"矩形"栏中选择"矩形"选项，如图 3-30 所示。

❸ 在页眉区域的适当位置绘制"矩形"图形，如图 3-31 所示。

❹ 在"绘制工具-格式"选项卡的"形状样式"组中单击"形状填充"下拉按钮，在弹出的下拉列表中选择"黑色"选项，为图形填充黑色颜色，如图 3-32 所示。

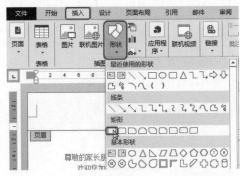

图 3-30

❺ 在"插入"选项卡的"插图"组中单击"图片"按钮，打开"插入图片"对话框。在左侧目录树中依次进入要使用图片的保存位置，选中图片，如图 3-33 所示。

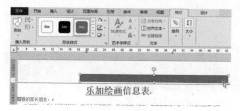

图 3-31

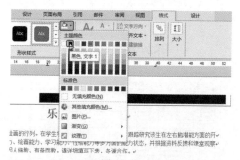

图 3-32

图 3-33

⑥ 单击"插入"按钮,在页眉中插入图片。单击图片左上角的"布局选项"按钮,在弹出的菜单中单击"浮于文字上方"按钮,如图 3-34 所示。

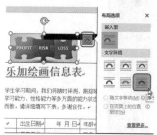

图 3-34

⑦ 通过拖动鼠标调整图片的大小,并移至到"合适"的位置,最终效果如图 3-35 所示。

图 3-35

⑧ 在"页眉和页脚工具-设计"选项卡的"导航"组中单击"转至页脚"按钮,如图 3-36 所示。

图 3-36

⑨ 切换到页脚,输入文本,如图 3-37 所示。

图 3-37

⑩ 按照相同的方法,在文本下方插入图形和图片,最终效果如图 3-38 所示。

图 3-38

 练一练

## 设计页眉

如图 3-39 所示,在文档中利用图形、图片设计了页眉。

图 3-39

**关　键　点：** 打印文档
**操作要点：** "文件" → "打印"
**应用场景：** 信息登记表是设计出来供用户编辑填写的，因此编辑完成后需要将信息登记表打印出来以投入使用。

❶ 打开"乐加绘画信息表"，选择"文件"选项卡（如图 3-40 所示），打开"信息"提示面板。

图　3-40

❷ 选择"打印"选项（如图 3-41 所示），打开"打印"提示面板。

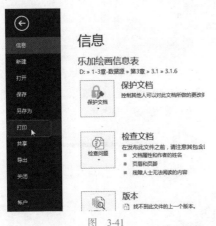

图　3-41

❸ 在右侧的窗口中会给出打印的预览效果，如图 3-42 所示。

❹ 在"份数"数值框中输入数值，设置打印的份数。如果用户需要调整打印的效果，可以在打印参数设置框下方单击"页面设置"链接（如图 3-43 所示），进入"页面设置"对话框进行调整。

❺ 选择"页边距"选项卡，可对"上""下""左""右"边距进行调整，如图 3-44 所示。

❻ 选择"纸张"选项卡，可以单击"纸张大小"右侧的下拉按钮，在下拉列表中选择需要的纸张，如图 3-45 所示。

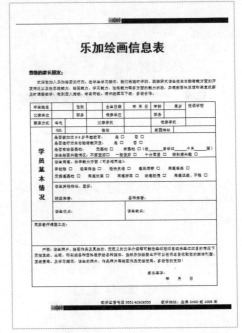

图　3-42

图　3-43

图 3-44                                图 3-45

## 3.2 简易产品说明（项目介绍）文档

为了介绍某种产品，需要编写专业的项目说明书文档，文档不仅要包含产品的基本信息，还需要有目录、封面和页眉页脚，对于文档中的信息也要进行排版。下面以图3-46所示的文档为例来介绍简易产品说明书的制作。

图　3-46

关　键　点：为文档制作目录结构以方便阅读
操作要点："视图"→"视图"组→"大纲视图"功能按钮
应用场景：在编排一些较长文档时，为了方便阅读，需要为文档建立清晰的目录。
　　　　　目录在长文档中的作用很大，它让文档的结构一目了然，同时又方便
　　　　　查找内容。但是在默认情况下，未经设置，文档是不存在各级目录的，当然更不会
　　　　　显示于导航窗格中。

下面介绍为"数字化校园管理平台项目介绍"文档制作目录的过程。

❶ 打开文档，在"视图"选项卡的"视图"组中单击"大纲视图"按钮（如图 3-47 所示），切换到大纲视图下。

图　3-47

❷ 在大纲视图中可以看到所有的文本都是正文级别。选中要设置文本为 2 级目录样式，在"大纲工具"选项组中单击"正文文本"设置框右侧的下拉按钮（因为默认都为"正文文本"），在下拉列表中选择"2 级"命令，如图 3-48 所示。（一级目录文本为"标题"，因为这里标题要添加在封面中，所以从 2 级开始设置。）

❸ 完成上面的操作后，即可设置所选文字为2 级目录，在"导航"窗格中即可看到目录了，如图 3-49 所示。

❹ 选中要设置为 3 级目录的文本，在"大纲工具"选项组中单击"正文文本"设置框右侧的下拉按钮，在下拉列表中选择"3 级"命令，如图 3-50所示。

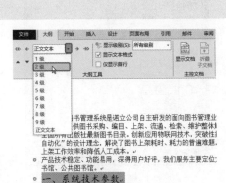

图　3-48

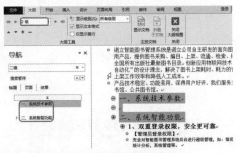

图　3-49

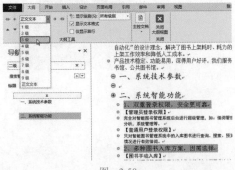

图　3-50

⑤ 完成上面的操作后，即可设置所选文字为 3 级目录，在"导航"窗格中即可看到效果，如图 3-51 所示。

图 3-51

⑥ 按照相同的方法，根据需要设置目录级别。设置完成后，在"关闭"选项组中单击"关闭大纲视图"按钮（如图 3-52 所示），返回到页面视图中。

图 3-52

⑦ 在"导航"窗格中单击目录，即可快速定位到目标位置，查看该目录下的内容，如图 3-53 所示。

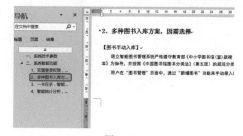

图 3-53

**练一练**

### 提取文档的目录

如图 3-54 所示为一份策划书文档的目录，通过目录可以查看到提纲。

图 3-54

## 3.2.2 添加封面

**关 键 点**：制作封面

**操作要点**："插入"→"页面"组→"封面"功能按钮

**应用场景**：正规的商务文档，第一页是由重要的信息构成的封面，第二页才是正文内容。在封面中添加哪些信息，要根据实际情况来决定。

在"插入"选项卡的"页面"组中单击"封面"下拉按钮，弹出下拉菜单，在"内置"列表框中选择任意选项，即可插入封面，如选择"边线型"选项（如图 3-55 所示），在文档中插入的封面如图 3-56 所示。

插入封面后，可以在提示文字处输入文档标题、公司名称等内容。如果"内置"列表框中提供的封面没有适合的，用户可以选择插入

图 3-55

第 3 章 高级商务文档操作

89

图　3-56

图　3-59

图　3-60

空白页面，自定义封面，本例中采用插入空白页自定义封面的方式。

❶ 在文档定格处单击一次，在"插入"选项卡的"页面"组中单击"空白页"按钮（如图 3-57 所示），即可在首页前插入空白页。

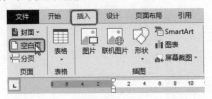

图　3-57

❷ 在"插入"选项卡的"插图"组中单击"图片"按钮（如图 3-58 所示），打开"插入图片"对话框。

图　3-58

❸ 在左侧目录树中依次进入要使用的图片的保存位置，单击选中目标图片，如图 3-59 所示。

❹ 单击"插入"按钮，即可将图片插入文档中。调整图片的大小并居中放置，如图 3-60 所示。

❺ 按照相同的方法，插入另一张图片，并调整大小和位置，效果如图 3-61 所示。

图　3-61

❻ 在 LOGO 图片下方定位光标，输入文本"诺立数字化校园管理平台"，依次设置字体格式为"黑体""小初""加粗"，并按 3.2.1 节介绍的方法将此标题文本设置为 1 级目录，如图 3-62 所示。

❼ 按 Enter 键换行，光标定位在行的中间，在"插入"选项卡的"符号"组中单击"符号"下拉按钮，在弹出的菜单中选择"其他符号"命令（如图 3-63 所示），打开"符号"对话框。

图　3-62

图　3-63

⑧ 选择"符号"选项卡，展开"字体"列表框，选择"（普通文本）"选项，展开"子集"列表框，选择"CJK 符号和标点"选项，拖动符号列表框的滚动条，找到并选中左实心凸形括号"【"选项，单击"插入"按钮（如图 3-64 所示），即可在光标位置处插入左实心凸形括号"【"。接着单击选中右实心括号"】"选项，单击"插入"按钮，得到如图 3-65 所示的一组符号。

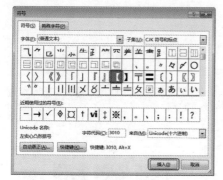

图　3-64

图　3-65

⑨ 将光标定位到符号中间，输入文本"【诺立智能图书管理系统 V4.0 网络版】"，依次设置字体格式为"黑体""二号""加粗"，如图 3-66 所示。

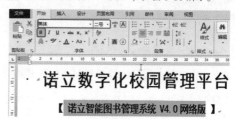

图　3-66

⑩ 在"插入"选项卡的"插图"组中单击"形状"下拉按钮，在"线条"栏中选择"直线"选项，并在 1 级目录的文本下绘制线条，设置线条的颜色为"橙色"，粗细值为"4.5 磅"，如图 3-67 所示。完成全部的设置后，得到的封面如图 3-68 所示。

图　3-67

图　3-68

## 3.2.3  在页眉中合理应用图片

**关 键 点:** 在页眉中添加图片美化文档
**操作要点:** 1. "页眉和页脚工具-设计"→"选项"→"首页不同"
2. "页眉和页脚工具-设计"→"插入"→"图片"
**应用场景:** 在页眉中插入的图片,除了插入 LOGO 图片外,还可以在页眉顶部插入长图片,可以起到美化文档的作用,具体操作如下。

❶因首页是封面,不需要设置页眉,所以在进入页眉页脚编辑状态后,首先要在"页眉和页脚-设计"选项卡的"选项"组选中"首页不同"复选框,如图 3-69 所示。(选中"首页不同"复选框,即所做的页眉页脚的设计不应用于文档第一页。)

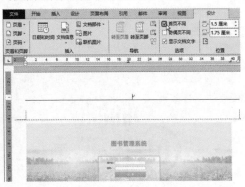

图  3-69

### 知识扩展

在设置页眉页脚时,当选中"首页不同"与"奇偶页不同"复选框时,首页、奇数页、偶数页就都是单独的对象了,可以分别为它们设置不同效果的页眉与页脚。如果不选中这些复选框,文本的所有页都使用统一页眉页脚效果。

❷参照 1.3.5 节中的介绍,从第 ❶ 步进行到第 ❽ 步,在输入页眉标题时需要注意,将标题更改为"合肥诺立 教育·出版·研发",字体格式为宋体、20 和加粗,如图 3-70 所示。

❸在"页眉和页脚-设计"选项卡的"插入"组中单击"图片"按钮(如图 3-71 所示),打开"插入图片"对话框。

❹在左边的目录树中确定要使用的图片的保存

位置,选中目标图片,如图 3-72 所示。

图  3-70

图  3-71

图  3-72

❺单击"插入"按钮,即可将图片插入页眉中,如图 3-73 所示。

图 3-73

⑥ 单击图片右上角的"布局选项"按钮，在弹出的菜单中选择"紧密型环绕"选项，如图 3-74 所示。

图 3-74

⑦ 单击"关闭"按钮，关闭"布局选项"窗格。鼠标指针指向图片，待光标变成四向箭头后，按住鼠标左键不松并拖动，将图片移至如图 3-75 所示的位置。

图 3-75

⑧ 调整图片的大小即可得到比较完善的页眉效果，如图 3-76 所示。

图 3-76

⑨ 切换到页脚编辑区域，按同样的方法可以添加图片作为页脚，效果如图 3-77 所示。

图 3-77

 专家提醒

除了 LOGO 图片外，如果还要在页眉页脚中使用图片，要注意对图片的合理选取。例如，本例中的图片都是事先处理好的，应用到页眉与页脚中非常合适，如果随意拉来图片就使用，只会让文档的效果更加槽糕。

## 3.2.4 创建常用基本信息填写表格

关 键 点：创建基本信息填写表格

操作要点：1. "插入" → "表格"组

2. "表格工具 - 设计" → "边框"组 → "边框"功能按钮

应用场景：在项目介绍文档中，常常需要对项目的基本信息进行系统性的介绍，这时如果创建表格，将信息填写进去，会使得信息更加有条理性，也更加直观。

例如，下面要在当前的这篇项目介绍文档的"一、系统技术参数"标题下添加表格，具体操作如下。

### 1. 创建表格并设置边框

① 将光标定位在"一、系统技术参数"标题下的空白行，在"插入"选项卡的"表格"组中单击"表格"下拉按钮，如图 3-78 所示。

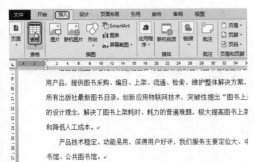

用产品，提供图书采购、编目、上架、流通、检索、维护整体解决方案，所有出版社最新图书目录。创新应用物联网技术，突破性提出"图书上架"的设计理念，解决了图书上架耗时、耗力的普遍难题，极大提高图书上架和降低人工成本。

产品技术稳定、功能易用，深得用户好评，我们服务主要定位大、中书馆、公共图书馆。

. 一、系统技术参数.

图　3-78

❷ 在打开的列表中拖动鼠标选择 2×6 表格（如图 3-79 所示），即可在光标位置插入一个 2 列 6 行的表格，如图 3-80 所示。

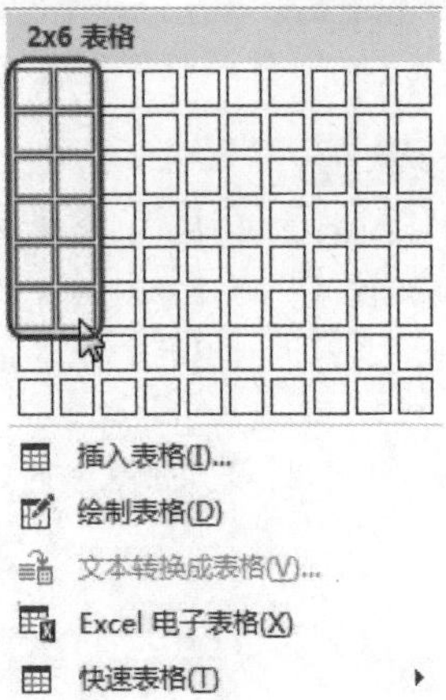

**2x6 表格**

田 插入表格(I)…
🖉 绘制表格(D)
📑 文本转换成表格(V)…
🖽 Excel 电子表格(X)
🖽 快速表格(T)　　　　▶

图　3-79

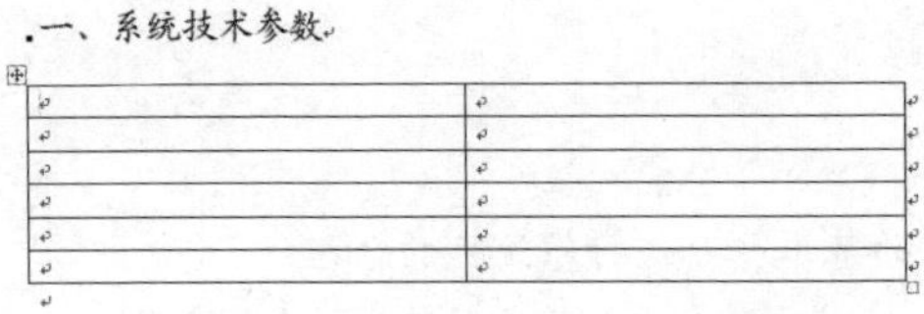

. 一、系统技术参数.

图　3-80

❸ 在表格的左上角单击"选择表格"按钮⊞，选中整个表格，然后在"表格工具 - 设计"选项卡的"边框"组中单击"边框"下拉按钮（如图 3-81 所示），弹出下拉列表。

图　3-81

❹ 选择"左框线"选项，即可取消左侧框线，如图 3-82 所示。

图　3-82

❺ 按照相同的方法，取消右侧框线，效果如图 3-83 所示。

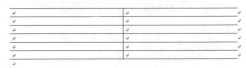

图　3-83

🖎 专家提醒

在"边框"按钮的下拉列表中显示了多个框线设置按钮，它们都是一个开关按钮，即如果当前有框线，单击就会取消框线；如果当前没有框线，单击就会显示框线。

❻ 将鼠标指针移至需要调整列框的边线上，当鼠标指针变成↔形状，按住鼠标左键并向左移动，调整列宽到合适的大小，如图 3-84 所示。

❼ 选中表格的第一列，在"表格工具 - 设计"选项卡的"表格样式"组中单击"底纹"下拉按钮，弹出下拉列表，单击颜色，即可为选中的列填充底纹颜色，如图 3-85 所示。

图 3-84

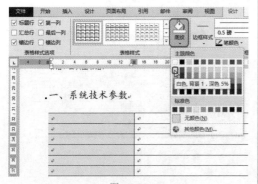

图 3-85

## 知识扩展

选中表格，在"表格工具－设计"选项卡的"边框"组中，单击"笔样式"下拉按钮，可以选择线条的样式。单击"笔画粗细"下拉按钮，可以选择线条的粗细。单击"笔颜色"下拉按钮，可以设置线条的颜色，如图3-86所示。

图 3-86

设置了线条的样式后，需要单击"边框"下拉按钮，在下拉列表中选择应用边框的范围，如图3-87所示。例如，选择"所有框线"命令可以将设置的线条格式应用于所在框线，选择"内部框线"命令可以将设置的线条格式应用于所在内部框线。

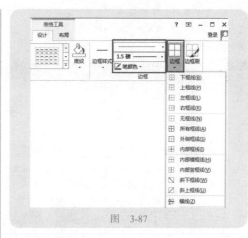

图 3-87

### 2. 文字的输入及设置

❶ 保持第一列的选中状态，选择"布局"选项卡，在"对齐方式"选项组中单击"水平居中"按钮，如图3-88所示。此后在设置该格式的表格中输入的文字将呈现水平居中的效果。

图 3-88

❷ 在表格中输入系统技术参数的基本信息，如图3-89所示（第一列居中显示，第二列因为文字较多，建议使用左对齐的方式）。

·一、系统技术参数

| 软件服务端运行环境 | 支持 Windows 服务器、Linux 服务器，跨平台运行。<br>支持 32、64 位 Windows 操作系统。 |
|---|---|
| 客户端运行环境 | 支持 Windows 系列各版本：Windows 2000、Windows XP、Windows Vista、Windows 7、Windows 8。<br>兼容 IE、GOOGLE、火狐、360 等主流浏览器。 |
| 软件安装方式 | 支持多种安装方式，包括下载安装、远程安装、脚本安装、WEB 发布安装等。<br>客户端无须安装。<br>可与触摸屏无缝集成，实现读者自助服务。 |
| 性 能 | 支持最大用户数 1000000。<br>支持最大用户并发数 10000。<br>支持馆藏量 500 万册以上。 |

图 3-89

❸ 选中要添加项目符号的文字，在"开始"选项卡的"段落"组中单击"项目符号"下拉按钮，如图 3-90 所示。

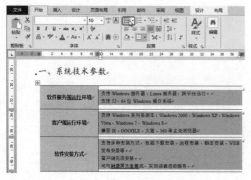

图 3-90

❹ 在展开的下拉菜单中单击任意项目符号（如图 3-91 所示），即可为选中的文本添加项目符号，效果如图 3-92 所示。

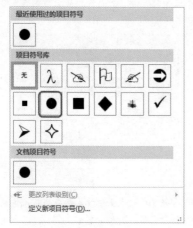

图 3-91

图 3-92

 练一练

### 为表格设置不同的框线

如图 3-93 所示的表格，上框线与下框线使用加组双线条，取消左框线与右框线，内部线条使用黑色线条。

图 3-93

技高一筹

### 1. 让跨页的长表格每页都包含表头

当表格超过一页时，除第 1 页外，后续页面不显示列标题，因此很难分辨每一列的主题，可以根据需要设置让列标题在每一页都显示以方便用户使用和查看。

❶ 选择表头，在"表格工具布局"选项卡下"数据"组中，单击"重复标题行"按钮，如图 3-94 所示。

图 3-94

② 完成上述操作后，可以看到跨页的表格也显示了列标题，如图 3-95 所示。

| 岗位 | 试用工资 | 分位指数 | 正式工资 | 分位指数 | 建议方案 |
|---|---|---|---|---|---|
| 操作岗位 | 1100 | 50%处 1025 元 | 3000 | 50%处 2650 元 | 50 分位，试用 1025 正式 2650 元 |
| | 1060 | | 2800 | | |
| | 1000 | | 2500 | | |
| | 950 | | 2200 | | |

| 岗位 | 试用工资 | 分位指数 | 正式工资 | 分位指数 | 建议方案 |
|---|---|---|---|---|---|
| 文职后勤岗位 | 900 | 25%处 835 元 | 2100 | 25%处 1960 元 | |
| | 850 | | 2000 | | |
| | 800 | | 1800 | | |
| | 600 | | 1600 | | |

图 3-95

## 2. 自动调整表格宽度实现快速布局

如果表格内容较复杂，通过逐个调整表格行高或列宽的方式将表格调整到最合适的状态需要进行多步操作。此时，可以利用"自动调整"功能实现快速合理布局。例如可以快速设置表格与当前文本同宽。

① 选中表格，在"表格工具布局"选项卡下"单元格大小"组中单击"自动调整"按钮，在下拉菜单中选择"根据窗口自动调整表格"命令，如图 3-96 所示。

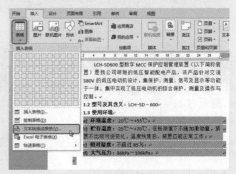

图 3-96

② 执行上述操作后，调整后的效果如图 3-97 所示。

| 指标 | | 绝对量 | 比上年增长（%） |
|---|---|---|---|
| 房地产开发投资（亿元） | 总额 | 86013 | 19.8 |
| | 其中：住宅 | 58951 | 19.4 |
| | 办公楼 | 4652 | 38.2 |
| | 商业营业用房 | 11945 | 28.3 |
| 房屋施工面积（万平方米） | 总额 | 665372 | 16.1 |
| | 其中：住宅 | 486347 | 13.4 |
| | 办公楼 | 24577 | 26.5 |
| | 商业营业用房 | 80627 | 22.5 |
| 房屋新开工面积（万平方米） | 总额 | 201208 | 13.5 |
| | 其中：住宅 | 145846 | 11.6 |
| | 办公楼 | 6887 | 15.0 |
| | 商业营业用房 | 25902 | 17.7 |
| 土地购置面积（万平方米） | | 38814 | 8.8 |
| 土地成交价款（亿元） | | 9918 | 33.9 |

图 3-97

## 3. 将规则文本转换为表格显示

如果在输入文字或数据时，每个项目之间用同一符号（如逗号、制表符或空格键等）分隔开，通过下述技巧可以快速地将这种文本转换为表格。

① 选中需要转换为表格的文本内容，在"插入"选项卡下"表格"组中，单击"表格"下拉按钮，打开下拉菜单，选择"文本转换成表格"命令，如图 3-98 所示。

图 3-98

② 打开"将文字转换成表格"对话框，在"列数"设置框中输入列数，如输入列数 1，默认行数为 4，在"文字分隔位置"栏下选中"段落标记"单选按钮，如图 3-99 所示。

③ 单击"确定"按钮，根据需要对表格的行、列数等进行调整后即可将选中的文字或数据内容转换成表格，如图 3-100 所示。

图 3-99

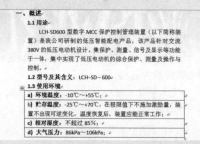

图 3-100

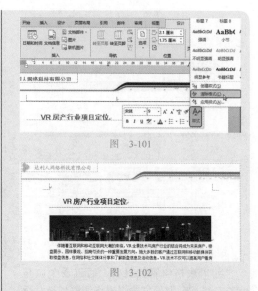

图 3-101

图 3-102

### 专家提醒

要想实现对将数据转换为表格，其数据应该具备表格特性，且统一使用同一符号进行间隔。在"将文本转换成表格"对话框中根据实际情况选择相应的分隔符，如果没有可选项，则启用"其他字符"，手工输入分隔符。

### 4. 取消页眉中自动产生的横线

只要在文档中启用页眉页脚的编辑状态后，页眉中就会出现一条横线，如果设计中不需要这条横线，可以按如下方法将其取消。

❶ 双击页眉或页脚，进入页眉和页脚编辑状态，可能看到页眉中有一条直线。右击，在快捷菜单中单击"样式"下拉按钮，在下拉菜单中选择"清除格式"选项，如图3-101所示。

❷ 执行上述操作后，即可清除横线，如图3-102所示。

### 5. 自定义目录文字格式

为了使提取目录的最终样式更加美观，在提取目录后，可以设置各个目录级别为不同的文字格式。

❶ 在"引用"选项卡的"目录"组中单击"目录"下拉按钮，在下拉菜单中选择"自定义目录"选项，打开"目录"对话框。

❷ 单击"修改"按钮（如图 3-103 所示），打开"样式"对话框。

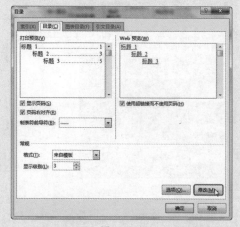

图 3-103

❸ 在"样式"栏中选择级别，如"目录2"，单击"修改"按钮，如图3-104所示。

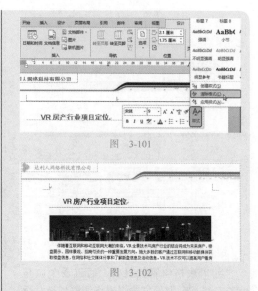

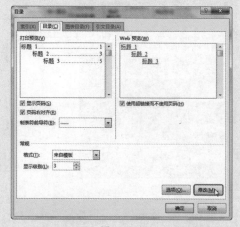

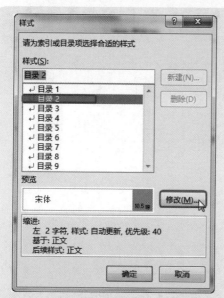

图 3-104

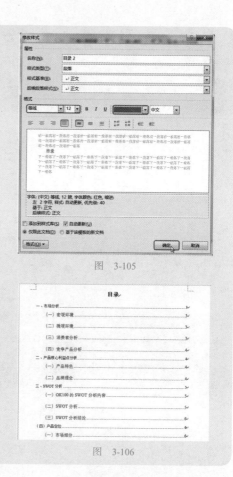

图 3-105

④ 在"格式"栏中设置文字格式,将"字体"设置为"等线"、字号为12、字体颜色为红色,如图3-105所示。

⑤ 依次单击"确定"按钮,即可完成对二级目录文字格式的设置,如图3-106所示。

⑥ 按相同方法可以对其他任意级别的目录的文字格式设置。

图 3-106

读书笔记

第

# 4

公司特殊文档操作

章

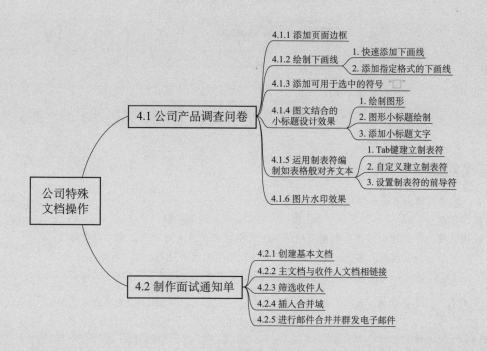

4.1 公司产品调查问卷
- 4.1.1 添加页面边框
- 4.1.2 绘制下画线
  - 1. 快速添加下画线
  - 2. 添加指定格式的下画线
- 4.1.3 添加可用于选中的符号 "□"
- 4.1.4 图文结合的小标题设计效果
  - 1. 绘制图形
  - 2. 图形小标题绘制
  - 3. 添加小标题文字
- 4.1.5 运用制表符编制如表格般对齐文本
  - 1. Tab键建立制表符
  - 2. 自定义建立制表符
  - 3. 设置制表符的前导符
- 4.1.6 图片水印效果

公司特殊文档操作

4.2 制作面试通知单
- 4.2.1 创建基本文档
- 4.2.2 主文档与收件人文档相链接
- 4.2.3 筛选收件人
- 4.2.4 插入合并域
- 4.2.5 进行邮件合并并群发电子邮件

## 4.1 公司产品调查问卷

企业无论是推出新产品、提供新服务或开展某些短期活动等，为了能了解相关的销售或售后反馈情况，可以设计调查问卷文档。此文档的设计一般是以问题形式呈现，方便被调查者以最便捷的方式给出反馈，整体页面还应保持视觉上的美观度。下面以图 4-1 所示的调查问卷表为例，分步讲解调查问卷的制作方法。

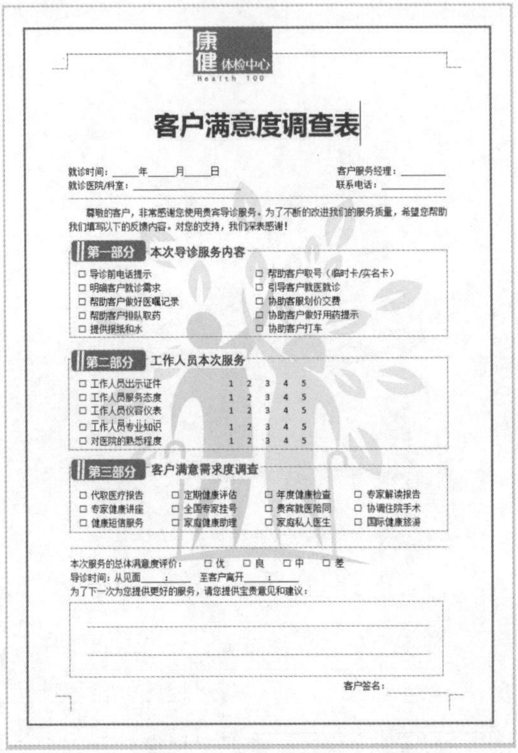
康
健 体检中心
Health 100

客户满意度调查表

就诊时间：____年____月____日　　客户服务经理：________
就诊医院/科室：____________　　联系电话：________

尊敬的客户，非常感谢您使用贵宾导诊服务。为了不断的改进我们的服务质量，希望您帮助我们填写以下的反馈内容。对您的支持，我们深表感谢！

第一部分 本次导诊服务内容

□ 导诊前电话提示　□ 帮助客户取号（临时卡/实名卡）
□ 明确客户就诊需求　□ 引导客户就医就诊
□ 帮助客户做好医嘱记录　□ 协助客服划价交费
□ 帮助客户排队取药　□ 协助客户做好用药提示
□ 提供报纸和水　□ 协助客户打车

第二部分 工作人员本次服务

□ 工作人员出示证件 1 2 3 4 5
□ 工作人员服务态度 1 2 3 4 5
□ 工作人员仪容仪表 1 2 3 4 5
□ 工作人员专业知识 1 2 3 4 5
□ 对医院的熟悉程度 1 2 3 4 5

第三部分 客户满意需求度调查

□ 代取医疗报告　□ 定期健康评估　□ 年度健康检查　□ 专家解读报告
□ 专家健康讲座　□ 全国专家挂号　□ 贵宾就医陪同　□ 协调住院手术
□ 健康短信服务　□ 家庭健康助理　□ 家庭私人医生　□ 国际健康旅游

本次服务的总体满意度评价：　□优　□良　□中　□差
导诊时间：从见面____：____　至客户离开____：____
为了下一次为您提供更好的服务，请您提供宝贵意见和建议：

客户签名：________

图 4-1

### 4.1.1 添加页面边框

**关 键 点：** 添加页面边框效果

**操作要点：** “设计”→“页面背景”组→“页面边框”功能按钮

**应用场景：** 页面边框是在页面周围的边框，边框可吸引注意力并增添文本的整体视觉效果。用户可以为边框设置各种不同的线条样式、宽度和颜色等，或者根据文档主题不同，也可以选择带有有趣主题的艺术边框。

❶打开“调查问卷”文档，在“设计”选项卡的“页面背景”组中单击“页面边框”按钮（如图 4-2 所示），打开“边框和底纹”对话框。

❷在“设置”列表框中选中“方框”选项，单击“颜色”下拉按钮，在弹出的下拉列表中选中“金色，个性色 4，深色 25%”，如图 4-3 所示。

图 4-2

图 4-4

图 4-3

❸ 其中"样式"默认为"实线",宽度默认为"2.25 磅",如图 4-4 所示。

❹ 单击"确定"按钮返回到 Word 工作界面,即可看到文档添加了页面边框,如图 4-5 所示。

图 4-5

## 4.1.2　绘制下画线

**关 键 点:** 绘制下画线作为填写区

**操作要点:** "开始"→"字体"组→"下画线"功能按钮

**应用场景:** 为某些特定的文本添加下画线可以起到着重强调的作用。而在制作调查问卷时,给空白待填写的区域添加下画线,是用来提醒读者填写文本的。

### 1. 快速添加下画线

❶ 打开"调查问卷"文档,在输入文本时,通过按键盘上的空格键空出空位,然后选中需要添加下画线的区域,在"开始"选项卡的"字体"组中单击"下画线"按钮(如图 4-6 所示),即可为选中区域添加下画线,如图 4-7 所示。

❷ 选中其他需要绘制下画线的区域(多个区域可以按住 Ctrl 键不放,依次选择),单击"下画线"按钮(如图 4-8 所示),即可添加下画线,如图 4-9 所示。

图 4-6

图 4-7

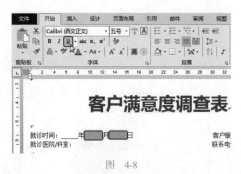

图 4-8

图 4-9

## 2. 添加指定格式的下画线

因为 Word 默认的下画线格式是单线的下画线，所以当不需要设置特殊格式时，单击"下画线"按钮即可。如果需要使用特殊格式的下画线，可以按如下方法添加。

❶ 在"开始"选项卡的"字体"组中单击"下画线"下拉按钮，如图 4-10 所示。在弹出的下拉菜单中可以选择下画线的样式及设置下画线颜色。

图 4-10

❷ 选择"点式下画线"，选择"下画线颜色"命令，在弹出的子列表中可以选择颜色，如此处选择"金色，个性色 4，深色 25%"，即完成了自定义下画线的操作，效果如图 4-11 所示。

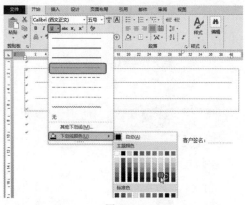

图 4-11

### 线条装饰文本标题

如图 4-12 所示，用线条也可以起到装饰文本的作用。

图 4-12

读书笔记

## 4.1.3 添加可用于选中的符号"□"

关键点：添加"□"来用于选中答案

操作要点："插入"→"符号"组→"符号"功能按钮

应用场景：在调查问卷中经常可以看到"□"符号用来选中答案，Word 提供的符号很多，这里以添加"□"符号为例介绍添加符号的方法。

① 在要添加"□"符号的位置单击，在"插入"选项卡的"符号"组中单击"符号"下拉按钮，弹出下拉列表，选择"其他符号"命令（如图 4-13 所示），打开"符号"对话框。

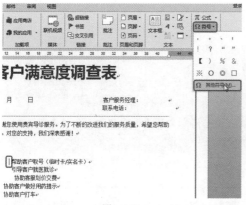

图 4-13

② 单击"字体"下拉按钮，选中 Wingdings 2 选项，拖动列表框的滚动条，找到"□"符号，单击选中，如图 4-14 所示。

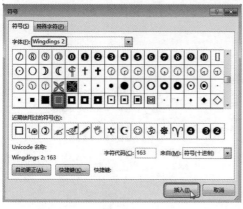

图 4-14

③ 单击"插入"按钮，即可在光标处插入符号，

如图 4-15 所示。

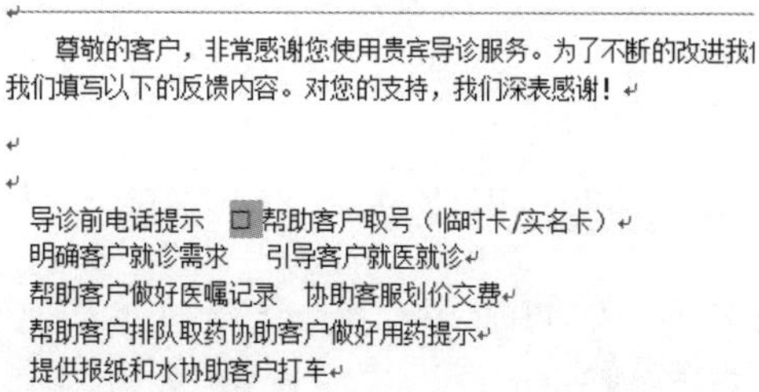

　　尊敬的客户，非常感谢您使用贵宾导诊服务。为了不断的改进我们我们填写以下的反馈内容。对您的支持，我们深表感谢！

导诊前电话提示 □ 帮助客户取号（临时卡/实名卡）
明确客户就诊需求　　引导客户就医就诊
帮助客户做好医嘱记录　协助客服划价交费
帮助客户排队取药协助客户做好用药提示
提供报纸和水协助客户打车

图　4-15

④ 在其他位置添加"□"符号，单击"符号"下拉按钮后，近期使用过的"□"符号会出现在下拉列表中（如图 4-16 所示），单击即可添加。如图 4-17 所示为多处添加了"□"符号后的效果。

图　4-16

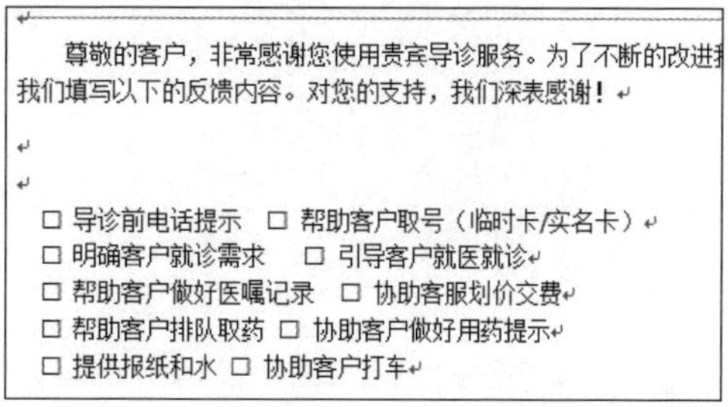

　　尊敬的客户，非常感谢您使用贵宾导诊服务。为了不断的改进我们填写以下的反馈内容。对您的支持，我们深表感谢！

□ 导诊前电话提示　□ 帮助客户取号（临时卡/实名卡）
□ 明确客户就诊需求　□ 引导客户就医就诊
□ 帮助客户做好医嘱记录　□ 协助客服划价交费
□ 帮助客户排队取药　□ 协助客户做好用药提示
□ 提供报纸和水　□ 协助客户打车

图　4-17

## 使用符号修饰文本

如图 4-18 所示，在通讯簿电话号码前添加图标，增加了文档的生动性。

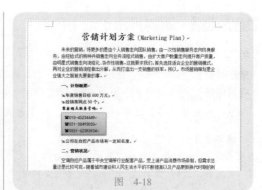

图　4-18

### 4.1.4　图文结合的小标题设计效果

关 键 点：图形与文字相结合设计小标题

操作要点：1.“插入”→“插图”组→“形状”功能按钮

2.“绘图工具 - 格式”→“形状样式”组→“形状填充”功能按钮

应用场景：图形与文字结合的小标题，能够清晰地区分各个内容的文字，同时极度提升文档页的整体视觉效果。下面以此调查问卷文档为例介绍相关知识点。读者可举一反三，设计出符合自己文档需要的效果。

### 1.　绘制图形

❶ 在“插入”选项卡的“插图”组中单击“形状”下拉按钮，在展开的“矩形”栏中单击“矩形”图形（如图 4-19 所示），在文档中绘制矩形，如图 4-20 所示。

所示。

图　4-20

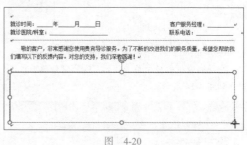

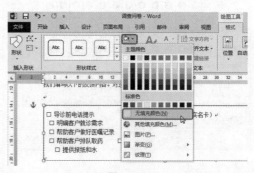

图　4-19

❷ 选中图形，在“绘图工具 - 格式”选项卡的“形状样式”组中单击“形状填充”下拉按钮，在弹出的菜单中选择“无填充颜色”命令，如图 4-21

图　4-21

Word/Excel/PPT 2013 高效办公从入门到精通

106

❸ 单击"形状轮廓"下拉按钮，在弹出的菜单中单击"金色，个性色，深色 25%"，如图 4-22 所示。在展开的"形状轮廓"下拉菜单中把鼠标指针移到"虚线"，在打开的子菜单中选择"方点"，如图 4-23 所示。

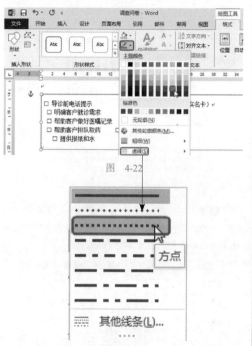

图 4-22

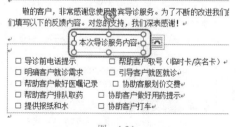

图 4-23

❹ 在"插入"选项卡的"文本"组中单击"文本框"下拉按钮，在弹出的菜单中选择"绘制文本框"命令，在文档中绘制文本框，并输入文本"本次导诊服务内容"，如图 4-24 所示。

敬的客户，非常感谢您使用贵宾导诊服务。为了不断的改进我们们填写以下的反馈内容。对您的支持，我们深表感谢！

**本次导诊服务内容**

☐ 导诊前电话提示 　　☐ 帮助客户取号（临时卡/实名卡）
☐ 明确客户就诊需求 　　☐ 引导客户就医就诊
☐ 帮助客户做好医嘱记录　☐ 协助客服划价交费
☐ 帮助客户排队取药 　　☐ 协助客户做好用药提示
☐ 提供报纸和水 　　　☐ 协助客户打车

图 4-24

❺ 选中文本，在"开始"选项卡的"字体"组中设置文字的格式（字体、字号与颜色等），如图 4-25 所示。

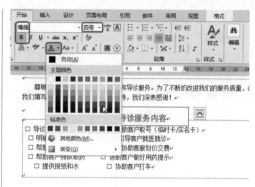

图 4-25

❻ 选中文本框，在"绘图工具-格式"选项卡的"形状样式"组中单击"形状轮廓"下拉按钮，在弹出的菜单中选择"无轮廓"命令，如图 4-26 所示。

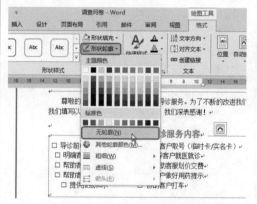

图 4-26

❼ 按照相同的方法，给另外两个部分的内容绘制相同的边框和用于输入小标题文字的文本框，如图 4-27 所示。

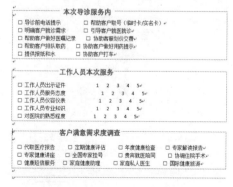

图 4-27

第 4 章 公司特殊文档操作

## 2. 图形小标题绘制

❶ 打开"调查问卷"文档，在"插入"选项卡的"插图"组中单击"形状"下拉按钮，弹出下拉菜单，在"矩形"栏中单击选中圆角矩形，如图 **4-28** 所示。

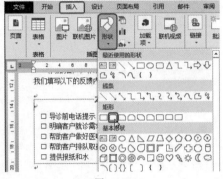

图 4-28

❷ 鼠标指针变成十字形状，在文档中绘制圆角矩形，如图 **4-29** 所示。

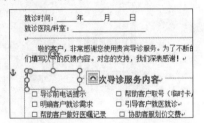

图 4-29

❸ 调整图形到合适的大小，在"绘图工具-格式"选项卡的"形状样式"组中单击"形状轮廓"下拉按钮，在展开的"主题颜色"列表框中选中"金色，个性色4，深色25%"，鼠标指针指向"虚线"，在子菜单中选择点虚线，如图 **4-30** 所示。

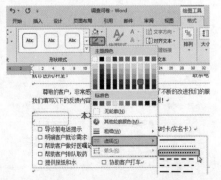

图 4-30

❹ 在"形状样式"选项组中单击"形状填充"下拉按钮，在展开的"主题颜色"列表框中选中"金色，个性色4，深色25%"，即可为图形填充此颜色，如图 **4-31** 所示。

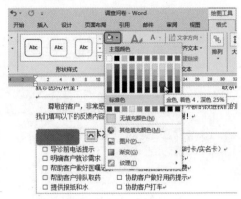

图 4-31

❺ 在"插入"选项卡的"插图"组中单击"形状"下拉按钮，弹出下拉菜单，在"基本形状"栏中选中平行四边形，如图 **4-32** 所示。

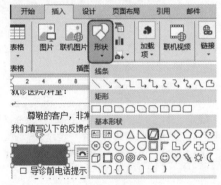

图 4-32

❻ 在图形中绘制一个小平行四边形，设置填充颜色为"白色"，并呈如图 **4-33** 所示的样式放置。

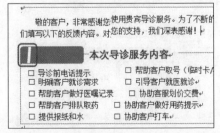

图 4-33

❼ 选中平行四边形，按 Ctrl+C 快捷键复制，再按 Ctrl+V 快捷键粘贴一个相同图形并放置，如图 4-34 所示。

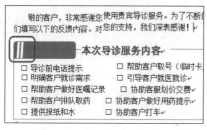

图 4-34

## 3. 添加小标题文字

❶ 绘制一个文本框，并输入文本"第一部分"，如图 4-35 所示。

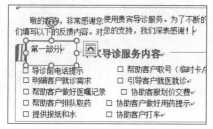

图 4-35

❷ 选中文本框后右击，在弹出的菜单中选择"设置形状格式"命令（如图 4-36 所示），打开"设置形状格式"窗格。

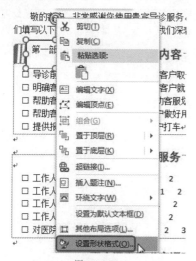

图 4-36

❸ 单击"填充与线条"标签按钮，然后在"填充"栏中选中"无填充"单选按钮，在"线条"栏中选中"无线条"单选按钮，如图 4-37 所示。

❹ 单击"布局属性"标签按钮，在"文本框"栏中设置上下左右边距均为"0 厘米"，如图 4-38 所示。（此处将文本框的各个边距调整为 0 是为了让文本与文本框能更加接近，否则当调整字号时，会造成文本框内文字自动分配到下一行中，不便于文本框的的排版。）

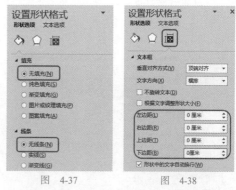

图 4-37          图 4-38

❺ 选中"第一部分"文本，在"字体"选项组中设置字体格式（包括字体、字号、颜色等），如图 4-39 所示。

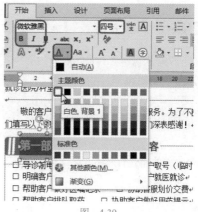

图 4-39

❻ 完成所有小标题元素的建立后，可以将它们组合成一个对象，方便复制到下面其他的位置上使用。按住 Ctrl 键不放，用鼠标依次点选对象，保持全部选中状态，然后右击，在弹出的菜单中选择"组合"命令，在打开的子菜单中选择"组合"操作，将对象组合，如图 4-40 所示。

图 4-40

❼ 选中组合后的对象，按 Ctrl+C 快捷键进行复制，按 Ctrl+V 快捷键粘贴，并将文本框中的内容依次更改为"第二部分"与"第三部分"即可，如图 4-41 所示。

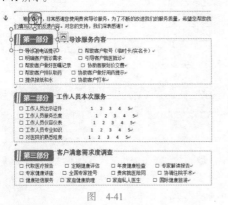

图 4-41

## 使用图形修饰文本标题

如图 4-42 所示，在文本中使用了图形设计标题。

图 4-42

## 4.1.5 运用制表符编制如表格般对齐文本

**关 键 点：** 使用制表符排版文本

**操作要点：** 1. Tab 键

2. "段落"对话框→"制表符"按钮

**应用场景：** 制表符是一种定位符号，它可以协助用户在输入内容时快速定位至某一指定的位置，从而以纯文本的方式制作出形如表格般整齐的内容。

制表符的建立有两种方法，具体操作如下。

### 1. Tab 键建立制表符

❶ 打开"调查问卷"文档，在如图 4-43 所示的位置单击定位光标。

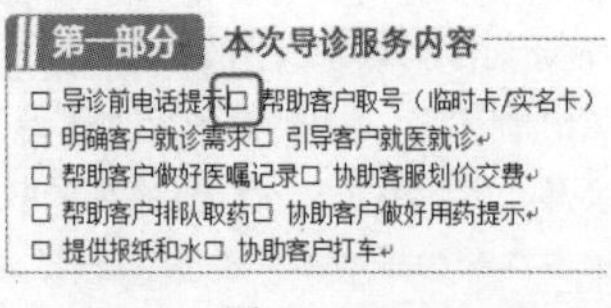

图 4-43

❷ 按 Tab 键一次，得到如图 4-44 所示的效果。这里需要注意，按一次 Tab 键默认以两个字符作为默认制作位，即中间间隔两个字符。如果对齐的文本长度差距较大，则可以多次按 Tab 键，如图 4-45 所示。

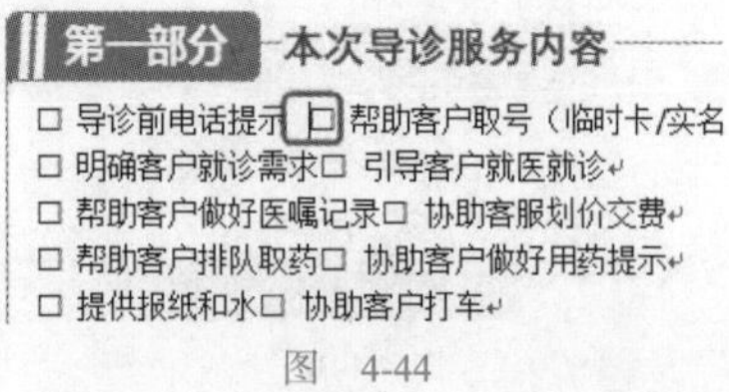

图 4-44

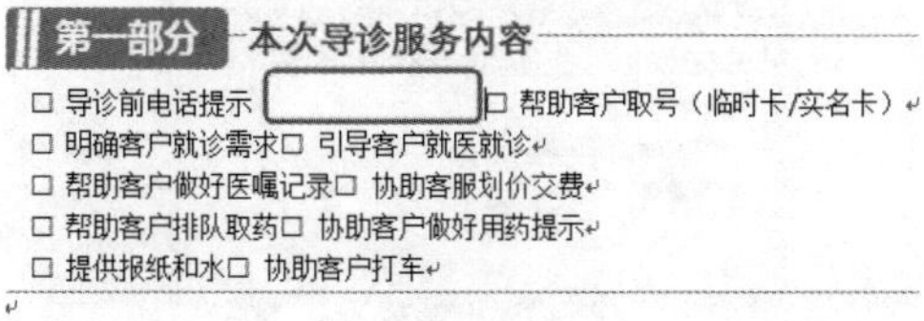

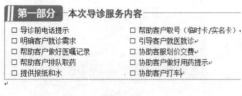

图 4-45

❸ 接着光标定位到第二行的第二个"□"前面，按 Tab 键多次直到与上面的文本对齐。依次按相同的方法操作，可以文本很整齐呈现出来，如图 4-46 所示。

图 4-46

## 2. 自定义建立制表符

常见的制表符对齐方式有 5 种，单击窗口左上角按钮可进行切换。包括左对齐制表符 ⌴、右对齐制表符 ⌴、居中式制表符 ⌴、小数点对齐制表符 ⌴、竖线对齐制表符 ⌴。下面举列说明。

❶ 在文本"工作人员出示证件"后单击，然后单击水平标尺最左端的制表符类型按钮，每单击一次切换一种制表符类型，这里切换为"左对齐制表符"，如图 4-47 所示

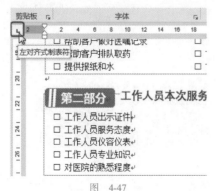

图 4-47

❷ 在标尺上的适当位置单击一次，即可插入左对齐制表符，如图 4-48 所示。

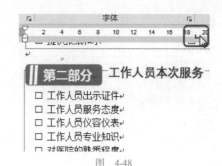

图 4-48

❸ 再添加 4 个间距相同的左对齐制表符，如图 4-49 所示。

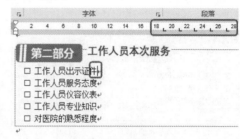

图 4-49

❹ 光标在如图 4-50 所示的位置处，按一次 Tab 键，即可快速定位到第一个左对齐制表符所在位置，如图 4-50 所示。

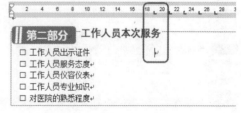

图 4-50

❺ 在此位置输入文本 1，按一次 Tab 键，即可快速定位到第二个左对齐制表符所在位置，如图 4-51 所示。

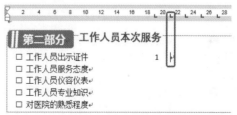

图 4-51

第 4 章 公司特殊文档操作

111

⑥ 定位到其他位置输入文本，如图 4-52 所示。

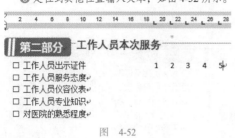

图 4-52

⑦ 按相同的操作，添加多个制表符，可以让输入的文本非常整齐，效果如图 4-53 所示。

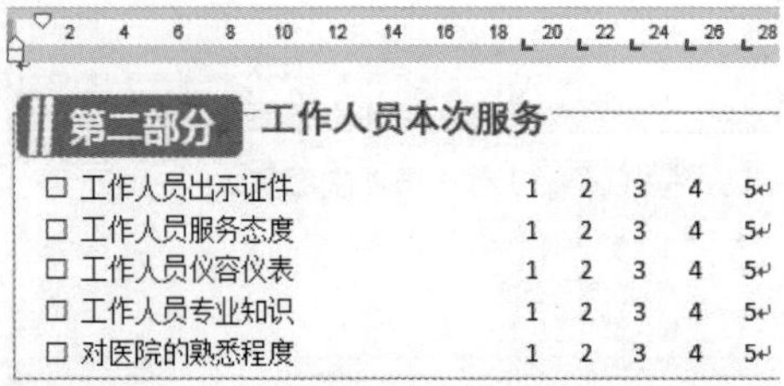

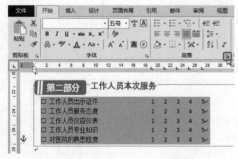

图 4-53

### 3. 设置制表符的前导符

根据实际需要还可以在制表符文本前添加前导符，操作方法如下。

① 选中目标文本，在"开始"选项卡的"段落"组中单击对话框启动器按钮（如图 4-54 所示），打开"段落"对话框。

图 4-54

② 选择"缩进和间距"选项卡，单击左下角的"制表位"按钮（如图 4-55 所示），打开"制表位"对话框。

③ 在"制表位"位置列表框中选中目标位置，如首先选中"20.25 字符"选项，在"前导符"栏中选中"2……（2）"单选按钮，如图 4-56 所示。

图 4-55

图 4-56

④ 单击"确定"按钮即可添加前导符，效果如图 4-57 所示。

图 4-57

⑤ 再次打开"制表位"对话框，在"制表符位置"列表中选择中下一个距离，并选择需要的前导符，依次设置可以达到如图 4-58 所示的效果。

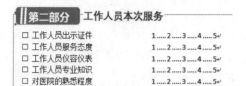

图 4-58

**输入身份证号码**

　　如图4-59所示,"嘉宾名单"一栏中就是使用制表符实现文本对齐输入的效果。

G. 参会应邀人员:

　　邀请嘉宾: 医院领导、专家, 其他同行医院的领导专家

　　邀请媒体: 电台, 电视台, 报社, 杂志社等 30 人左右。

　　嘉宾名单:

| 姓名 | 座位号 | 联系方式 |
|------|--------|----------|
| 周佳怡 | 0101 | |
| 侯琪琪 | 0102 | |
| 韩晨曦 | 0103 | |

图　4-59

## 4.1.6　图片水印效果

**关 键 点**:设置数据为文本格式
**操作要点**:"设计"→"页面背景"→"水印"功能按钮
**应用场景**:除了前面介绍过的文字水印,还可以为文档添加图片水印。例如,当本例的公司调查问卷文档建立完成后,可以为其添加图片水印,以让文档呈现出现加专业与协调的外观。

❶打开"调查问卷"文档,在"设计"选项卡的"页面背景"组中单击"水印"下拉按钮,弹出下拉列表,选择"自定义水印"命令(如图4-60所示),打开"水印"对话框。

图　4-60

❷选中"图片水印"单选按钮,单击"选择图片"按钮(如图4-61所示),打开"插入图片"窗格。

图　4-61

❸在"来自文件"栏中单击"浏览"按钮(如图4-62所示),打开"插入图片"对话框。

❹找到要插入的水印图片的文件夹,单击选中

图片，如图 4-63 所示。

图　4-62

图　4-63

❺ 单击"确定"按钮，返回到"水印"对话框，单击"确定"按钮（如图 4-64 所示），即可在文档中插入水印图片，如图 4-65 所示。

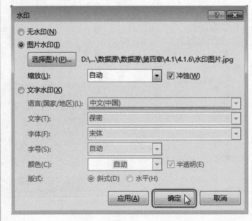

图　4-64

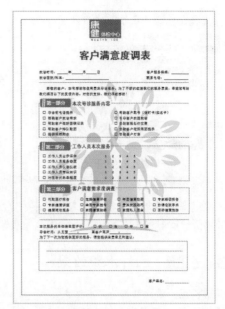

图　4-65

练一练

**设置图片水印效果**

　　如图 4-66 所示，在文档底部使用图片水印。

图　4-66

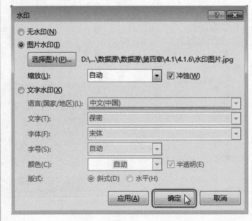

Word/Excel/PPT 2013 高效办公从入门到精通

如图 4-67 所示为面试通知单的文档内容，在制作面试通知单或邀请函等文档时，其具有一个特征，即内容全部一样，只是收函人姓名或称谓有所不同，而其他部分的内容是完全相同的，通过邮件合并功能可以实现让所有生成的通知单或邀请函中人员的姓名与称谓都能自动填写，轻松地达到批量制作的目的。

图　4-67

## 4.2.1　创建基本文档

关 键 点：通过邮件合并功能制作批量文档
操作要点：制作主文本与数据源文本
应用场景：邮件合并是将文档内容相同的部分制作成一个主文档，而有变化的部分制作成数据源，然后将数据源中的信息合并到主文档。下面介绍在 Word 中进行邮件合并的具体操作。

制作数据源的方法有两种，一是直接使用现有的数据源（可以在 Excel 表格中事先创建好），二是新建数据源。这里以使用现有数据源为例，具体操作如下。

❶ 首先制作好主文本，如图 4-68 所示。

❷ 在 Excel 中准备好数据源文档，如图 4-69 所示。

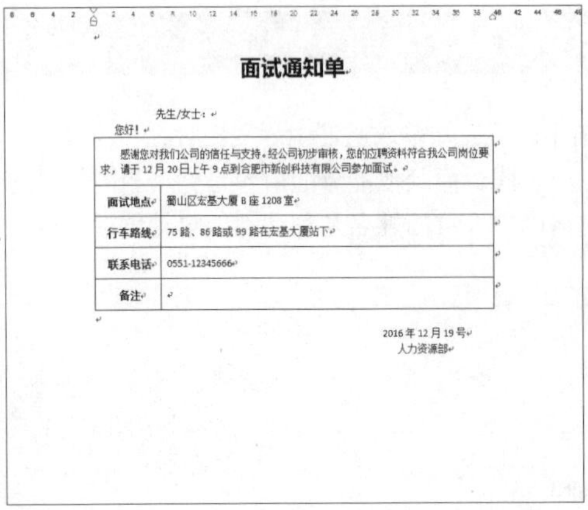

图 4-68

图 4-69

## 4.2.2 主文档与收件人文档相链接

**关 键 点**：将主文档与收件人文档相链接

**操作要点**："邮件"→"开始邮件合并"功能按钮

**应用场景**：有了主文档后，需要通过邮件合并功能先将主文档与收件人文档相链接，从而生成待使用的合并域。

❶ 打开"面试通知单"文档，在"邮件"选项卡的"开始邮件合并"组中单击"开始邮件合并"下拉按钮，在弹出的列表中选择"邮件合并分布向导"命令（如图4-70所示），打开"邮件合并"窗格。

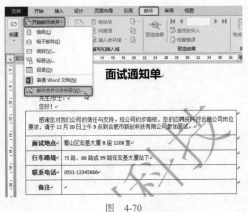

图 4-70

❷ 在"选择文件类型"栏中选中"信函"单选按钮，在步骤栏中单击"下一步：开始文档"链接，如图4-71所示。

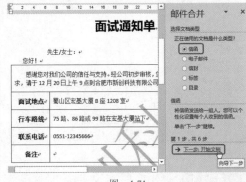

图 4-71

❸ 在"选择开始文档"中选中"使用当前文档"单选按钮，在步骤栏中单击"下一步：选择收件人"链接，如图4-72所示。

❹ 在"选择收件人"栏中选中"使用现有列表"单选按钮，在"使用现有列表"栏中单击"浏览"链接（如图4-73所示），打开"选取数据源"对话框。

❺ 找到数据源所在位置，选中"应聘人员信息表"，单击"打开"按钮（如图4-74所示），打开"选择表格"对话框。

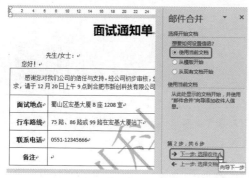

图 4-72

图 4-75

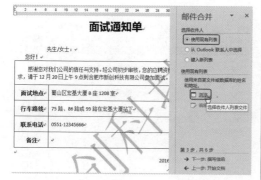

图 4-73

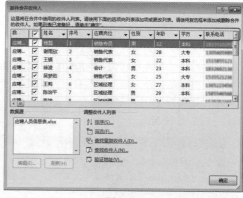

图 4-76

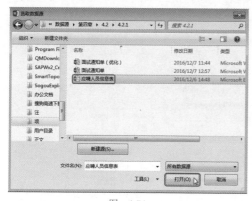

图 4-74

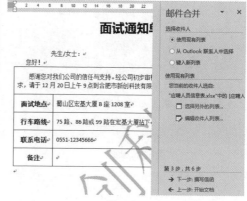

图 4-77

❻ 单击"确定"按钮（如图 4-75 所示），打开"邮件合并收件人"对话框。

❼ 在列表中可以看到收件人的信息，单击"确定"按钮（如图 4-76 所示），关闭"邮件合并收件人"对话框，返回到 Word 工作界面就完成了主文档与收件人文档的链接，如图 4-77 所示。

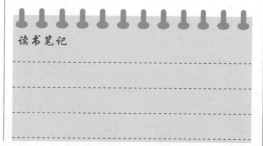

读书笔记

**关 键 点：** 只合并部分数据
**操作要点：** "邮件合并" → "邮件合并" 窗格
**应用场景：** 数据源表格中记录了全部待合并人员的信息，默认情况下会对所有人发出通知。如果不是所有人都需要通知面试，则需要对数据源进行筛选，例如，本例的数据表中有一列专门记录了是否要通知面试，现在只想对通知面试的人员生成面试通知单，其筛选操作如下。

### 专家提醒

在操作过程中如果关闭了文档，那么再次打开文档时，都会弹出 Microsoft Word 提示框，询问是否将数据库中的数据放置到文档中，这里单击"是"按钮即重新建立链接，如图 4-78 所示。

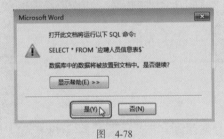

图 4-78

❶ 在"邮件合并"窗格的第 3 步中，在"使用现有列表"栏中单击"编辑收件人列表"链接（如图 4-79 所示），重新打开"邮件合并收件人"对话框。

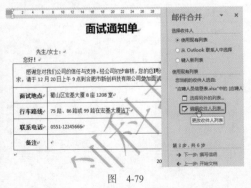

图 4-79

❷ 单击"筛选"链接（如图 4-80 所示），打开"筛选和排序"对话框。

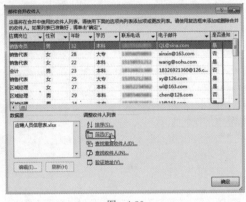

图 4-80

❸ 在"域"文本框中单击下拉按钮，选择"是否通知"，在"比较关系"中选择"等于"，在"比较对象"文本框中输入"是"，如图 4-81 所示。

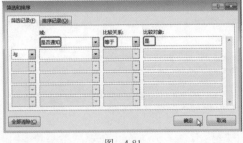

图 4-81

❹ 单击"确定"按钮，返回到"邮件合并收件人"对话框，可以看到收件人列表中只显示了通知面试的应聘人员，如图 4-82 所示。

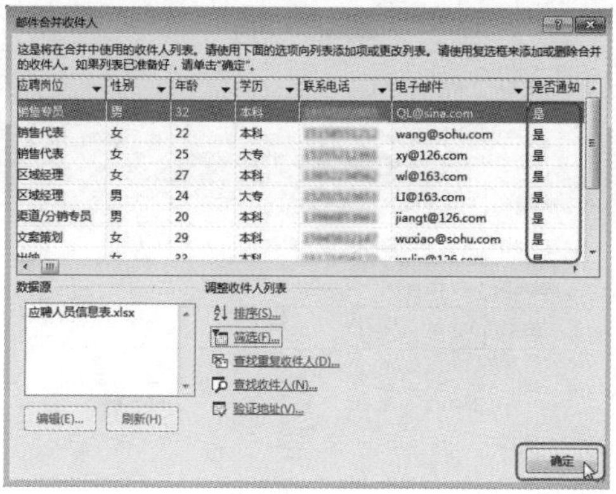

图 4-82

⑤ 单击"确定"按钮,返回 Word 工作界面。

**知识扩展**

在进行邮件合并联系人的筛选时,如果具备筛选的条件,则可以利用上述方法进行筛选。如果只是有选择地合并部分记录,也可以通过取消不需要合并的联系人的复选框(如图 4-83 所示)来实现只合并部分联系人。

图 4-83

第 4 章 公司特殊文档操作

## 4.2.4 插入合并域

关 键 点:通过插入合并域将域名称插入主文档
操作要点:"邮件合并"窗格
应用场景:完成了主文档与联系人文件的链接后,接着需要进行插入合并域,即将域名称插入主文档,在最后执行合并时则可以生成批量文档。

❶ 在"邮件合并"窗格的第 3 步中,在步骤栏中单击"下一步:撰写信函"链接,如图 4-84 所示。

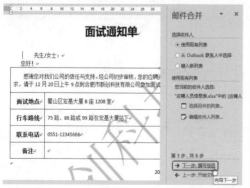

图 4-84

❷ 在插入姓名位置处单击定位光标,然后在"撰写信函"栏中单击"其他项目"链接(如图 4-85)

所示),打开"插入合并域"对话框。

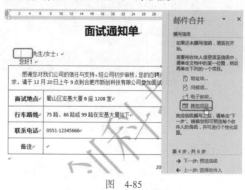

图 4-85

❸ 在"域"列表框中选择"姓名"选项,如图 4-86 所示。

❹ 单击"插入"按钮,即可将"姓名"域插入光标位置,如图 4-87 所示。单击"关闭"按钮,关闭"插入合并域"对话框。

图 4-86

图 4-87

## 4.2.5 进行邮件合并并群发电子邮件

关 键 点：邮件合并并且群发电子邮件
操作要点："邮件"→"预览效果"功能按钮
应用场景：插入合并域后，即可开始进行邮件合并操作，可以先预览再进行批量合并。

❶ 在"邮件"选项卡的"预览结果"组中单击"预览结果"按钮（如图 4-88 所示），即可查看信函，如图 4-89 所示。

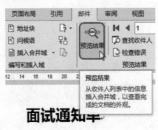

图 4-88

图 4-89

❷ 在"邮件"选项卡的"预览结果"组中单击"下一个"按钮，即可查看其他面试人员的信函，如图 4-90 所示。（因为在 4.2.2 节第 ❸ 步的操作中，将"收件人：2"筛选出去了，所以这里下一条记录显示的是"收件人：3"。）

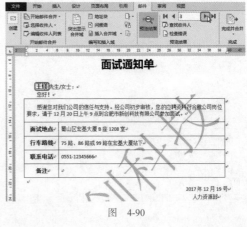

图 4-90

❸ 预览结束后，单击"下一步：完成合并"链接（如图 4-91 所示），即可完成这个操作。

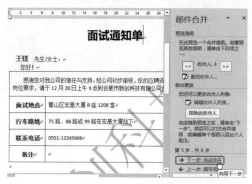

图 4-91

❹ 在"邮件"选项卡的"完成"组中单击"完成并合并"下拉按钮,在弹出的下拉菜单中选择"发送电子邮件"命令(如图4-92所示),打开"合并到电子邮件"对话框。

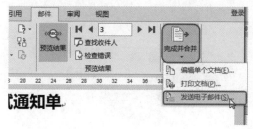

图 4-92

❺ 单击"收件人"文本框的下拉按钮,选择"电子邮件地址"选项,在"主题行"文本框中输入"面试通知",在"发送记录"栏中选中"全部"单选按钮。单击"确定"按钮即可群发电子邮件,如图4-93所示。

图 4-93

技高一篑

## 1. 一次性选中多个操作对象

前面介绍想一次性选中多个对象时,是按住 Ctrl 键的同时用鼠标依次点选。除此之外还有一个更加快捷的办法来一次性选取多个对象。

❶ 在"开始"选项卡的"编辑"组中单击"选择"下拉按钮,在列表中选择"选择对象"命令(如图 4-94 所示),此时鼠标指针变为 样式。

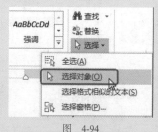

图 4-94

❷ 移至目标位置,按住鼠标左键不放并拖动将要选择的对象框住(如图 4-95 所示),释放鼠标即可选中这些对象。

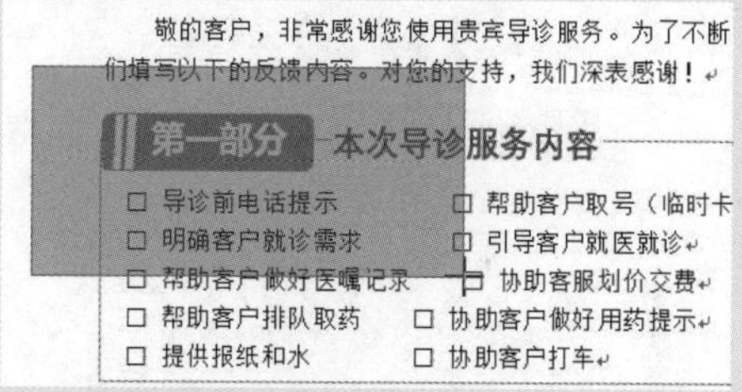

图 4-95

## 2. 在有色背景上添加说明文字

在文档中插入图片后,如果需要在图片中添加说明文字、设计文字等,都可以使用文本框来添加,但这里的文本框需要设置无边框无填充的样式。

❶ 打开目标文档,在"插入"选项卡下"文本"组中单击"文本框"按钮,在下拉菜单中选择需要的文本框类型,这里选择"绘制文本框"命令,如图 4-96 所示。

❷ 此时鼠标指针变成了"十"形状,在文档中需要插入文本框的位置单击开始绘制,拖动

鼠标将文本框调至期望大小，输入文字注释内容，如图 4-97 所示依次绘制了 3 个文本框。

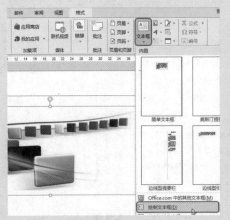

图　4-96

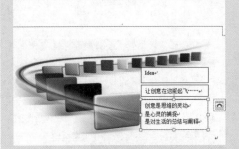

图　4-97

❸　选中文本，进行字体格式设置。接着选中文本框，在"绘图工具"-"格式"选项卡下"形状样式"组中单击"形状填充"按钮，弹出下拉菜单，选择"无填充颜色"命令，如图 4-98 所示。

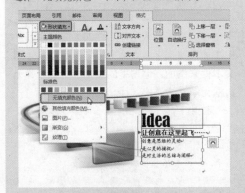

图　4-98

❹　在"绘图工具-格式"选项卡下"形状样式"组中单击"形状轮廓"按钮，弹出下拉菜单，选择"无轮廓"命令，如图 4-99 所示。

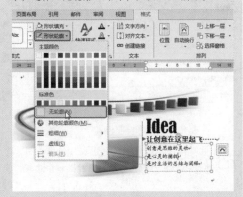

图　4-99

❺　设置完成后，效果如图 4-100 所示。

图　4-100

### 3. 批量制作标签

标签可以用于邮件发送的地址标签，档案封存的张贴标签、考试姓名座位标签等。通过 Word 中的邮件合并功能及插入域可以一次性批量生成标签。下面通过实例介绍创建标签的方法。

❶　首先在 Excel 中准备好数据源文档，如图 4-101 所示。

❷　打开 Word 文档，在"邮件"选项卡的"开始邮件合并"组中单击"选择收件人"下拉按钮，在弹出的列表中选择"使用现有列表"命令（如图 4-102 所示），打开"选取数据源"窗格。

❸　依次定位到保存数据源的文件夹中，选中数据源，例如"学生"工作簿（之前准备好的数据源文档），如图 4-103 所示。

| | A | B | C | D | E |
|---|---|---|---|---|---|
| 1 | 姓名 | 性别 | 出生年月 | 入学年月 | 毕业年月 |
| 2 | 刘志飞 | 男 | 1999年2月 | 2014年9月 | 2017年5月 |
| 3 | 何许诺 | 男 | 1998年12月 | 2014年9月 | 2017年5月 |
| 4 | 崔娜 | 女 | 1999年5月 | 2014年9月 | 2017年5月 |
| 5 | 林成瑞 | 男 | 1999年10月 | 2014年9月 | 2017年5月 |
| 6 | 董磊 | 男 | 1998年11月 | 2014年9月 | 2017年5月 |
| 7 | 徐志林 | 男 | 1999年8月 | 2014年9月 | 2017年5月 |
| 8 | 何忆婷 | 女 | 1998年11月 | 2014年9月 | 2017年5月 |
| 9 | 高攀 | 男 | 1999年9月 | 2014年9月 | 2017年5月 |
| 10 | 陈佳佳 | 女 | 1999年10月 | 2014年9月 | 2017年5月 |
| 11 | 陈怡 | 女 | 1999年11月 | 2014年9月 | 2017年5月 |
| 12 | 周蓓 | 女 | 1999年12月 | 2014年9月 | 2017年5月 |
| 13 | 夏慧 | 女 | 1999年13月 | 2014年9月 | 2017年5月 |
| 14 | 韩文信 | 男 | 1999年14月 | 2014年9月 | 2017年5月 |
| 15 | 葛丽 | 女 | 1999年15月 | 2014年9月 | 2017年5月 |
| 16 | 张小河 | 男 | 1999年16月 | 2014年9月 | 2017年5月 |
| 17 | 韩燕 | 女 | 1999年17月 | 2014年9月 | 2017年5月 |
| 18 | 刘江波 | 男 | 1999年18月 | 2014年9月 | 2017年5月 |
| 19 | 王磊 | 男 | 1999年19月 | 2014年9月 | 2017年5月 |
| 20 | 郝艳艳 | 女 | 1999年20月 | 2014年9月 | 2017年5月 |
| 21 | 陶莉莉 | 女 | 1999年21月 | 2014年9月 | 2017年5月 |

图 4-101

图 4-102

图 4-103

④ 单击"打开"按钮，打开"选择表格"对话框，选择需要的成绩表，如图4-104所示。然后单击"确定"按钮，此时 Excel 数据表与 Word 已经关联好了。

⑤ 在"邮件"选项卡的"开始邮件合并"组中单击"开始邮件合并"下拉按钮，在弹出的菜单中选择"标签"命令（如图4-105所示），打开"标签选项"对话框。

图 4-104

图 4-105

⑥ 单击"新建标签"按钮（如图4-106所示），打开"标签详情"对话框。在"标签名称"文本框中输入标签的名称，并对标签的尺寸进行设置，具体如图4-107所示。

图 4-106

图 4-107

❼ 单击"确定"按钮，返回到"标签选项"对话框中，再次单击"确定"按钮，此时 Word 页面效果如图4-108所示。在"邮件"选项卡的"编写和插入域"组中单击"插入合并域"下拉按钮，依次将"姓名""性别""出生年月""入学年月""毕业年月"选项插入文档中，如图4-108所示。

图 4-108

❽ 在"邮件"选项卡的"编写和插入域"组中单击"更新标签"按钮，如图4-109所示。

图 4-109

❾ 在"邮件"选项卡的"编写和插入域"组中单击"预览效果"按钮（如图4-110所示），即可查看标签，效果如图4-111所示。

❿ 新建的标签相当于表格，在"表格工具－布局"选项组中单击"查看网格线"按钮，即可添加网格线，将各个标签区别开来，如图4-112所示。建立完成后的标签可以打印出来，经过裁剪后用于档案袋标签的张贴。

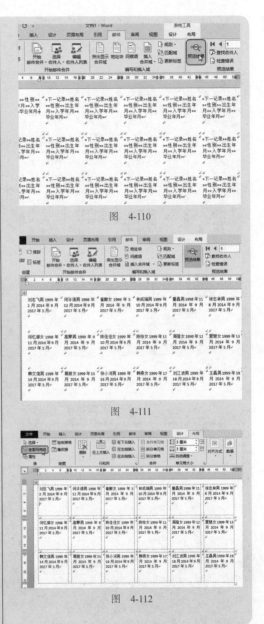

图 4-110

图 4-111

图 4-112

读书笔记

第

# 5

## 普通表格操作

章

```
                                          5.1.1 重命名工作表名称    1. 新建工作簿
                                               及插入新工作表       2. 工作表的重命名和插入

                                          5.1.2 标题文字的格式设置    1. 合并单元格
                                                                 2. 字体格式设置

                                          5.1.3 表格行高列          1. 使用命令调整行高列宽
                              5.1 应聘人员登记表   宽的自定义调整       2. 使用鼠标拖动调整行高列宽

                                                                 1. 插入单行或单列
                                          5.1.4 插入新行          2. 插入多行或多列
                                               补充新数据          3. 删除行或列

                                          5.1.5 表格边框自定义设置

                                          5.1.6 表格打印          1. 调小页边距
                                                                 2. 表格打印到中间

    普通表
    格操作                                 5.2.1 序号的快速填充

                                          5.2.2 填充以0开头的编号

                                          5.2.3 相同文本           1. 连续单元格的文本填充
                                               的快速填充输入        2. 不连续单元格输入相同的文本

                              5.2 客户资料管理表   5.2.4 输入统一格式的日期   1. 选用程序中的日期格式
                                                                 2. 自定义日期格式

                                          5.2.5 为列标识区域设置底纹

                                          5.2.6 表格安全保护        1. 工作表保护
                                                                 2. 工作簿保护

                                          5.3.1 表格文本输入时的强制换行

                                          5.3.2 竖排文字

                              5.3 差旅费用报销填写单   5.3.3 通过"数据验证"设置输入提醒

                                          5.3.4 对求和的单元格应用"自动求和"按钮

                                          5.3.5 设置单元格格式将小写金额转换成大写
```

## 5.1 应聘人员登记表

应聘人员登记表是一种非常常用的表格，利用 Excel 程序可以轻松地创建，通过打印操作即可投入使用。在创建应聘人员登记表时需要涉及工作簿和工作表的创建，以及文字的输入和字体格式的设置、表格行高列宽、表格边框设置等基本操作。

下面以图 5-1 所示的"应聘人员登记表"为例，介绍相关知识点。

图 5-1

### 5.1.1 重命名工作表名称及插入新工作表

**关 键 点：** 插入新工作表和重新命名工作表名称
**操作要点：** 1. "保存" → "另存为"对话框
　　　　　　 2. 右键插入新工作表
**应用场景：** 要使用 Excel，首先需要新建 Excel 文件，即空白工作簿。创建工作簿后可以根据实际需要插入新工作表或对工作表重命名。

#### 1. 新建工作簿

❶ 启动 Excel 2013，在右侧的列表框中选择"空白工作簿"选项（如图 5-2 所示），进入 Excel 程序工作界面。

❷ 新建的空白工作簿默认以"工作簿 1"命名，包含一张工作表，默认名称为 Sheet1，如图 5-3 所示。

❸ 单击"保存"按钮（如图 5-4 所示），打开"另存为"提示面板。

❹ 单击"浏览"按钮（如图 5-5 所示），打开"另存为"对话框。

图 5-2

图 5-3

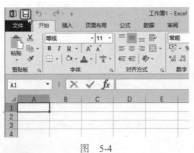

图 5-4

图 5-5

❺ 找到要保存文件的位置 ( 可以通过左侧的目录树依次进入 )，然后在"文件名"文本框中输入"应聘员工信息表"，如图 5-6 所示。

图 5-6

❻ 单击"保存"按钮保存文档，返回到 Excel 工作界面，工作簿的名称已更改为"应聘员工信息表"，如图 5-7 所示。

图 5-7

### 知识扩展

在保存工作簿时默认以当前版本保存，如果希望将其保存为向下兼容的格式，可以在"保存类型"下拉列表中选择。

在"另存为"对话框中单击"保存类型"下拉按钮，在弹出的列表中选择"Excel 97-2003 工作簿"，如图 5-8 所示，即可保存为兼容模式。

图 5-8

### 2. 工作表的重命名和插入

根据表格的性质可以为工作表进行重命名。重命名工作表后可以便于对表格的查看及其分类管理。

❶ 在工作表名称 Sheet1 上双击，即可进入文字编辑状态，如图 5-9 所示。

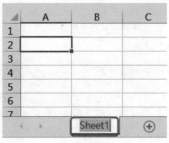

图 5-9

❷ 输入新名称，按 Enter 键，或在工作表的任意单元格位置单击，即可完成对该工作表的重命名，如图 5-10 所示。

图 5-10

❸ 单击"新建工作表"按钮（如图 5-11 所示），即可在工作簿中插入第二张表，默认名称为 Sheet2，如图 5-12 所示。

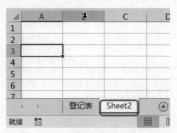

图 5-11

图 5-12

❹ 如果要在表前插入一张工作表，可以在要插入的表的名称上右击，在弹出的菜单中选择"插入"命令（如图 5-13 所示），打开"插入"对话框。

图 5-13

❺ 在"常用"选项卡下，选择"工作表"选项，如图 5-14 所示。

图 5-14

❻ 单击"确定"按钮，即可在"登记表"表前插入一张新表，默认名称为 Sheet3，如图 5-15 所示。

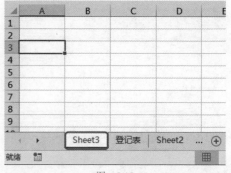

图 5-15

**直接在文件夹中创建新工作簿**

在安装了 Excel 程序后，当进入文件夹中时右击，在快捷菜单中会出现"Microsoft Excel 工作簿"命令。通过它也可以快速在这个文件夹中创建一个新的工作簿（如图 5-16 所示），此操作可以同时实现既新建又保存的操作。

图 5-16

## 5.1.2 标题文字的格式设置

**关 键 点**：设置标题文字格式
**操作要点**：1. "开始" → "对齐方式"组 → "合并后居中"功能按钮
　　　　　　2. "开始" → "字体"组
**应用场景**：标题文字的格式设置包括对文字的字体格式的设置，也包括合并单元格等简单的表格操作。

### 1. 合并单元格

❶ 打开"应聘人员登记表"工作簿，输入基本数据，如图 5-17 所示。

图 5-17

❷ 在 A1 单元格位置上单击一次，按住鼠标左键拖曳至 G1 单元格，选中要合并的单元格 A1:G1，在"开始"选项卡的"对齐方式"组中单击"合并后居中"下拉按钮，在弹出的下拉菜单中选择"合并后居中"命令（如图 5-18 所示），即可将所选单元格合并，且文字居中，如图 5-19 所示。

❸ 按照相同的方法，合并其他需要合并的单元格（这个合并操作根据对表格的框架设计来决定，可

能很多人会在草稿纸上画出初稿），如图 5-20 所示。

图 5-18

图 5-19

❹ 有些单元格需要合并，但不需要居中显示，例如，选中要合并的 A17:G17 单元格区域，在"开始"选项卡的"对齐方式"组中单击"合并后居中"

第 5 章 普通表格操作

129

下拉按钮,在弹出的下拉菜单中选择"合并单元格"命令(如图 5-21 所示),即可合并所选单元格区域,而文字不居中,如图 5-22 所示。

图 5-20

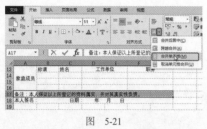

图 5-21

图 5-22

## 2. 字体格式设置

❶ 单击 A1 单元格,选中合并后的单元格,在编辑栏中选中标题文字,如图 5-23 所示。

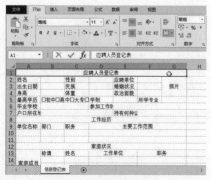

图 5-23

❷ 在"开始"选项卡的"字体"组中单击单元格启动器按钮,打开"设置单元格格式"对话框。

❸ 在"字体"下拉列表中选中"黑体",在"字形"展开列表中选中"加粗"选项,并设置"字号"为 22。在"下画线"栏中单击下拉按钮,在展开的下拉列表中选择"会计用单下画线"选项,如图 5-24 所示。

图 5-24

❹ 单击"确定"按钮,关闭对话框,则可完成对标题文本的字体格式的一次性设置,如图 5-25 所示。

图 5-25

练一练

### "会计用双下画线"效果

为标题设置如图 5-26 所示的"会计用双下画线"效果。

图 5-26

## 5.1.3 表格行高列宽的自定义调整

关 键 点：对表格的行高列宽进行调整
操作要点：1. "开始"→"单元格"组→"行高"功能按钮
　　　　　2. 鼠标拖动直观调节
应用场景：表格默认的宽度与高度不一定满足当前输入文本的长度，或者有时也
　　　　　需要人为的让表格的框架展现的稀疏一些，因此对表格结构调整时，行高列宽的调
　　　　　整是一项必须的操作。

对表格的行高列宽有两种调整方法，可以精确设置行高列宽值，也可以用鼠标拖动的方式直观地拖动调节。

### 1. 使用命令调整行高列宽

使用命令调整行高列宽具有设置精确的优点。下面以调整行高为例介绍。

❶ 鼠标指针放在表格的左侧，即显示行数的位置上，鼠标指针会变成实心的右指向黑色箭头➡，单击即可选中该行。如选中 1 行，如图 5-27 所示。

图 5-27

❷ 在"开始"选项卡的"单元格"组中单击"格式"下拉按钮，弹出下拉菜单，选择"行高"命令（如图 5-28 所示），打开"行高"对话框。

图 5-28

❸ 在"行高"数值框中输入 45，如图 5-29 所示。

图 5-29

❹ 单击"确定"按钮，则所选行的行高即设置为"45"，如图 5-30 所示。

图 5-30

❺ 当在调整列宽时，将鼠标指针指向目标列的列标上，光标会变成下指向箭头，单击即可选中该列。右击，在弹出的菜单中选择"列宽"命令（如图 5-31 所示），即可打开"列宽"对话框，在数值框中输入值（如图 5-32 所示），单击"确定"按钮调整列宽。

图 5-31

第 5 章 普通表格操作

131

图 5-32

❻ 如果要一次性调整连续的多行的行高，则将鼠标指针指向起始标上，按住鼠标左键不放，选中连续的 7～12 行，如图 5-33 所示。

图 5-33

❼ 右击，在弹出的菜单中选择"行高"命令（如图 5-34 所示），打开"行高"对话框。

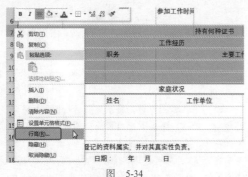

图 5-34

❽ 在"行高"数值框中输入值 20，如图 5-35 所示。

图 5-35

❾ 单击"确定"按钮，即可调整选中的连续行的行高。

## 2. 使用鼠标拖动调整行高列宽

除了使用命令调整行高列宽外，还可以利

用鼠标拖动的方式快速调整。此调整方法具有显示直观的优点。

❶ 将鼠标指针放在要调整列宽的某列的右侧边线上，光标会变成双向对拉的箭头 ✛，并会出现显示列宽的提示框，如图 5-36 所示。

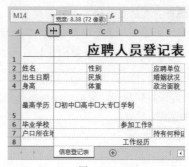

图 5-36

❷ 按住鼠标左键，向左拖动，即可减小列宽，向右拖动，即可增大列宽，并且拖动时还可以看到显示的具体值，如图 5-37 所示。

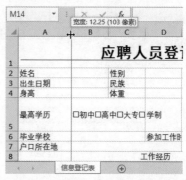

图 5-37

❸ 调整到合适的大小，松开鼠标左键即可，如图 5-38 所示。

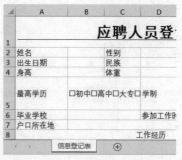

图 5-38

❹ 用户可以根据自己表格的设计要求，按照相同的方法调整其他需要调整的行高和列宽，如图 5-39 所示。

图 5-39

练一练

**一次性调整不连续单元格的行高列宽**

如图 5-40 所示，要一次性调整不连续的单元格的行高和列宽。操作方法是在调整前将目标行全部选中。

图 5-40

## 5.1.4 插入新行补充新数据

**关 键 点**：在已规划好的表格中插入新的行或列

**操作要点**：右键→"插入"命令

**应用场景**：在编辑表格时如果有数据漏掉，就需要在原有的规划好的框架中插入新的行或新的列。如果有多余的数据也可以轻松删除。

插入行默认是在所选单元格的上方插入，单元格的格式延续上方的单元格格式，插入列默认是在所选单元格的左侧插入，单元格的格式延续左侧单元格的格式。插入行与插入列的操作相同，这里以插入行为例介绍。

### 1. 插入单行或单列

❶ 选中 A8 单元格（或选中第 8 行）后右击，在弹出的菜单中选择"插入"命令（如图 5-41 所示），打开"插入"对话框。

图 5-41

❷ 选中"整行"单选按钮，如图 5-42 所示。

图 5-42

❸ 单击"确定"按钮，即可在所选单元格（或行）的上方插入单行，如图 5-43 所示。

### 2. 插入多行或多列

插入多行或多列的操作方法与插入单行或单列的方法相同。如果要插入两行，则需要选择 2 行，再执行操作。

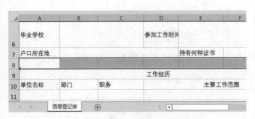

图 5-43

❶ 选中第 8、9 两行后右击，在弹出的菜单中选择"插入"命令（如图 5-44 所示），打开"插入"对话框。

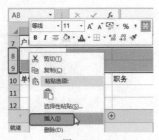

图 5-44

❷ 选中"整行"单选按钮，如图 5-45 所示。

图 5-45

❸ 单击"确定"按钮，即可在所选行的上方插入多行，如图 5-46 所示。

图 5-46

## 3. 删除行或列

❶ 选中要删除的行或列后，右击，在弹出的菜单中选择"删除"命令（如图 5-47 所示），即可删除所选的行或列，如图 5-48 所示。

图 5-47

图 5-48

### 练一练

#### 一次性插入多个不连续的行

不连续的一些位置上需要补充新数据，即在任意需要的位置上一次性插入空行，如图 5-49 所示。

| | A | B | C | D | E |
|---|---|---|---|---|---|
| 1 | 联系人 | 性别 | 部门 | 职位 | 通 信 地 址 |
| 2 | 张斌 | 男 | 采购部 | 经理 | 海市浦东新区陆家嘴环路5号 |
| 3 | | | | | |
| 4 | 李少杰 | 男 | 销售部 | 经理 | 北京市东城区长安街1号 |
| 5 | 王玉珠 | 女 | 采购部 | 经理 | 上海市浦东新区世纪大道108号 |
| 6 | | | | | |
| 7 | 赵玉蓉 | 男 | 销售部 | 经理 | 上海市浦东新区即墨路85号 |
| 8 | 李晓 | 女 | 采购部 | 经理 | 上海市浦东新区世纪大道15号 |
| 9 | 何平安 | 男 | 销售部 | 经理 | 河南省洛阳市南市区毛家湾村人民路12号 |
| 10 | | | | | |
| 11 | 陈胜平 | 男 | 采购部 | 经理 | 上海市浦东新区银城中路32号 |
| 12 | 绎永信 | 男 | 行政部 | 主管 | 河南省嵩山市南市区嵩山路1号 |
| 13 | 李杰 | 男 | 销售部 | 经理 | 天津市长安街1号 |
| 14 | 崔娜 | 女 | 行政部 | 主管 | 北京市海淀区万寿路10号 |
| 15 | | | | | |

图 5-49

## 5.1.5 表格边框自定义设置

**关 键 点**：为表格设置边框
**操作要点**："设置单元格格式"对话框→"边框"标签
**应用场景**：在 Excel 中创建的表格是没有边框和线条的，看到的只是网格线。网格线是辅助编辑的线条，在实际打印时并不存在，因此表格的边框需要另行设置。

❶ 设置除标题外的字体格式为"黑体""11号""加粗"，并居中设置，如图 5-50 所示。

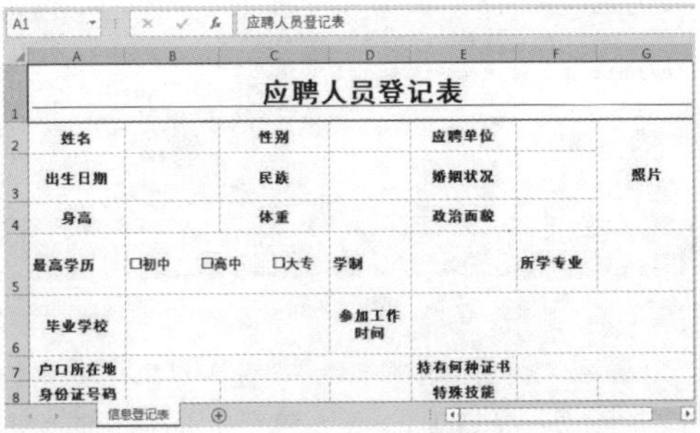

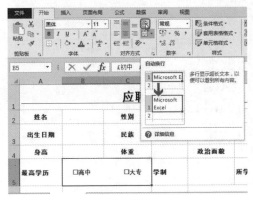

图 5-50

❷ 选中 B5 单元格，在"开始"选项卡的"对齐方式"组中单击"自动换行"按钮（如图 5-51 所示），效果如图 5-52 所示。

图 5-51

❸ 在"开始"选项卡的"对齐方式"组中单击"居中"按钮，得到如图 5-53 所示的效果。

❹ 在 A 列前插入一列，然后在"工作经历"和"家庭状况"前各插入一行，调整行高和列宽，如图 5-54 所示。

❺ 选中 B2:H20 单元格区域后右击，在弹出的菜单中选择"设置单元格格式"命令（如图 5-55 所示），打开"设置单元格格式"对话框。

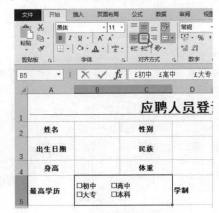

图 5-52

图 5-53

图 5-54

❻ 选择"边框"选项卡，在"线条"栏的"样式"列表框中选择边框线条的样式，单击"颜色"下拉按钮，选择颜色为"灰色"。在"预置"栏中单击"外边框"按钮，如图 5-56 所示。

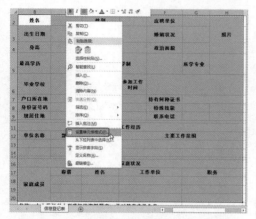

图 5-55

图 5-56

⓻ 单击"确定"按钮，返回到工作表中，即可看到选中的单元格区域添加了外边框，如图 5-57 所示。

⓼ 选中 B2:H20 单元格区域后右击，在弹出的菜单中选择"设置单元格格式"命令，打开"设置单元格格式"对话框。

图 5-57

⓽ 设置线条样式为细实线，颜色为"灰色"，在"预置"栏中单击"内部"按钮，再单击"确定"按钮，如图 5-58 所示。

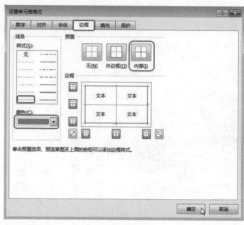

图 5-58

⓾ 在"视图"选项卡的"显示"组中，取消选中"网格线"复选框（如图 5-59 所示），即可看到明显的边框设置效果。

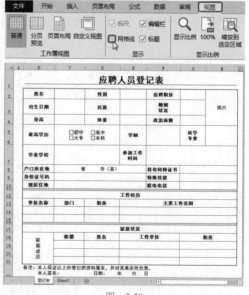

图 5-59

## 5.1.6 表格打印

**关 键 点**：打印表格
**操作要点**："文件"→"打印"标签
**应用场景**：有些表格创建完成后最终是需要打印出来的使用的。在进行打印前需要进入打印预览状态下查看打印效果。如果表格效果不佳还需要进行页面设置的调整。

### 1．调小页边距

❶ 打开"应聘人员登记表"，选择"文件"选项卡（如图 5-60 所示），打开"信息"提示面板。

图　5-60

❷ 选择"打印"，在右侧的窗格中会给出预览效果，如图 5-61 所示。

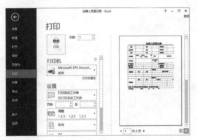

图　5-61

❸ 因为表格过宽，所以无法在一页纸张上打印，这时需要调整页边距。单击打印参数设置区底部的"页面设置"链接（如图 5-62 所示），打开"页面设置"对话框。

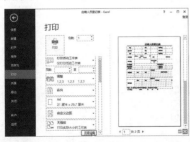

图　5-62

❹ 选择"页边距"选项卡，在"左（L）"数值框中输入 0.1，在"右（R）"数值框中输入 0.1，如图 5-63 所示。

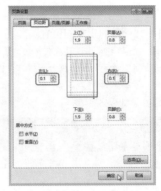

图　5-63

❺ 单击"确定"按钮，可以看到打印区域能完整显示了，此时表格可以在同一页面上显示了，如图 5-64 所示。

图　5-64

第 5 章　普通表格操作

137

因为本例中只有一列数据超出纸张，因此处理方式是通过调小页边距来恢复其显示。但如果当前表格超出列数较多，即数据区域宽度很大，即使将页边距都设置为0也无法显示出完整表格，此时则需要考虑调整列宽，或改用横向打印等方式来解决问题了。

## 2. 表格打印到中间

如果表格不能占满整页，则可以通过设置将表格打印到纸张的正中间位置。

❶ 重新单击打印参数设置区底部的"页面设置"链接，打开"页面设置"对话框。选择"页边距"选项卡，在"居中方式"栏中选中"水平"和"垂直"两个复选框，如图 5-65 所示。

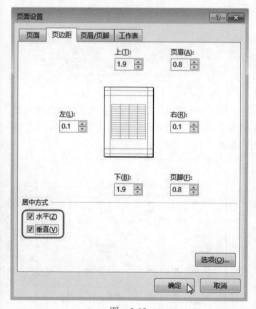

图 5-65

❷ 单击"确定"按钮，即可让表格水平居中打印，效果如图 5-66 所示。

应聘人员登记表

图 5-66

### 自定义打印的纸张

如果对打印纸大小有要求，则在"页面设置"选项组中单击"纸张大小"按钮，在列表中选择要使用的纸张规格，如图 5-67 所示。

图 5-67

## 5.2 客户资料管理表

如图 5-68 所示的“客户资料管理表”是日常办公中的常用表格，便于对客户资料进行系统的管理，避免零散堆放而导致丢失。制作“客户资料管理表”时除了基本的表格操作外，还需要输入连续的序号来排序，以及及时输入日期并统一格式，为表格添加安全保护等操作。

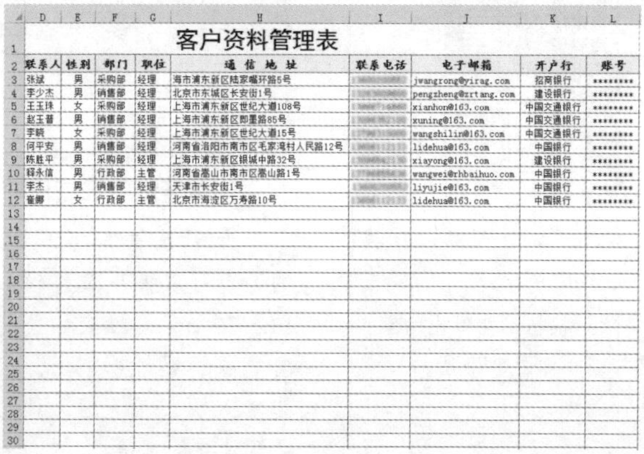

客户资料管理表

| 联系人 | 性别 | 部门 | 职位 | 通信地址 | 联系电话 | 电子邮箱 | 开户行 | 账号 |
|---|---|---|---|---|---|---|---|---|
| 张斌 | 男 | 采购部 | 经理 | 海市浦东新区陆家嘴环路5号 | [illegible] | jwangrong@yirag.com | 招商银行 | ******** |
| 李少杰 | 男 | 销售部 | 经理 | 北京市东城区长安街1号 | [illegible] | pengzheng@zrtang.com | 建设银行 | ******** |
| 王玉珠 | 女 | 采购部 | 经理 | 上海市浦东新区世纪大道108号 | [illegible] | xianhon@163.com | 中国交通银行 | ******** |
| 赵玉普 | 男 | 销售部 | 经理 | 上海市浦东新区即墨路85号 | [illegible] | xuning@163.com | 中国交通银行 | ******** |
| 李晓 | 女 | 采购部 | 经理 | 上海市浦东新区世纪大道15号 | [illegible] | wangshilin@163.com | 中国交通银行 | ******** |
| 何平安 | 男 | 销售部 | 经理 | 河南省洛阳市南市区毛家湾村人民路12号 | [illegible] | lidehua@163.com | 中国银行 | ******** |
| 陈胜平 | 男 | 采购部 | 经理 | 上海市浦东新区银城中路32号 | [illegible] | xiayong@163.com | 建设银行 | ******** |
| 释永信 | 男 | 行政部 | 主管 | 河南省嵩山市南市区嵩山路1号 | [illegible] | wangwei@rhbaihuo.com | 中国银行 | ******** |
| 李杰 | 男 | 销售部 | 经理 | 天津市长安街1号 | [illegible] | liyujie@163.com | 中国银行 | ******** |
| 崔娜 | 女 | 行政部 | 主管 | 北京市海淀区万寿路10号 | [illegible] | lidehua@163.com | 中国银行 | ******** |

图 5-68

### 5.2.1 序号的快速填充

**关 键 点：** 批量填充序号

**操作要点：** “自动填充”按钮

**应用场景：** Excel 的填充功能可以帮助用户快速输入序号。只要输入第一个数字，利用填充功能，即可快速生成批量序号，从而提高输入效率。

❶ 选中 A3 单元格，输入值 1，并将光标放置在单元格右下角位置处，此时光标会变成黑色十字形状，如图 5-69 所示。

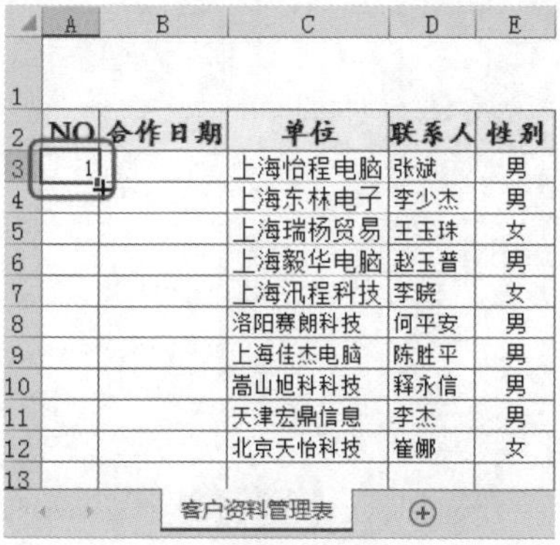

| NO | 合作日期 | 单位 | 联系人 | 性别 |
|---|---|---|---|---|
| 1 | | 上海怡程电脑 | 张斌 | 男 |
| | | 上海东林电子 | 李少杰 | 男 |
| | | 上海瑞杨贸易 | 王玉珠 | 女 |
| | | 上海毅华电脑 | 赵玉普 | 男 |
| | | 上海汛程科技 | 李晓 | 女 |
| | | 洛阳赛朗科技 | 何平安 | 男 |
| | | 上海佳杰电脑 | 陈胜平 | 男 |
| | | 嵩山旭科科技 | 释永信 | 男 |
| | | 天津宏鼎信息 | 李杰 | 男 |
| | | 北京天怡科技 | 崔娜 | 女 |



图 5-69

❷ 按住鼠标左键向下拖动至结尾处，光标经过的区域被选中，在光标右下角的值框中显示为 1（如图 5-70 所示），即表示所选中的单元格区域将填充值 1。

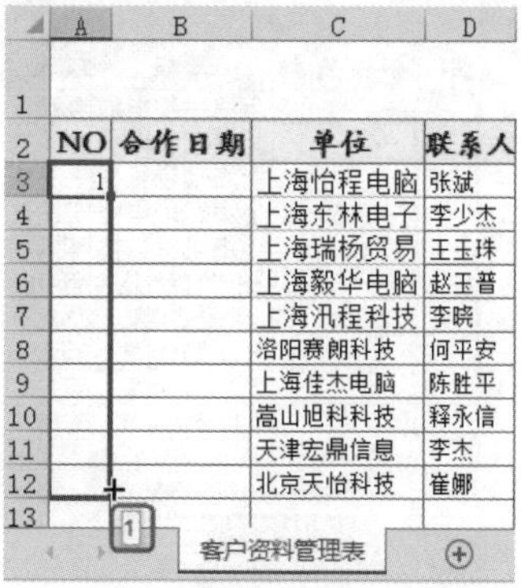

| NO | 合作日期 | 单位 | 联系人 |
|---|---|---|---|
| 1 | | 上海怡程电脑 | 张斌 |
| | | 上海东林电子 | 李少杰 |
| | | 上海瑞杨贸易 | 王玉珠 |
| | | 上海毅华电脑 | 赵玉普 |
| | | 上海汛程科技 | 李晓 |
| | | 洛阳赛朗科技 | 何平安 |
| | | 上海佳杰电脑 | 陈胜平 |
| | | 嵩山旭科科技 | 释永信 |
| | | 天津宏鼎信息 | 李杰 |
| | | 北京天怡科技 | 崔娜 |



图 5-70

❸ 松开鼠标左键，得到如图 5-71 所示的填充效果。

| | A | B | C | D |
|---|---|---|---|---|
| 1 | | | | |
| 2 | NO | 合作日期 | 单位 | 联系人 |
| 3 | 1 | | 上海怡程电脑 | 张斌 |
| 4 | 1 | | 上海东林电子 | 李少杰 |
| 5 | 1 | | 上海瑞杨贸易 | 王玉珠 |
| 6 | 1 | | 上海毅华电脑 | 赵玉普 |
| 7 | 1 | | 上海汛程科技 | 李晓 |
| 8 | 1 | | 洛阳赛朗科技 | 何平安 |
| 9 | 1 | | 上海佳杰电脑 | 陈胜平 |
| 10 | 1 | | 嵩山旭科科技 | 释永信 |
| 11 | 1 | | 天津宏鼎信息 | 李杰 |
| 12 | 1 | | 北京天怡科技 | 崔娜 |
| 13 | | | | |

自动填充选项

图 5-71

❹ 单击"自动填充选项"按钮，在弹出的菜单中选中"填充序列"单选按钮（如图 5-72 所示），即可快速填充序列，如图 5-73 所示。

| | A | B | C | D |
|---|---|---|---|---|
| 1 | | | | |
| 2 | NO | 合作日期 | 单位 | 联系人 |
| 3 | 1 | | 上海怡程电脑 | 张斌 |
| 4 | 1 | | 上海东林电子 | 李少杰 |
| 5 | 1 | ○ 复制单元格(C) | | 易 | 王玉珠 |
| 6 | 1 | ⦿ 填充序列(S) | | 脑 | 赵玉普 |
| 7 | 1 | ○ 仅填充格式(F) | | 技 | 李晓 |
| 8 | 1 | ○ 不带格式填充(O) | | 技 | 何平安 |
| 9 | 1 | ○ 快速填充(F) | | 脑 | 陈胜平 |
| 10 | 1 | | | 释永信 |
| 11 | 1 | | | 李杰 |
| 12 | 1 | | 北京天怡科技 | 崔娜 |
| 13 | | | | |

客户资料管理表

图 5-72

| | A | B | C | D |
|---|---|---|---|---|
| 1 | | | | |
| 2 | NO | 合作日期 | 单位 | 联系人 |
| 3 | 1 | | 上海怡程电脑 | 张斌 |
| 4 | 2 | | 上海东林电子 | 李少杰 |
| 5 | 3 | | 上海瑞杨贸易 | 王玉珠 |
| 6 | 4 | | 上海毅华电脑 | 赵玉普 |
| 7 | 5 | | 上海汛程科技 | 李晓 |
| 8 | 6 | | 洛阳赛朗科技 | 何平安 |
| 9 | 7 | | 上海佳杰电脑 | 陈胜平 |
| 10 | 8 | | 嵩山旭科科技 | 释永信 |
| 11 | 9 | | 天津宏鼎信息 | 李杰 |
| 12 | 10 | | 北京天怡科技 | 崔娜 |
| 13 | | | | |

客户资料管理表

图 5-73

知识扩展

为了避免填充序号时出现复制单元格的情况，除了使用前面的方法单击"自动填充选项"按钮去修改外，还可以在填充时按住 Ctrl 键不放，这样填充得到的也是递增的序号。

练一练

**不连续序号或日期的填充输入**

如果数据是不连续显示的，也可以实现填充输入，如图 5-74 所示。设置的关键在于首先要设置好填充源，即要首先输入两个填充源，让程序找寻到填充的规律。

| | A | B | C |
|---|---|---|---|
| 1 | 姓名 | 座位号 | |
| 2 | 何小希 | 2-001 | |
| 3 | 周瑞 | 2-003 | |
| 4 | 于青青 | 2-005 | |
| 5 | 罗羽 | 2-007 | |
| 6 | 邓志诚 | 2-009 | |
| 7 | 程飞雨 | 2-011 | |
| 8 | 周城 | 2-013 | |
| 9 | 张翔 | 2-015 | |
| 10 | 李怡琳 | 2-017 | |
| 11 | 苏文洋 | 2-019 | |

图 5-74

读书笔记

## 5.2.2 填充以 0 开头的编号

**关 键 点：**设置文本格式来编号

**操作要点：**"开始"→"数字"组→"设置单元格格式"对话框

**应用场景：**在输入 01、001 等这种以 0 开头的编号时，默认前面的 0 会被自动省略。如果希望这样的编号能完整显示，则需要先设置单元格的格式为"文本"格式。

如图 5-75 所示，当输入 001 后按 Enter 键，实际显示值为 1。

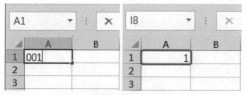

图 5-75

❶ 选中 A2 单元格，在"开始"选项卡的"数字"组中单击对话框启动器按钮（如图 7-76 所示），打开"设置单元格格式"对话框。

图 5-76

❷ 在"分类"列表框中选中"文本"，如图 5-77 所示。

❸ 单击"确定"按钮，完成单元格格式设置。在 A2 单元格中输入值 001，按 Enter 键后，即可正确显示，如图 5-78 所示。

❹ 选中 A2 单元格，将鼠标指针指向 A2 单元格的右下角，待光标变成十字形状时，按住鼠标左键向下拖动，进行序号填充，向下填充到 A11 单元格，

右侧的显示框中显示 010，即一直填充到序号 010，如图 5-79 所示。

图 5-77

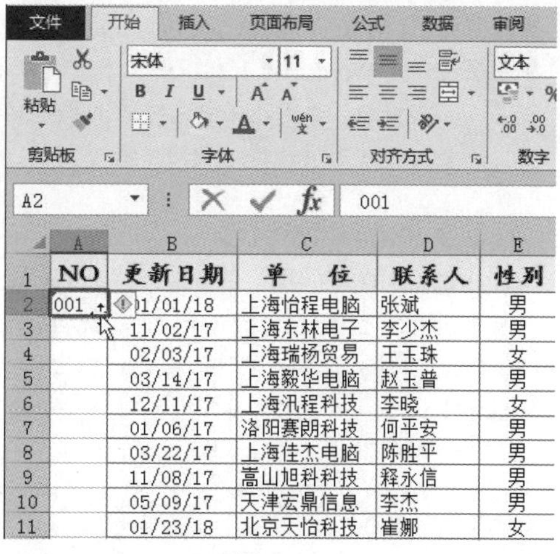

❺ 松开鼠标左键，填充完成，如图 5-80 所示。

图 5-78

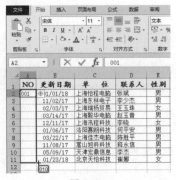

图 5-79

**练一练**

**输入身份证号码**

输入身份证编号，让它完整显示 18 位编码（如图 5-81 所示），而不是显示为科学计算的形式。

| | A | B | C |
|---|---|---|---|
| 1 | 姓名 | 学历 | 身份证号码 |
| 2 | 何小希 | 本科 | 3460222199602165426 |
| 3 | 周瑞 | 本科 | 3460222199105065000 |
| 4 | 于青青 | 本科 | 3460025198031705b0 |
| 5 | 罗羽 | 硕士 | 3460025198546100224 |
| 6 | 邓志诚 | 本科 | 3460042319821016051y |
| 7 | 程飞 | 本科 | 3460025198546100214 |
| 8 | 周城 | 大专 | 3460025199102246057 |
| 9 | 张翔 | 本科 | 3627011990021785y3 |

图 5-81

图 5-80

## 5.2.3 相同文本的快速填充输入

**关 键 点**：1. 连续单元格相同文本的填充输入
2. 不连续单元格相同文本的一次性输入

**操作要点**：Ctrl+C、Ctrl+V、Ctrl+Enter

**应用场景**：在 Word 中当有相同的文本需要输入时，可以采用复制粘贴的方法，同样的，在 Excel 中也可以采用复制粘贴的方法，但在 Excel 表格中还可以采用填充的方法快速输入相同文本。

### 1. 连续单元格的文本填充

当前表格的 K5～K7 单元格为相同数据"中国交通银行"，此时可以使用如下方法快速填充输入，具体操作如下。

❶ 在 K5 单元格输入首个内容并单击，选中该单元格，将光标放在单元格的右下角，待光标变成十字形状，如图 5-82 所示。

❷ 按住鼠标左键不放，向下拖动至 K7 单元格，松开鼠标左键，即可将 K5 单元格中的文本填充到连续的单元格中，如图 5-83 所示。

图 5-82

图 5-83

## 2. 不连续单元格输入相同的文本

如果有些不连续单元格需要使用相同的数据，可以使用复制粘贴的方法实现，也可以使用一种更加快捷的技巧。

### 复制粘贴法

❶ 在 K4 单元格中单击，选中该单元格，按 Ctrl+C 快捷键复制该单元格，单元格四周会出现滑动的虚线，如图 5-84 所示。

图 5-84

❷ 在 K9 单元格单击，定位在该单元格，如图 5-85 所示。

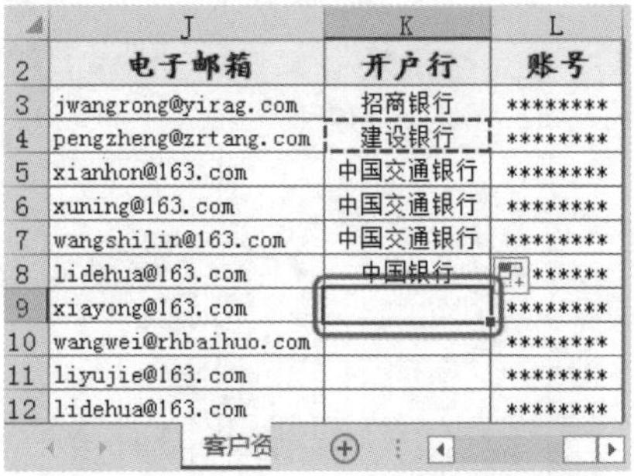

图 5-85

❸ 按 Ctrl+V 快捷键，即可将文本粘贴到 K9 单元格中，如图 5-86 所示。

图 5-86

### 快捷技巧法

❶ 首先同时选中需要输入相同数据的单元格，若某些单元格不相邻，可在按住 Ctrl 键的同时单击，逐个选中，如图 5-87 所示。

图 5-87

❷ 选中所有目标单元格后，直接输入文字"中国银行"，如图 5-88 所示。

图 5-88

❸ 按下 Ctrl+Enter 快捷键，则刚才选中的所有单元格同时填入了该数据，效果如图 5-89 所示。

图 5-89

## 5.2.4 输入统一格式的日期

**关 键 点**：设置日期的显示格式
**操作要点**："开始"→"数字"组→"设置单元格格式"对话框
**应用场景**：如果要实现输入日期数据，需要以 Excel 可以识别的格式来输入，如输入 17-1-2，按 Enter 键，其默认显示结果为 2017-1-2；输入"17年1月2日"，按 Enter 键，其默认显示结果为"2017 年 1 月 2 日"；输入 1-2 或 1/2，按 Enter 键，其默认显示结果为"1 月 2 日"。因此除了这些默认的日期显示效果之外，如果想让日期数据显示为其他的状态，则可以首先以 Excel 可以识别的最简易的形式输入日期，然后通过设置单元格的格式来让其一次性显示为所需要的格式。

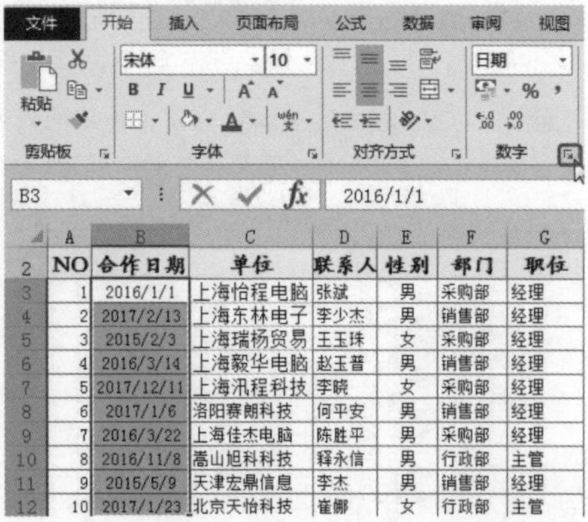

如图 5-90 所示为当前显示的日期数据。

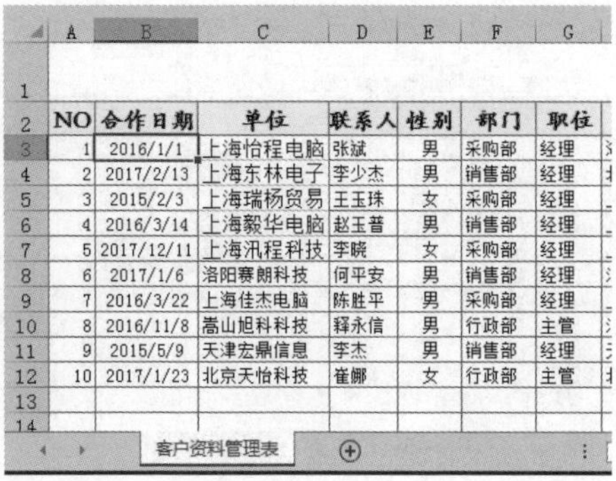

图　5-90

### 1．选用程序中的日期格式

❶ 选中 B3:B12 单元格区域，在"开始"选项卡的"数字"组中单击对话框启动器按钮（如图 5-91 所示），打开"设置单元格格式"对话框。

图　5-91

❷ 在"分类"列表框中选择"日期"选项，然后在"类型"栏中，按住鼠标左键拖动滚动条，选择日期的类型，如选中 03/14/12 类型，即"月 / 日 / 年"类型，如图 5-92 所示。

图　5-92

❸ 单击"确定"按钮，返回到工作表中，即可看到所有日期显示为"月 / 日 / 年"格式，如图 5-93 所示。

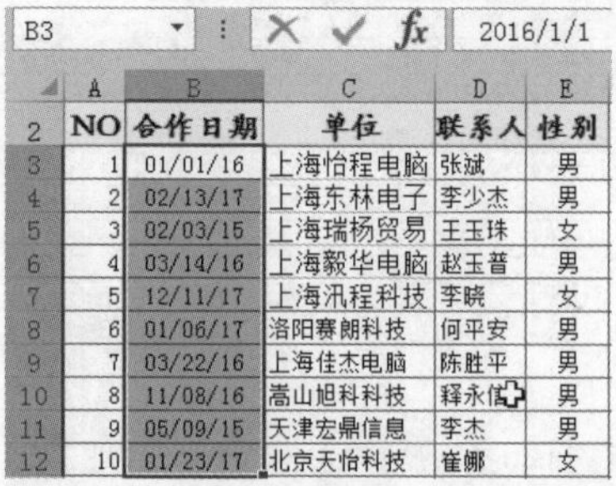

图　5-93

## 2. 自定义日期格式

除了默认格式可以更改外，用户还可以自定义日期格式（需要注意的是，自定义格式是以现有格式为基础，生成的自定义数字格式），具体操作如下。

❶ 在"开始"选项卡的"数字"组中单击对话框启动器按钮，打开"设置单元格格式"对话框。在"分类"列表框中单击"自定义"按钮，拖动"类型"列表框右侧的滚动条，选择mm/dd/yy；@选项，如图5-94所示。

❷ 在"类型"文本框中单击定位光标，将格式更改为mm-dd-yy样式，如图5-95所示。

图 5-94

图 5-95

❸ 单击"确定"按钮，返回到工作表中，即可看到日期显示为mm-dd-yy格式，如图5-96所示。

| | A | B | C | D | E |
|---|---|---|---|---|---|
| 2 | NO | 合作日期 | 单位 | 联系人 | 性别 |
| 3 | 1 | 01-01-16 | 上海怡程电脑 | 张斌 | 男 |
| 4 | 2 | 02-13-17 | 上海东林电子 | 李少杰 | 男 |
| 5 | 3 | 02-03-15 | 上海瑞杨贸易 | 王玉珠 | 女 |
| 6 | 4 | 03-14-16 | 上海毅华电脑 | 赵王普 | 男 |
| 7 | 5 | 12-11-17 | 上海汛程科技 | 李晓 | 女 |
| 8 | 6 | 01-06-17 | 洛阳赛朗科技 | 何平安 | 男 |
| 9 | 7 | 03-22-16 | 上海佳杰电脑 | 陈胜平 | 男 |
| 10 | 8 | 11-08-16 | 嵩山旭科技 | 释永信 | 男 |
| 11 | 9 | 05-09-15 | 天津宏鼎信息 | 李杰 | 男 |
| 12 | 10 | 01-23-17 | 北京天怡科技 | 崔娜 | 女 |

图 5-96

 练一练

### 把日期转换为对应的星期数

在值班安排表中，除了显示出值班日期，还显示出值班日期对应的星期数，如图5-97所示。

| | A | B | C | D |
|---|---|---|---|---|
| 1 | 职工工号 | 姓名 | 值班日期 | 星期 |
| 2 | RCH001 | 张怡伶 | 2018/2/10 | 星期六 |
| 3 | RCH009 | 苏明 | 2018/2/9 | 星期五 |
| 4 | RCH003 | 陈秀秀 | 2018/2/3 | 星期六 |
| 5 | RCH011 | 何世杰 | 2018/2/12 | 星期一 |
| 6 | RCH005 | 袁晓 | 2018/2/13 | 星期二 |
| 7 | RCH007 | 夏兰兰 | 2018/2/19 | 星期一 |
| 8 | RCH004 | 吴晶 | 2018/2/20 | 星期二 |
| 9 | RCH008 | 蔡天放 | 2018/2/28 | 星期三 |
| 10 | RCH012 | 崔小琴 | 2018/2/20 | 星期二 |
| 11 | RCH010 | 袁元 | 2018/2/20 | 星期二 |

图 5-97

读书笔记

## 5.2.5　为列标识区域设置底纹

**关 键 点：** 设置底纹填充

**操作要点：** "开始" → "字体" 组 → "填充颜色" 功能按钮

**应用场景：** 这里定义的列标识区域是指数据最上方用于解释说明此列数据的意义的单元格区域，对此单元格区域设置底纹填充效果，可以更加醒目地区分标识和数据。

如图 5-98 所示为未设置列标识填充，如图 5-99 所示为设置列标识底纹填充。

### 客户资料管理表

| NO | 合作日期 | 单位 | 联系人 | 性别 | 部门 | 职位 | 通 信 地 址 | 联系电话 |
|---|---|---|---|---|---|---|---|---|
| 1 | 01-01-16 | 上海怡程电脑 | 张斌 | 男 | 采购部 | 经理 | 海市浦东新区陆家嘴环路5号 | |
| 2 | 11-02-17 | 上海东林电子 | 李小杰 | 男 | 销售部 | 经理 | 北京市东城区安街1号 | |
| 3 | 02-03-15 | 上海瑞恒贸易 | 王玉珠 | 女 | 采购部 | 经理 | 上海市浦东新区世纪大道108号 | |
| 4 | 03-14-16 | 上海鞍华电脑 | 赵玉普 | 男 | 销售部 | 经理 | 上海市浦东新区世纪大道85号 | |
| 5 | 12-21-17 | 上海汛程科技 | 李鹏 | 女 | 采购部 | 经理 | 上海市浦东新区世纪大道15号 | |
| 6 | 06-01-17 | 洛阳赛帕科技 | 何平安 | 男 | 销售部 | 经理 | 河南省洛阳市南市区毛家村人民路12号 | |
| 7 | 03-22-16 | 上海佳杰电脑 | 陈胜平 | 男 | 采购部 | 经理 | 上海市浦东新区城镇中路32号 | |
| 8 | 11-08-16 | 山西科技园 | 魏永信 | 男 | 行政部 | 主管 | 河南省温山市南市区温山路1号 | |
| 9 | 05-09-15 | 天津宏鑫信息 | 李杰 | 男 | 销售部 | 经理 | 天津市长安街1号 | |
| 10 | 01-23-17 | 北京天怡科技 | 崔娜 | 女 | 行政部 | 主管 | 北京市海淀区万寿路10号 | |

图　5-98

### 客户资料管理表

| NO | 合作日期 | 单位 | 联系人 | 性别 | 部门 | 职位 | 通 信 地 址 | 联系电话 |
|---|---|---|---|---|---|---|---|---|
| 1 | 01-01-16 | 上海怡程电脑 | 张斌 | 男 | 采购部 | 经理 | 海市浦东新区陆家嘴环路5号 | |
| 2 | 11-02-17 | 上海东林电子 | 李小杰 | 男 | 销售部 | 经理 | 北京市东城区安街1号 | |
| 3 | 02-03-15 | 上海瑞恒贸易 | 王玉珠 | 女 | 采购部 | 经理 | 上海市浦东新区世纪大道108号 | |
| 4 | 03-14-16 | 上海鞍华电脑 | 赵玉普 | 男 | 销售部 | 经理 | 上海市浦东新区世纪大道85号 | |
| 5 | 12-21-17 | 上海汛程科技 | 李鹏 | 女 | 采购部 | 经理 | 上海市浦东新区世纪大道15号 | |
| 6 | 06-01-17 | 洛阳赛帕科技 | 何平安 | 男 | 销售部 | 经理 | 河南省洛阳市南市区毛家村人民路12号 | |
| 7 | 03-22-16 | 上海佳杰电脑 | 陈胜平 | 男 | 采购部 | 经理 | 上海市浦东新区城镇中路32号 | |
| 8 | 11-08-16 | 山西科技园 | 魏永信 | 男 | 行政部 | 主管 | 河南省温山市南市区温山路1号 | |
| 9 | 05-09-15 | 天津宏鑫信息 | 李杰 | 男 | 销售部 | 经理 | 天津市长安街1号 | |
| 10 | 01-23-17 | 北京天怡科技 | 崔娜 | 女 | 行政部 | 主管 | 北京市海淀区万寿路10号 | |

图　5-99

选中列标识区域，即 A2:L2 单元格区域，在"开始"选项卡的"字体"组中单击"填充颜色"下拉按钮，弹出的下拉列表，在"主题颜色"组中选中"黄色"（如图 5-100 所示），即可为列标识设置纯色填充的底纹效果。鼠标指针指向对应颜色时可即时预览。

图　5-100

**练 一 练**

### 设置图案填充效果

设置如图 5-101 所示的图案填充效果。

图　5-101

## 5.2.6　表格安全保护

**关 键 点：** 对表格和工作簿进行安全保护

**操作要点：** 1. "审阅" → "更改" 组 → "保护工作簿" 功能按钮

　　　　　　 2. "文件" → "信息" 提示面板

**应用场景：** 表格编辑完成后，如果不想他人随意更改，可以对表格进行安全保护，如设置密码、限制编辑等。像本例的"客户资料管理"文件则具有一定的保密性质，因此编辑者可对表格实施保护。

Word/Excel/PPT 2013高效办公从入门到精通

## 1. 工作表保护

❶ 在"审阅"选项卡的"更改"组中单击"保护工作表"按钮（如图 5-102 所示），打开"保护工作表"对话框。

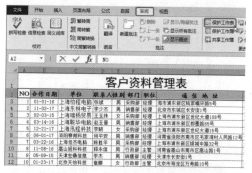

图 5-102

❷ 在"取消工作表保护时使用的密码"文本框中输入密码，保持选中默认状态下的"保护工作表及锁定的单元格内容"复选框。然后在"允许此工作表的所有用户进行"列表框中取消选中所有的复选框，如图 5-103 所示。

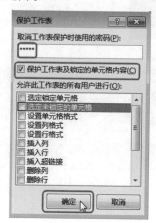

图 5-103

❸ 单击"确定"按钮，打开"确认密码"对话框，在"重新输入密码"文本框中输入密码，如图 5-104 所示。

❹ 单击"确定"按钮关闭对话框，即完成保护工作表的操作。此时可以看到工作表中很多设置项都呈现灰色不可操作状态，如图 5-105 所示。当双击单元格试图编辑时，也会弹出提示对话框，如图 5-106 所示。

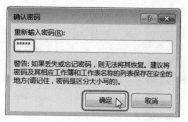

图 5-104

图 5-105

图 5-106

### 知识扩展

当工作表不再需要保护时则可以撤销对工作表的保护。

在"审阅"选项卡的"更改"组中单击"撤销工作表保护"按钮，打开"撤销工作表保护"对话框，在"密码"文本框中输入密码，单击"确定"按钮，即可撤销工作表保护，如图 5-107 所示。

图 5-107

## 2. 工作簿保护

如果工作簿的数据比较重要，不想他人随意打开查看，则可以为工作簿设置加密，以实现只有输入正确的密码才能打开工作簿。

❶ 单击"文件"按钮（如图 5-108 所示），打开

147

"信息"提示面板。

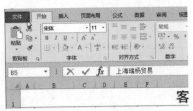

图　5-108

② 单击"保护工作簿"下拉按钮，在弹出的下拉菜单中选择"用密码进行加密"选项（如图5-109所示），打开"加密文档"对话框。

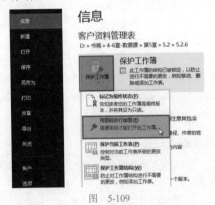

图　5-109

③ 在"密码"文本框中输入密码，如图5-110所示。

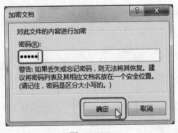

图　5-110

④ 单击"确定"按钮，打开"确认密码"对话框，在"重新输入密码"文本框中输入密码，如图5-111所示。

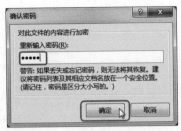

图　5-111

⑤ 单击"确定"按钮，即可完成工作簿保护加密的操作，如图5-112所示。

⑥ 保存所做的操作并关闭工作簿。当再次打开工作簿时，会弹出"密码"对话框，输入密码，单击"确定"按钮，即可打开工作簿，如图5-113所示。

图　5-112

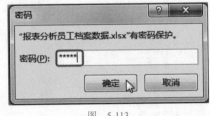

图　5-113

# 5.3　差旅费用报销填写单

"差旅费用报销单"是企业中常用的财务单据，是用于差旅费用报销前对各项明细数据进行记录的表单。当然根据企业性质不同，或个人设计思路不同，其框架结构上会稍有不同，下面通过如图5-114所示实例介绍基本方法，读者可举一反三，设计出更加贴合自身需要的表单。

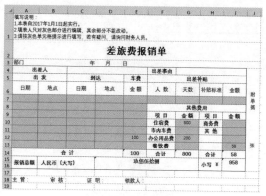

填写说明：
1.本表自2017年1月1日起实行。
2.填表人只对灰色部分进行编辑，其余部分不能改动。
3.请按灰色单元格提示进行填写，若有疑问，请询问财务人员。

**差旅费报销单**

| 部门 | | | | 年 月 日 | | | | | |
|---|---|---|---|---|---|---|---|---|---|
| 出差人 | | | | 出差事由 | | | | | |
| 出发 | | 到达 | | 车费 | 出差补贴 | | | | |
| 日期 | 地点 | 日期 | 地点 | 金额 | 人数 | 天数 | 补贴标准 | 金额 | 附单据 |
| | | | | | 其他费用 | | | | |
| | | | | | 项目 | 金额 | 项目 | 金额 | |
| | | | | | 住宿费 | 600 | 商务费 | | |
| | | | | | 市内车费 | | 其他 | | |
| | | | | 100 | 办公用品费 | 200 | | | |
| | | | | | 餐饮费 | | | 58 | 张 |
| 合 计 | | | | 100 | 合计 | 800 | 合计 | 58 | |
| 报销总额 | 人民币（大写） | | | 玖佰伍拾捌圆 | | | | 小写 ¥ | 958 |
| 主管 | 审核 | | 证明 | 领款人 | | | | | |

图　5-114

## 5.3.1　表格文本输入时的强制换行

**关 键 点：** 输入较长文本时在任意位置强制换行

**操作要点：** 1.“开始”→“对齐方式”组

　　　　　　2.Alt+Enter 快捷键

**应用场景：** 在单元格中输入文本时，只有达到了单元格的右侧边线才会自动换行，如果想在任意位置换行，即使按下 Enter 键也实现不了。因此要达到自由换行的目的，可以利用 Alt+Enter 快捷键换行。

　　例如，在“差旅费用报销单”中，在 A1 单元格中的文本就需要分多行显示。

❶打开“差旅费用报表单”工作簿，选中 A1 单元格，在“开始”选项卡的“对齐方式”组中单击“顶端对齐”按钮，并单击“左对齐”按钮，如图 5-115 所示。

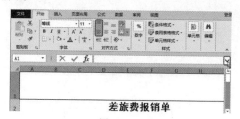

图　5-115

❷单击“展开编辑栏”按钮，在编辑栏中输入文本“填写说明：”，如图 5-116 所示。

❸按 Alt+Enter 快捷键即可实现换行，如图 5-117 所示。

❹输入第二行文字“1.本表自 2017 年 1 月 1 日起实行。”，如图 5-118 所示。

图　5-116

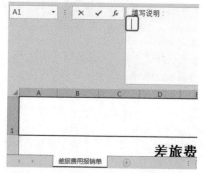

图　5-117

149

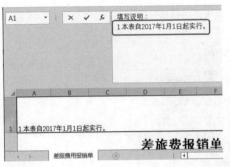

图 5-118

❺ 再按 Alt+Enter 快捷键换行，输入其他行文字，如图 5-119 所示。

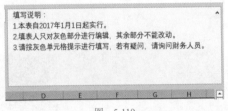

图 5-119

❻ 按 Enter 键，完成文本的输入，如图 5-120 所示。

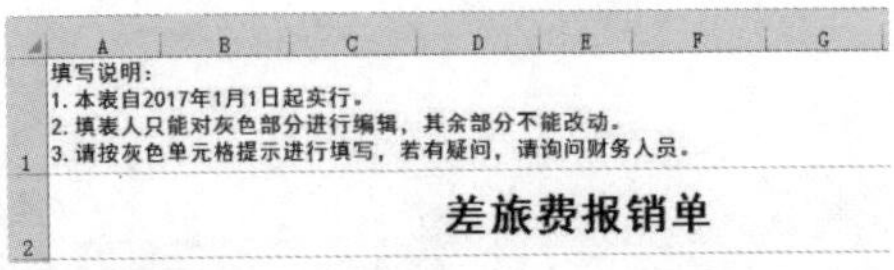

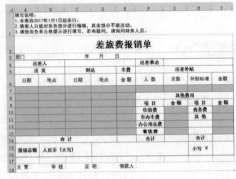

图 5-120

❼ 接着输入表的文本内容，这个内容的拟订可以根据自己的需要在草稿上先规划好，然后录入表格，将需要合并的单元格区域进行合并，进行边框的设置，特殊定区域底纹设置以及文字的对齐设置等，用到的都是 5.1.1 节中使用到的知识点，基本框架如图 5-121 所示。

图 5-121

## 5.3.2 竖排文字

**关 键 点**：设置表格中竖排文字效果
**操作要点**：1."开始"→"对齐方式"组→"合并后居中"功能按钮
2."开始"→"对齐方式"组→"方向"功能按钮
**应用场景**：在单元格中输入文字，默认的是横向输入，当该单元格行较高、列较窄，文字适合竖向输入时，可以利用"文字方向"功能将横排文字更改为竖排显示。

❶ 选中 J4:J16 单元格区域，在"开始"选项卡的"对齐方式"组中单击"合并后居中"按钮，如图 5-122 所示。

❷ 选中 J4 单元格，在编辑栏中输入"附单据张"，如图 5-123 所示。

❸ 按 Enter 键，完成文本的输入。选中 J4 单元格，在"开始"选项卡的"对齐方式"组中单击"方向"按钮，在弹出的下拉菜单中选择"竖排文字"命令（如图 5-124 所示），即可实现文字的竖向显示，如图 5-125 所示。

图 5-122

图 5-123

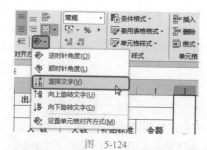

图 5-124

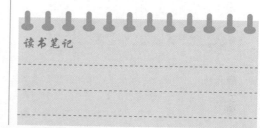

图 5-125

读书笔记

## 5.3.3　通过"数据验证"设置输入提醒

**关 键 点：** 设置数据验证实现对单元格区域可输入数据进行限制

**操作要点：** "数据"→"数据工具"组→"数据验证"功能按钮

**应用场景：** 数据验证是指数据有效性设置。通过数据验证设置可以实现对单元格
或单元格区域中可输入的数据从内容到范围进行限制。单元格设置了
数据验证条件后，对于符合条件的数据允许输入；不符合条件的数据则禁止输入。

❶ 选中 A7:A13 和 C7:C13 单元格区域，在"数据"选项卡的"数据工具"组中单击"数据验证"按钮（如图 5-126 所示），打开"数据验证"对话框。

❷ 在"设置"选项卡下，单击"允许"下拉按钮，在弹出的下拉列表中选择"日期"选项，在"数据"栏中选择"介于"选项，设置开始日期为 2016/1/1，结束日期为 2016/12/30，如图 5-127 所示。

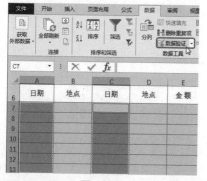

图 5-126

图 5-127

❸ 选择"输入信息"选项卡，选中"选定单元格时显示输入信息"复选框，在"输入信息"文本框中输入"请规范填写。示例2016/3/8"，如图5-128所示。

图 5-128

❹ 选择"出错警告"选项卡，选中"输入无效数据时显示出错警告"复选框，在"样式"下拉列表中选择"警告"选项，并在"错误信息"文本框中输入"请规范填写。示例2016/3/8"，如图5-129所示。

图 5-129

❺ 单击"确定"按钮完成数据验证的操作。返回到工作表中，选中设置了数据验证的单元格，会立刻出现提醒，如图5-130所示。

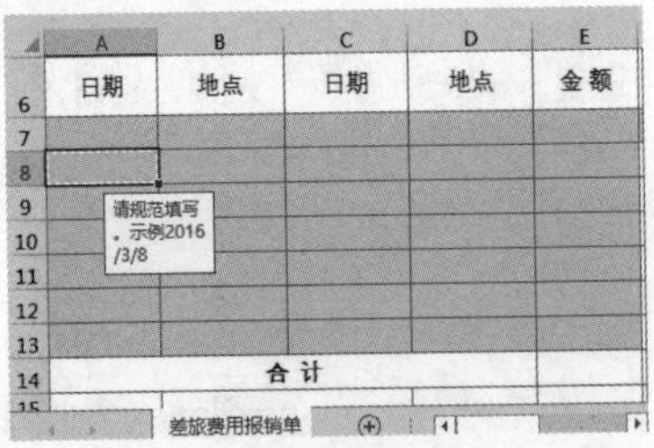

图 5-130

❻ 当输入错误的时间时，系统会弹出提示框，单击"取消"按钮，如图5-131所示。

图 5-131

❼ 选中不连续的 E14、G14、I14、D15 和 I15 单元格，在"数据"选项卡的"数据工具"组中单击"数据验证"按钮（如图5-132所示），打开"数据验证"对话框。

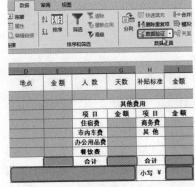

图 5-132

❽ 选择"输入信息"选项卡，如图5-133所示。

图 5-133

❾ 选中"选定单元格时显示输入信息"复选框，在"输入信息"文本框中输入"无需填写，公式自动计算"，如图5-134所示。

图 5-134

⑩ 单击"确定"按钮完成数据验证的操作，返回到工作表中，单击 E14 单元格，即出现输入提醒，如图 5-135 所示。

图 5-135

### 只允许金额小于5000元的整数

如图 5-136 所示的表格中要求活动经费小于等于 5000 元，当输入大于 5000 元的金额时弹出错误提示。

图 5-136

---

### 5.3.4 对求和的单元格应用"自动求和"按钮

**关 键 点：** 通过"自动求和"按钮快速建立求和公式

**操作要点：** 1. "公式"→"函数库"组→"自动求和"功能按钮

2. SUM 函数

**应用场景：** Excel 中关于单元格求和，应用的是求和函数 SUM，用户可以选择在输入数据后，在合计单元格中添加求和公式进行求和。Excel 对于经常使用到的几种函数特地设置了功能按钮，例如，"求和"按钮、"平均值"按钮、"计数"按钮等。

在本例中，想要通过"自动求和"按钮来实现对费用的求和。

❶ 选中 E14 单元格，在"公式"选项卡的"函数库"组中单击"自动求和"下拉按钮，弹出下拉菜单，选择"求和"命令（如图 5-137 所示），即可在 E14 单元格中输入求和公式：=SUM()，如图 5-138 所示。

❷ 输入求和范围 E7:E13，如图 5-139 所示。

❸ 按 Enter 键，完成公式的设置，如图 5-140 所示。

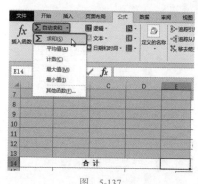

图 5-137

图 5-138

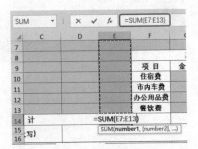

图 5-139

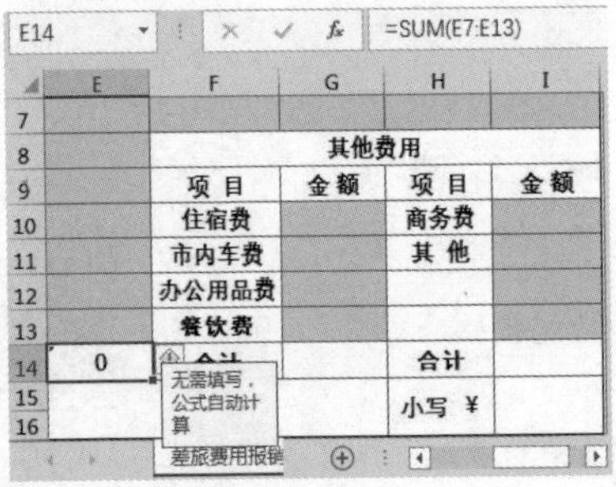

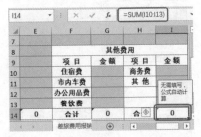

❺ 在 I14 单元格设置自动求和公式 =SUM(I10:I13)，如图 5-142 所示。

图 5-142

❻ 在 I15 单元格设置自动求和公式 =SUM(E14+G14+I14)，如图 5-143 所示。

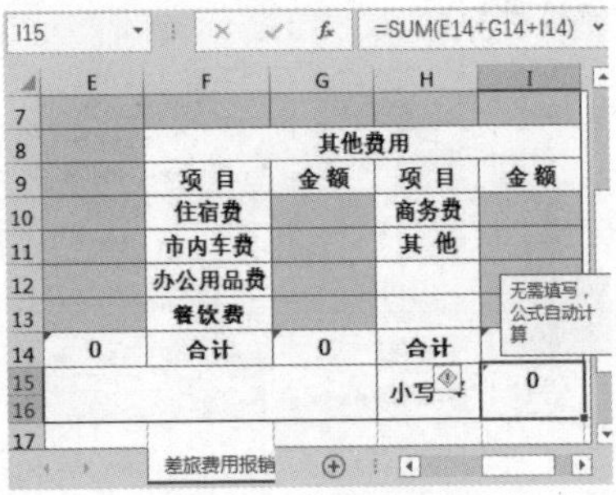

图 5-143

❼ 这里，要在单元格中输入任意数据进行验证，如图 5-144 所示。

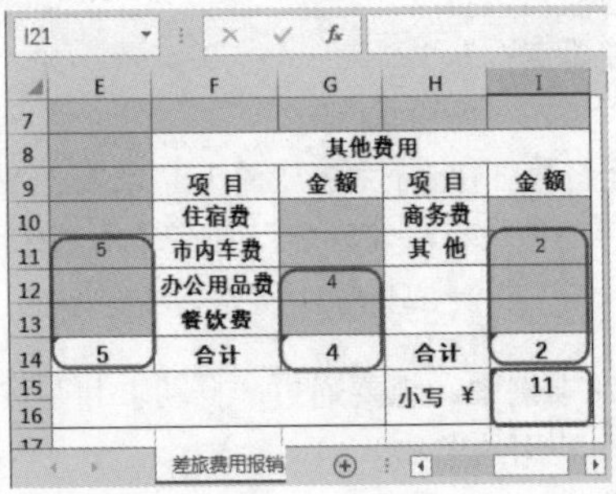

图 5-144

图 5-140

❹ 在 G14 单元格设置自动求和公式 =SUM(G10:G13)，如图 5-141 所示。

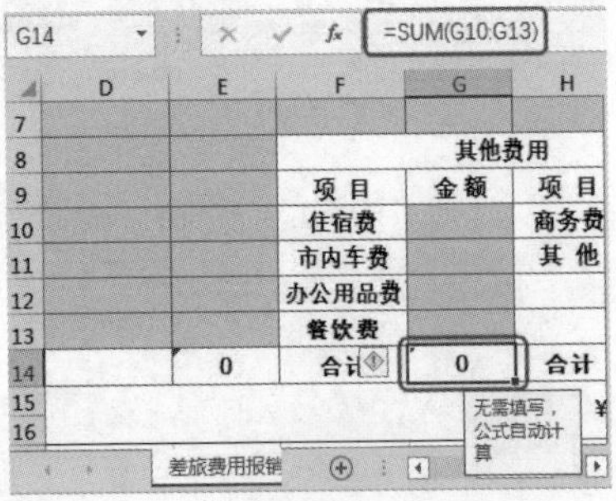

图 5-141

### 知识扩展

在"自动求和"按钮下还有几个非常常用的函数，如"求和""平均值""计数""最大值""最小值"（如图 5-145 所示）。当需要使用时可以从此处快速选择。

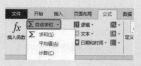

图 5-145

选择"其他函数"命令，打开"插入函数"对话框，单击"或选择类别"下拉按钮，在弹出的下拉菜单中可以选择其他函数类型，如图 5-146 所示。

图 5-146

### 快速建立求平均值公式

如图 5-147 所示，在 E2 单元格中快速建立公式求平均成绩。

| E2 | | : | × | ✓ | $f_x$ | =AVERAGE(C2:C11) | |
|---|---|---|---|---|---|---|---|

| | A | B | C | D | E |
|---|---|---|---|---|---|
| 1 | 序号 | 姓名(1组) | 考核成绩 | | 平均成绩 |
| 2 | 1 | 柳丽晨 | 98 | | 89.5 |
| 3 | 2 | 黄永明 | 90 | | |
| 4 | 3 | 苏竟 | 89 | | |
| 5 | 4 | 何阳 | 88 | | |
| 6 | 5 | 杜云美 | 92 | | |
| 7 | 6 | 李丽芳 | 91 | | |
| 8 | 7 | 徐萍丽 | 92 | | |
| 9 | 8 | 唐晓霞 | 87 | | |
| 10 | 9 | 张鸣 | 88 | | |
| 11 | 10 | 肖菲儿 | 80 | | |

图 5-147

## 5.3.5 设置单元格格式将小写金额转换成大写

关 键 点：将小写金额转换成大写金额

操作要点："开始"→"数字"组→"设置单元格格式"对话框

应用场景：在收据单、报销单等文件中，需要有小写的数值总额，也需要有大写的数值总额，如果人为输入，既费时又容易出错。Excel 提供的单元格格式中有将小写金额转换成大写的功能。

❶ 选中 D15 单元格，在公式编辑栏中输入公式 =I15，如图 5-148 所示。

图 5-148

❷ 按 Enter 键得到结果，在"开始"选项卡的"数字"组中单击对话框启动器按钮（如图 5-149 所示），打开"设置单元格格式"对话框。

图 5-149

❸ 在"分类"列表框中选择"特殊"选项,在"类型"列表框中选择"中文大写数字"选项,如图 5-150 所示。

图 5-150

❹ 单击"确定"按钮,返回到工作表中,即可看到原先的数字 0 变成了中文大写数字"零",如图 5-151 所示。

图 5-151

❺ 在单元格中输入任意数值验证,如图 5-152 所示。

图 5-152

### 设金额的货币格式

让数据显示货币格式并且负数用红色括号表示,如图 5-153 所示。

| | A | B | C | D |
|---|---|---|---|---|
| 1 | 项目 | 上年度 | 本年度 | 增减额(率) |
| 2 | 销售收入 | ¥206,424.58 | ¥225,298.68 | ¥18,874.10 |
| 3 | 销售成本 | ¥82,698.00 | ¥96,628.02 | ¥13,930.02 |
| 4 | 销售费用 | ¥20,462.68 | ¥6,450.46 | (¥14,012.22) |
| 5 | 销售税金 | ¥4,952.89 | ¥2,222.65 | (¥2,730.24) |
| 6 | 销售成本率 | ¥0.68 | ¥0.83 | ¥0.15 |
| 7 | 销售费用率 | ¥0.10 | ¥0.06 | (¥0.03) |
| 8 | 销售税金率 | ¥0.05 | ¥0.03 | (¥0.02) |

图 5-153

## 技高一筹

### 1. 填充日期时排除非工作日

有时在批量输入日期时只想输入工作日日期(如在建立值日表时、建立考勤表时)。在填充日期时可以进行填充选项的选择,从而实现只填充工作日日期。

❶ 打开工作簿后,首先在 A3 单元格输入第一个日期:2018/3/1,再将指针指向 A3 单元格右下角位置,如图 5-154 所示。

图 5-154

❷ 拖动 A3 单元格右下角的填充柄至 A19 单元格即可按日依次填充日期。单击"自动填充

选项"下拉按钮，在弹出的菜单中选择"以工作日填充"命令，如图 5-155 所示。此时可以看到表格中只填充了工作日日期，如图 5-156 所示。

| | A | B | C |
|---|---|---|---|
| 5 | 2018/3/3 | | |
| 6 | 2018/3/4 | | |
| 7 | 2018/3/5 | | |
| 8 | 2018/3/6 | | |
| 9 | 2018/3/7 | | |
| 10 | 2018/3/8 | ○ 复制单元格(C) | |
| 11 | 2018/3/9 | ⦿ 填充序列(S) | |
| 12 | 2018/3/10 | ○ 仅填充格式(F) | |
| 13 | 2018/3/11 | ○ 不带格式填充(O) | |
| 14 | 2018/3/12 | ○ 以天数填充(D) | |
| 15 | 2018/3/13 | ○ 以工作日填充(W) | |
| 16 | 2018/3/14 | ○ 以月填充(M) | |
| 17 | 2018/3/15 | ○ 以年填充(Y) | |
| 18 | 2018/3/16 | ○ 快速填充(F) | |
| 19 | 2018/3/17 | | |
| 20 | | | |
| 21 | | | |

图 5-155

| | A | B |
|---|---|---|
| 1 | | 2018 |
| 2 | 日期 | 星期 |
| 3 | 2018/3/1 | |
| 4 | 2018/3/2 | |
| 5 | 2018/3/5 | |
| 6 | 2018/3/6 | |
| 7 | 2018/3/7 | |
| 8 | 2018/3/8 | |
| 9 | 2018/3/9 | |
| 10 | 2018/3/12 | |
| 11 | 2018/3/13 | |
| 12 | 2018/3/14 | |
| 13 | 2018/3/15 | |
| 14 | 2018/3/16 | |
| 15 | 2018/3/19 | |
| 16 | 2018/3/20 | |
| 17 | 2018/3/21 | |
| 18 | 2018/3/22 | |
| 19 | 2018/3/23 | |

图 5-156

## 2. 忽略非空单元格批量输入数据

如果某一块单元格区域中存在部分数据，而其他空白区域中都想输入相同的数据，此时可以按如下技巧操作实现忽略非空单元格批量输入数据。例如，当前表格如图 5-157 所示，现在需要在空白的单元格中一次性输入"正常"文字。

❶ 选中 B2:B15 单元格区域，按键盘上的 F5 功能键，打开"定位"对话框。

❷ 单击"定位条件"按钮，打开"定位条件"对话框，选中"空值"单选按钮，如图 5-158 所示。

| | A | B |
|---|---|---|
| 1 | 姓名 | 是否正常出勤 |
| 2 | 朱小龙 | |
| 3 | 张勤 | 迟到 |
| 4 | 周韵 | |
| 5 | 赵小超 | |
| 6 | 李文文 | |
| 7 | 张安静 | 迟到 |
| 8 | 徐勇 | 事假 |
| 9 | 朱晓霞 | |
| 10 | 王艳 | |
| 11 | 夏露 | |
| 12 | 尹晟 | |
| 13 | 杜鹃 | 病假 |
| 14 | 张恺 | |
| 15 | 胡琴 | |

图 5-157

图 5-158

❸ 单击"确定"按钮，即可选中所有空单元格，如图 5-159 所示。然后输入"正常"文字，按 Ctrl+Enter 快捷键即可一次性填充相同数据，如图 5-160 所示。

| | A | B |
|---|---|---|
| 1 | 姓名 | 是否正常出勤 |
| 2 | 朱小龙 | |
| 3 | 张勤 | 迟到 |
| 4 | 周韵 | |
| 5 | 赵小超 | |
| 6 | 李文文 | |
| 7 | 张安静 | 迟到 |
| 8 | 徐勇 | 事假 |
| 9 | 朱晓霞 | |
| 10 | 王艳 | |
| 11 | 夏露 | |
| 12 | 尹晟 | |
| 13 | 杜鹃 | 病假 |
| 14 | 张恺 | |
| 15 | 胡琴 | |

图　5-159

| | A | B |
|---|---|---|
| 1 | 姓名 | 是否正常出勤 |
| 2 | 朱小龙 | 正常 |
| 3 | 张勤 | 迟到 |
| 4 | 周韵 | 正常 |
| 5 | 赵小超 | 正常 |
| 6 | 李文文 | 正常 |
| 7 | 张安静 | 迟到 |
| 8 | 徐勇 | 事假 |
| 9 | 朱晓霞 | 正常 |
| 10 | 王艳 | 正常 |
| 11 | 夏露 | 正常 |
| 12 | 尹晟 | 正常 |
| 13 | 杜鹃 | 病假 |
| 14 | 张恺 | 正常 |
| 15 | 胡琴 | 正常 |

图　5-160

## 3. 让时间按分钟数递增

表格中想要每间隔 10 分钟统计一次网站的点击数，因此在“时间”列想实现以 10 分钟递增的显示效果，但在输入首个时间进行填充时，默认的填充效果却以小时递增，如图 5-161 所示。要解决此问题，可以按如下方法操作。

| | A | B | C |
|---|---|---|---|
| 1 | 日期 | 时间 | 点击数 |
| 2 | 2016/5/1 | 8:00:00 | 452 |
| 3 | 2016/5/1 | 9:00:00 | 492 |
| 4 | 2016/5/1 | 10:00:00 | 514 |
| 5 | 2016/5/1 | 11:00:00 | 524 |
| 6 | 2016/5/1 | 12:00:00 | 535 |
| 7 | 2016/5/1 | 13:00:00 | 555 |
| 8 | 2016/5/1 | 14:00:00 | 567 |
| 9 | 2016/5/1 | 15:00:00 | 584 |

图　5-161

❶ 在 B2 单元格中输入起始时间 8:00:00，在 B3 单元格中输入间隔 10 分钟后的日期 8:10:00（此操作的关键在于这两个填充源的设置）。选中 B2:B3 单元格区域，当出现黑色十字型时，向下拖动，如图 5-162 所示。

❷ 拖动至填充结束时，释放鼠标，即可得到按分钟数递增结果，如图 5-163 所示。

| | A | B | C |
|---|---|---|---|
| 1 | 日期 | 时间 | 点击数 |
| 2 | 2016/5/1 | 8:00:00 | 452 |
| 3 | 2016/5/1 | 8:10:00 | 492 |
| 4 | 2016/5/1 | | 514 |
| 5 | 2016/5/1 | | 524 |
| 6 | 2016/5/1 | | 535 |
| 7 | 2016/5/1 | | 555 |
| 8 | 2016/5/1 | | 567 |
| 9 | 2016/5/1 | | 584 |

图　5-162

| | A | B | C |
|---|---|---|---|
| 1 | 日期 | 时间 | 点击数 |
| 2 | 2016/5/1 | 8:00:00 | 452 |
| 3 | 2016/5/1 | 8:10:00 | 492 |
| 4 | 2016/5/1 | 8:20:00 | 514 |
| 5 | 2016/5/1 | 8:30:00 | 524 |
| 6 | 2016/5/1 | 8:40:00 | 535 |
| 7 | 2016/5/1 | 8:50:00 | 555 |
| 8 | 2016/5/1 | 9:00:00 | 567 |
| 9 | 2016/5/1 | 9:10:00 | 584 |

图　5-163

## 4. 让数据区域同增（同减）同一数值

表格对员工的工资进行了汇总，在工资发放时同时统一给予 350 元的降温费。这里可以使用“选择性粘贴”功能中的“加”“减”“乘”“除”运算规则实现一次性计算。

❶ 选中 E2 单元格，按下 Ctrl+C 快捷键进行复制，如图 5-164 所示。

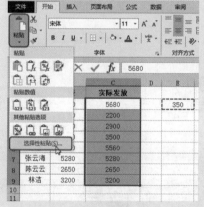

| | A | B | C | D | E |
|---|---|---|---|---|---|
| 1 | 姓名 | 工资 | 实际发放 | | |
| 2 | 李薇薇 | 5680 | 5680 | | 350 |
| 3 | 刘欣 | 2200 | 2200 | | |
| 4 | 李强 | 2900 | 2900 | | |
| 5 | 刘长城 | 3500 | 3500 | | |
| 6 | 舒慧 | 5560 | 5560 | | |
| 7 | 张云海 | 5280 | 5280 | | |
| 8 | 陈云云 | 2650 | 2650 | | |
| 9 | 林洁 | 3200 | 3200 | | |

图 5-164

❷ 选中 C2:C9 单元格区域（此列数据当前与 B 列一样，是复制过来的），在"开始"选项卡的"剪贴板"组中单击"粘贴"下拉按钮，在打开的下拉列表中选择"选择性粘贴"命令（如图 5-165 所示），打开"选择性粘贴"对话框。在"运算"栏下选中"加"单选按钮，如图 5-166 所示。

图 5-165

选择性粘贴

粘贴
- ◉ 全部(A)          ○ 所有使用源主题的单元(H)
- ○ 公式(F)          ○ 边框除外(X)
- ○ 数值(V)          ○ 列宽(W)
- ○ 格式(T)          ○ 公式和数字格式(R)
- ○ 批注(C)          ○ 值和数字格式(U)
- ○ 验证(N)          ○ 所有合并条件格式(G)

运算
- ○ 无(O)            ○ 乘(M)
- ◉ 加(D)            ○ 除(I)
- ○ 减(S)

☑ 跳过空单元(B)      ☑ 转置(E)

[粘贴链接(L)]        [确定]  [取消]

图 5-166

❸ 单击"确定"按钮完成设置，此时可以看到"实际发放"列中所有工资额统一加上了数字 350，并得到新的工资，如图 5-167 所示。

| | A | B | C |
|---|---|---|---|
| 1 | 姓名 | 工资 | 实际发放 |
| 2 | 李薇薇 | 5680 | 6030 |
| 3 | 刘欣 | 2200 | 2550 |
| 4 | 李强 | 2900 | 3250 |
| 5 | 刘长城 | 3500 | 3850 |
| 6 | 舒慧 | 5560 | 5910 |
| 7 | 张云海 | 5280 | 5630 |
| 8 | 陈云云 | 2650 | 3000 |
| 9 | 林洁 | 3200 | 3550 |
| 10 | | | |

图 5-167

## 5. 多页时重复打印标题行

如果一张工作表中的数据过多，需要分多页打印，那么默认只会在第一页中显示表格的标题与行、列标识（如图 5-168 所示）。如果想要在每一页中都显示标题行，可以设置多页时始终显示标题行。

图 5-168

❶ 打开"页面设置"对话框后，切换至"工作表"选项卡，在"打印标题"栏下的"顶端标题行"中，单击文本框右侧的拾取器按钮（如图 5-169 所示），进入顶端标题行选取界面。

❷ 按住鼠标左键并拖动，在表格中单击第一行和第二行的行标，即可将指定区域选中，如图 5-170 所示。

❸ 再次单击拾取器按钮返回"页面设置"对话框。单击"确定"按钮完成设置，进入表格打印预览界面后，可以看到每一页中都会显示标题行和列标识单元格，如图 5-171 所示。

图 5-169

图 5-170

图 5-171

## 6. 一次性打印多个不连续的单元格区域

在打印不连续单元格区域时，系统默认
每个不连续的单元格单独打印在一张纸上。
如果想要将不连续的单元格打印在一张纸
上，可以先将不想打印的行隐藏，再选中单
元格区域，建立打印区域，然后执行打印即
可将这些不连续的单元格区域连续打印。

❶ 在工作表中选中不想打印的区域右击，
弹出快捷菜单，选择"隐藏"命令将它们隐藏
（如果有多处要隐藏的区域则重复此操作，直到当
前显示出来都是要打印的区域），如图 5-172 所示。

❷ 选中连续的数据区域，在"页面布局"

选项卡的"页面设置"组中单击"打印区域"按
钮，然后选择"设置打印区域"命令建立打印区
域（如图 5-173 所示）。

❸ 进入打印预览状态下可以看到不连续的
区域被打印到一页中了，如图 5-174 所示。

图 5-172

图 5-173

图 5-174

# 第6章

# 数据计算表格操作

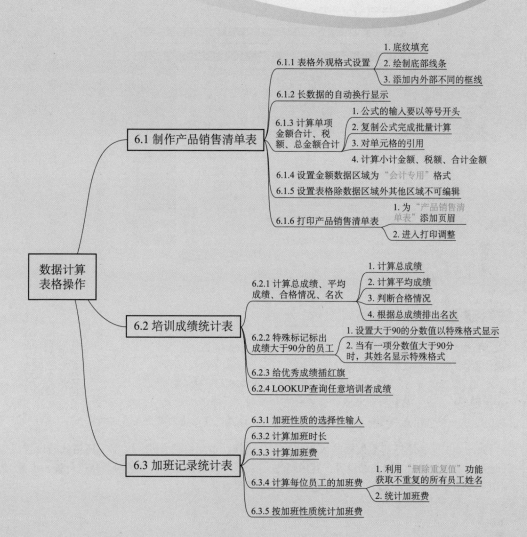

数据计算表格操作

6.1 制作产品销售清单表
- 6.1.1 表格外观格式设置
  - 1. 底纹填充
  - 2. 绘制底部线条
  - 3. 添加内外部不同的框线
- 6.1.2 长数据的自动换行显示
- 6.1.3 计算单项金额合计、税额、总金额合计
  - 1. 公式的输入要以等号开头
  - 2. 复制公式完成批量计算
  - 3. 对单元格的引用
  - 4. 计算小计金额、税额、合计金额
- 6.1.4 设置金额数据区域为"会计专用"格式
- 6.1.5 设置表格除数据区域外其他区域不可编辑
- 6.1.6 打印产品销售清单表
  - 1. 为"产品销售清单表"添加页眉
  - 2. 进入打印调整

6.2 培训成绩统计表
- 6.2.1 计算总成绩、平均成绩、合格情况、名次
  - 1. 计算总成绩
  - 2. 计算平均成绩
  - 3. 判断合格情况
  - 4. 根据总成绩排出名次
- 6.2.2 特殊标记标出成绩大于90分的员工
  - 1. 设置大于90的分数值以特殊格式显示
  - 2. 当有一项分数值大于90分时,其姓名显示特殊格式
- 6.2.3 给优秀成绩插红旗
- 6.2.4 LOOKUP查询任意培训者成绩

6.3 加班记录统计表
- 6.3.1 加班性质的选择性输入
- 6.3.2 计算加班时长
- 6.3.3 计算加班费
- 6.3.4 计算每位员工的加班费
  - 1. 利用"删除重复值"功能获取不重复的所有员工姓名
  - 2. 统计加班费
- 6.3.5 按加班性质统计加班费

# 6.1 制作产品销售清单表

利用 Excel 制作公司报价单，可以对表格进行美化设计，制作尤如 Word 的排序效果，同时也可以根据清单表快速进行求和运算。以图 6-1 所示为范例，具体操作如下。

图　6-1

## 6.1.1 表格外观格式设置

**关 键 点：** 设置表格外观格式

**操作要点：** 1. "开始" → "字体"组

2. "开始" → "字体"组 → "设置单元格格式"对话框

**应用场景：** 设置表格的外观格式，需要对表格框架有一个正确的规划，然后进行底纹填充和边框线条的设置。通过这些设置，可以达到美化表格的效果。

如图 6-2 所示是将基本数据输入表格中，同时对文字格式进行了相关的设置，其用到的知识点在第 5 章中都介绍过，如为标题设置下画线、单元格的合并、文字字体格式的设置、对齐方式的设置等。接着对表格进行进一步美化设置。

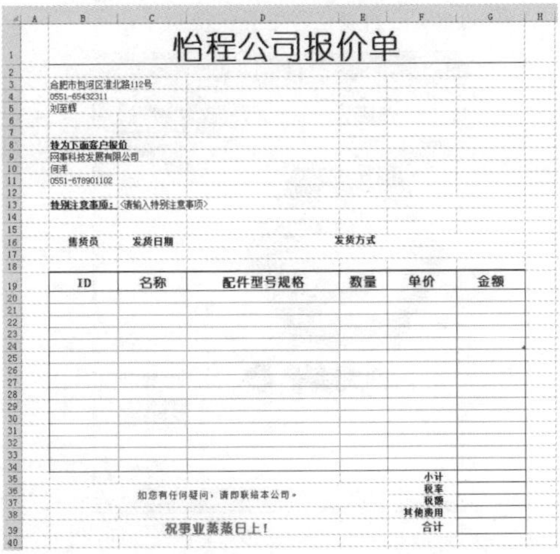

图 6-2

## 1. 底纹填充

❶ 选中 A1:H41 单元格，如图 6-3 所示。

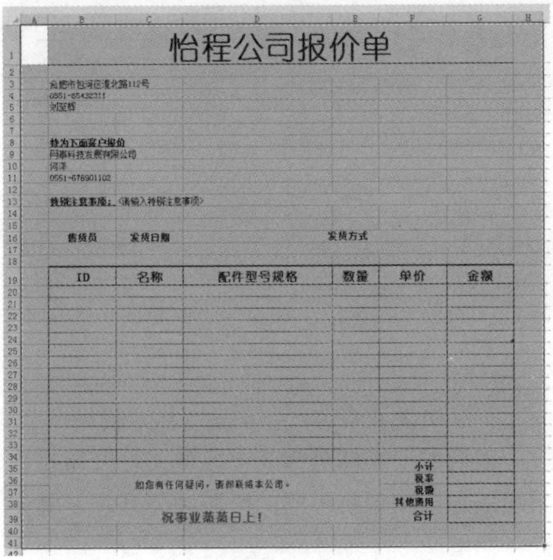

图 6-3

❷ 在"开始"选项卡的"字体"组中单击"填充颜色"下拉按钮，在弹出的下拉列表中单击颜色色块，如"蓝色，个性色 1，淡色 80%"（如图 6-4 所示），即可为所选中的单元格填充颜色，效果如图 6-5所示。

❸ 选中 B3:G39 单元格，如图 6-6 所示。

❹ 在"开始"选项卡的"字体"组中单击"填充颜色"下拉按钮，在弹出的下拉列表中选择"无填充颜色"命令（如图 6-7 所示），为编辑区域设置无

填充效果，以区分设置区域，如图 6-8 所示。

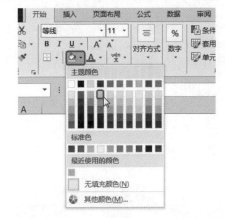

图 6-4

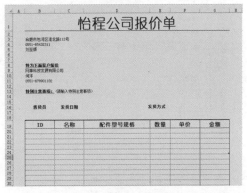

图 6-5

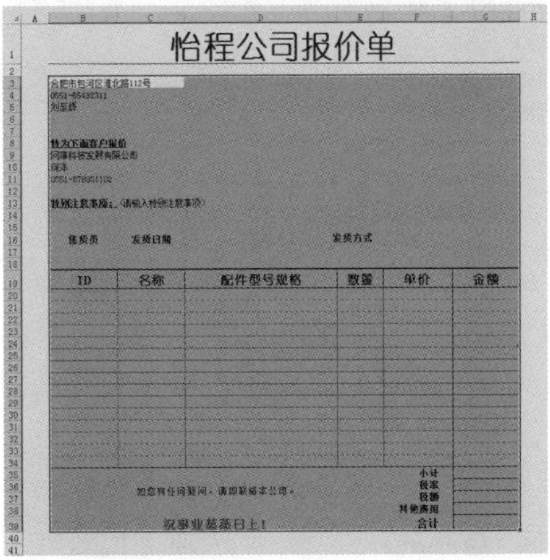

图 6-6

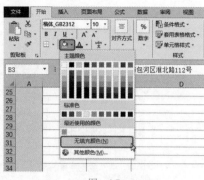

图 6-7

图 6-8

❺ 选中 G20:G39 单元格区域，在"开始"选项卡的"字体"组中单击"填充颜色"下拉按钮，在弹出的下拉列表中选择"其他颜色"命令（如图 6-9 所示），打开"颜色"对话框。

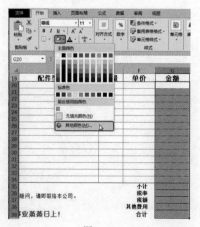

图 6-9

❻ 选中适合的颜色，如图 6-10 所示。

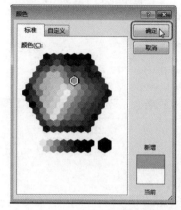

图 6-10

❼ 单击"确定"按钮，即可为所选单元格填充对应颜色，如图 6-11 所示。

图 6-11

## 2. 绘制底部线条

表格的上半部分为几个区域，可以通过绘制线条，以实现将不同的区域区分开来，具体操作如下。

❶ 在"开始"选项卡的"字体"组中单击"绘制边框网格"下拉按钮（如图 6-12 所示），弹出下拉菜单。

图 6-12

❷ 在展开的"绘制边框"组中，把光标移到"线条颜色"，在打开的"主题颜色"栏中选择"白色，背景 1，深色 35%"，如图 6-13 所示。

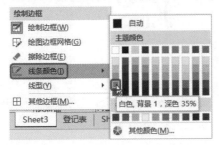

图 6-13

❸ 再次打开"绘制边框网格"下拉菜单，在展开的"绘制边框"组中，把光标移到"线型"，在打开的子菜单中选择"粗实线"，如图 6-14 所示。

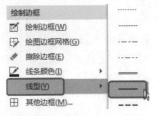

图 6-14

❹ 在起始位置单击一次并按住不放，拖曳至结尾位置，绘制线条，如图 6-15 所示。

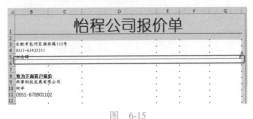

图 6-15

❺ 继续绘制线条，达到划分区域的效果，如图 6-16 所示。

图 6-16

❻ 线条绘制完成后，单击"绘制边框网格"按钮，退出边框编辑状态。

## 3. 添加内外部不同的框线

如果要为某个单元格区域应用内外部不同的框线，可按下面的方法操作。

❶ 选中 B16:G17 单元格区域，在"开始"选项卡的"字体"组中单击对话框启动器按钮（如图 6-17 所示），打开"设置单元格格式"对话框。

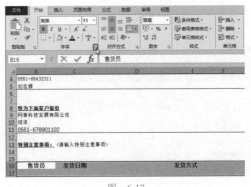

图 6-17

❷ 选择"边框"选项卡，在"线条"栏中单击"粗实线"，在"预置"栏中单击"外边框"按钮，即将外边框应用粗线条，如图 6-18 所示。

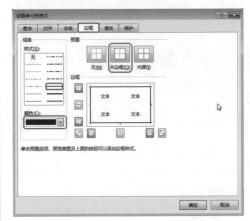

图 6-18

❸ 在"线条"栏中选择"粗实线"，在"预置"栏中单击"内部"按钮即可应用内部线条，如图 6-19 所示。

❹ 单击"确定"按钮，返回到工作表中，即可

看到所做的设置，如图 6-20 所示。

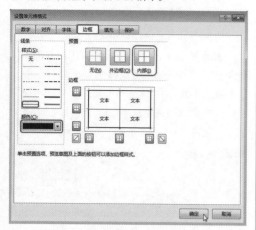

图 6-19

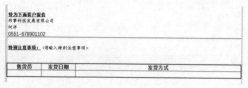

图 6-20

⑤ 选中 B16:G16 单元格，在"开始"选项卡的
"字体"组中单击"颜色填充"下拉按钮，在弹出的
下拉列表中单击颜色，为所选单元格填充灰色背景，
如图 6-21 所示。

图 6-21

## 练一练

### 自定义表格的外观

　　如图 6-22 所示的表格是在
Excel 中建立的一个"面试通
知单"。此表格合理布局，可
根据实际情况设置边框底纹、
调节行高列宽、进行单元格的合并等。

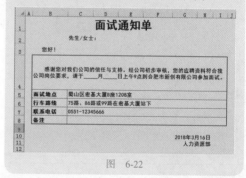

图 6-22

## 6.1.2　长数据的自动换行显示

关 键 点：设置超出列宽的文字自动换行
操作要点："开始"→"对齐方式"组中设置自动换行
应用场景：当在工作表中输入的文字超过列宽时，有时不能自动换行，而是将超
　　　　　　出列宽的文字自动隐藏了起来，此时可以通过设置让长数据自动换行
　　　　　　显示。

　　如图 6-23 所示，单击 D20 单元格，在编
辑栏中可以看到被隐藏的文字，这里可以利用
"自动换行"功能设置让超出列宽的文字能够
自动换行。

　　① 选中 D20 单元格，在"开始"选项卡的"对
齐方式"组中单击"自动换行"按钮（如图 6-24
所示），即可实现在单元格中多行显示长文本，如
图 6-25 所示。

Word/Excel/PPT 2013 高效办公从入门到精通

图 6-23

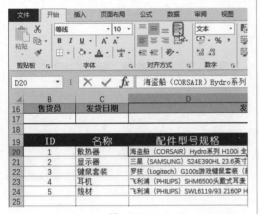

图 6-24

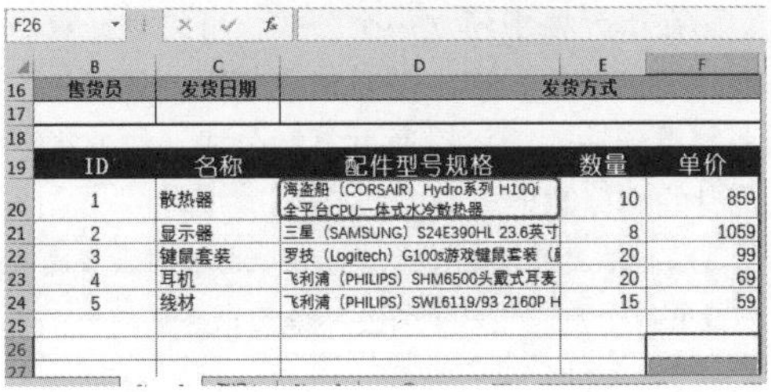

图 6-25

② 一次性选中其他需要设置换行显示的单元格区域，在"开始"选项卡的"对齐方式"组中单击"自动换行"按钮（如图 6-26 所示），效果如图 6-27 所示。

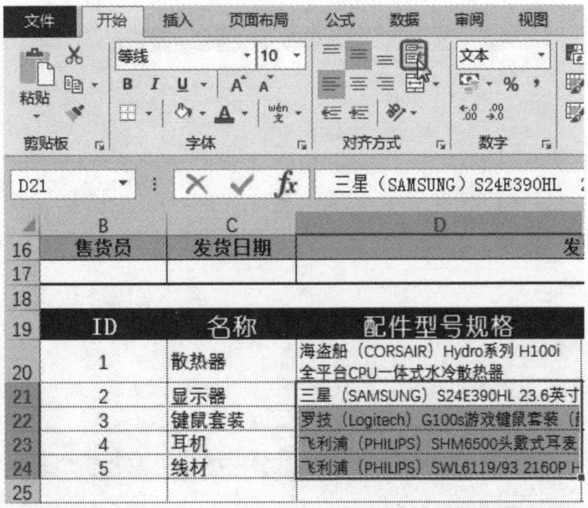

图 6-26

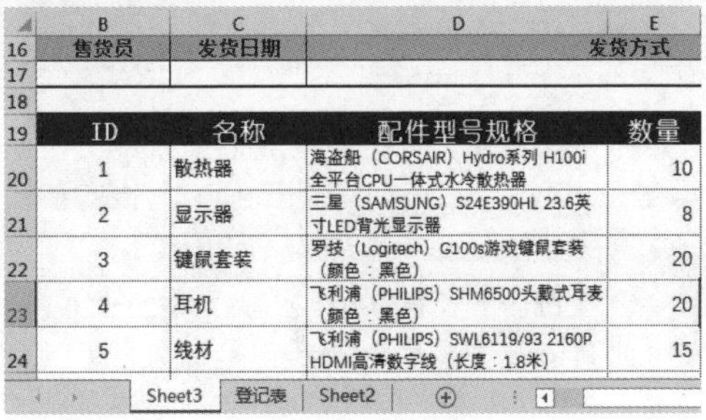

图 6-27

## 6.1.3 计算单项金额合计、税额、总金额合计

**关 键 点：** 建立公式进行相关计算

**操作要点：** SUM 函数

**应用场景：** 本例中设计的产品销售清单想实现的效果是在计算机中填写，确认无误后再打印使用，因此可以利用函数公式来进行一些相关计算，如求和、求乘积等。

### 1. 公式的输入要以等号开头

❶ 在 G20 单元格单击，定位到该单元格，如

图 6-28 所示。

❷"金额 = 数量 * 单价"，在这里引用单元格位

置，即确定 G20 单元格的公式是 G20=E20*F20。

在公式编辑栏位置单击一次，首先输入 E20*F20，如图 6-29 所示。

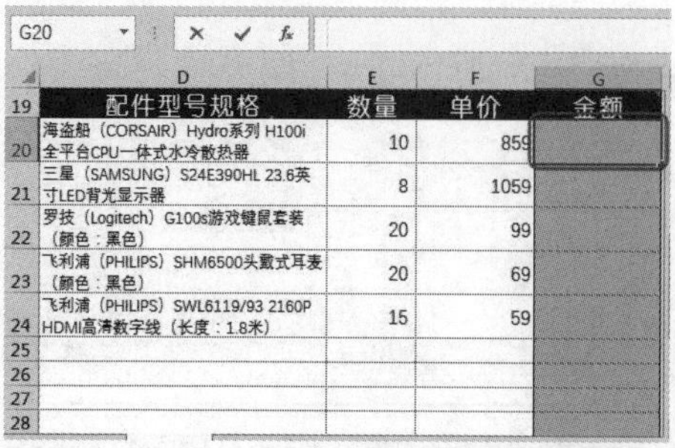

图 6-28

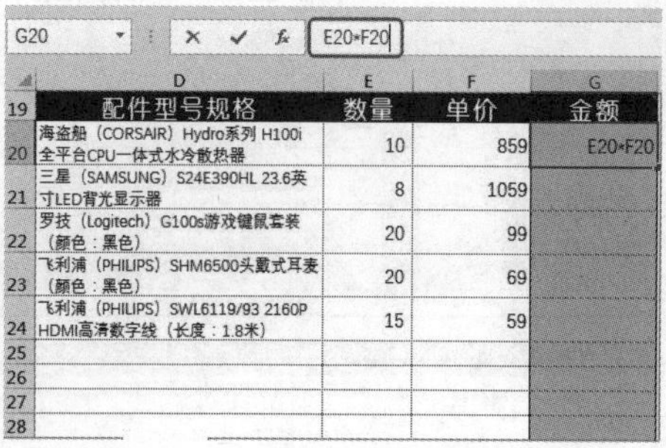

图 6-29

❸ 按 Enter 键，得到的结果是文本 E20*F20（如图 6-30 所示），而不是计算结果。这是因为在 Excel 中输入公式，必须以 "=" 开头，以 "=" 开头的公式才是完整的公式。

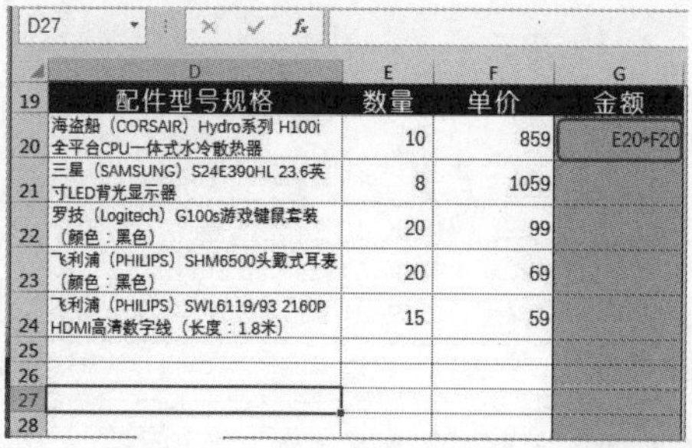

图 6-30

❹ 在公式编辑栏中重新输入公式 =E20*F20，可以看到被引用的单元格位置立即被圈出来，如图 6-31 所示。

❺ 按 Enter 键，即可得到计算结果，如图 6-32 所示。

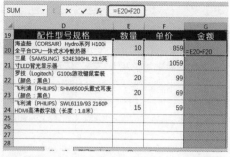

图 6-31

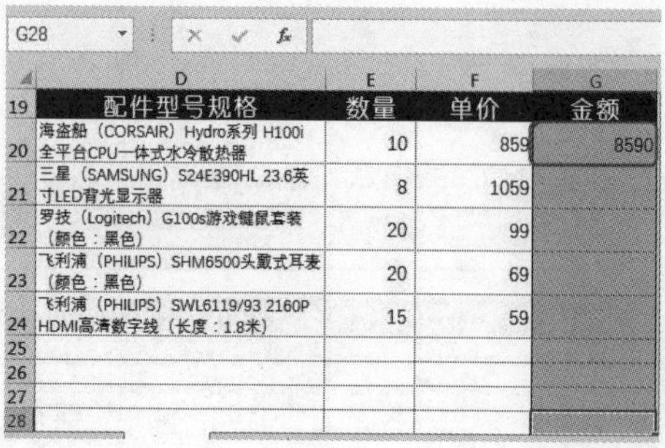

图 6-32

### 2. 复制公式完成批量计算

在单元格中建立一个公式，可得到计算结果。当相邻单元格中需要建立相同公式时，则无须重新输入，可以通过复制公式，快速得到批量的计算结果。

❶ 单击选中 G20 单元格，将鼠标指针放置在单元格的右下角，可以看到光标会变成黑色的十字形状，如图 6-33 所示。

图 6-33

② 按住鼠标左键不放，向下拖动，即可将 G20 单元格中的公式复制到鼠标拖动过的单元格区域中，松开鼠标时可以看到快速计算出了批量的结果，如图 6-34 所示。

| | D | E | F | G |
|---|---|---|---|---|
| 19 | 配件型号规格 | 数量 | 单价 | 金额 |
| 20 | 海盗船（CORSAIR）Hydro系列 H100i 全平台CPU一体式水冷散热器 | 10 | 859 | 8590 |
| 21 | 三星（SAMSUNG）S24E390HL 23.6英寸LED背光显示器 | 8 | 1059 | 8472 |
| 22 | 罗技（Logitech）G100s游戏键鼠套装（颜色：黑色） | 20 | 99 | 1980 |
| 23 | 飞利浦（PHILIPS）SHM6500头戴式耳麦（颜色：黑色） | 20 | 69 | 1380 |
| 24 | 飞利浦（PHILIPS）SWL6119/93 2160P | 15 | 59 | 885 |
| 25 | HDMI高清数字线（长度：1.8米） | | | 0 |
| 26 | | | | 0 |
| 27 | | | | 0 |
| 28 | | | | |
| 29 | | | | 0 |
| 30 | | | | 0 |
| 31 | | | | 0 |
| 32 | | | | 0 |
| 33 | | | | 0 |
| 34 | | | | |

图 6-34

### 3. 对单元格的引用

通过上面复制公式，可以看到只要建立了一个公式，就可以快速得到批量的计算结果。这得力于建立公式时是引用了单元格的地址进行计算的，当复制公式时，其引用位置也在发生相应的改变。对单元格的引用分为两种：一种是相对引用；另一种是绝对引用。这里将在实际操作中说明它们的区别。

● 相对引用

① 选中 G20 单元格，在公式编辑栏中输入 "="，如图 6-35 所示。

| SUM | | × | ✓ | $f_x$ | = |
|---|---|---|---|---|---|

| | D | E | F | G |
|---|---|---|---|---|
| 19 | 配件型号规格 | 数量 | 单价 | 金额 |
| 20 | 海盗船（CORSAIR）Hydro系列 H100i 全平台CPU一体式水冷散热器 | 10 | 859 | = |
| 21 | 三星（SAMSUNG）S24E390HL 23.6英寸LED背光显示器 | 8 | 1059 | |
| 22 | 罗技（Logitech）G100s游戏键鼠套装（颜色：黑色） | 20 | 99 | |
| 23 | 飞利浦（PHILIPS）SHM6500头戴式耳麦（颜色：黑色） | 20 | 69 | |
| 24 | 飞利浦（PHILIPS）SWL6119/93 2160P | 15 | 59 | |
| 25 | HDMI高清数字线（长度：1.8米） | | | |
| 26 | | | | |
| 27 | | | | |

图 6-35

② 鼠标指针指向 E20 单元格，并单击选中该单元格，在公式编辑栏中即出现了 E20，即完成了对该单元格引用的操作，如图 6-36 所示。

| E20 | | × | ✓ | $f_x$ | =E20 |
|---|---|---|---|---|---|

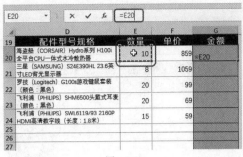

| | D | E | F | G |
|---|---|---|---|---|
| 19 | 配件型号规格 | 数量 | 单价 | 金额 |
| 20 | 海盗船（CORSAIR）Hydro系列 H100i 全平台CPU一体式水冷散热器 | 10 | 859 | =E20 |
| 21 | 三星（SAMSUNG）S24E390HL 23.6英寸LED背光显示器 | 8 | 1059 | |
| 22 | 罗技（Logitech）G100s游戏键鼠套装（颜色：黑色） | 20 | 99 | |
| 23 | 飞利浦（PHILIPS）SHM6500头戴式耳麦（颜色：黑色） | 20 | 69 | |
| 24 | HDMI高清数字线（长度：1.8米） | 15 | 59 | |
| 25 | | | | |
| 26 | | | | |
| 27 | | | | |

图 6-36

③ 输入乘号 "*"，并单击选中 F20 单元格，如图 6-37 所示。

| F20 | | × | ✓ | $f_x$ | =E20*F20 |
|---|---|---|---|---|---|

| | D | E | F | G |
|---|---|---|---|---|
| 19 | 配件型号规格 | 数量 | 单价 | 金额 |
| 20 | 海盗船（CORSAIR）Hydro系列 H100i 全平台CPU一体式水冷散热器 | 10 | 859 | =E20*F20 |
| 21 | 三星（SAMSUNG）S24E390HL 23.6英寸LED背光显示器 | 8 | 1059 | |
| 22 | 罗技（Logitech）G100s游戏键鼠套装（颜色：黑色） | 20 | 99 | |
| 23 | 飞利浦（PHILIPS）SHM6500头戴式耳麦（颜色：黑色） | 20 | 69 | |
| 24 | HDMI高清数字线（长度：1.8米） | 15 | 59 | |
| 25 | | | | |
| 26 | | | | |

图 6-37

④ 按 Enter 键，即可得到计算结果，这样就完成了引用单元格来进行计算。

⑤ 当向下填充公式后，分别查看 G21 单元格的公式为 =E21*F21，如图 6-38 所示；G22 单元格的公式 =E22*F22，如图 6-39 所示。对数据的引用位置发生了相对的变化，这也正是此处所需要的计算结果。

| G21 | | × | ✓ | $f_x$ | =E21*F21 |
|---|---|---|---|---|---|

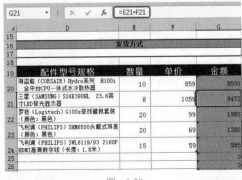

| | D | E | F | G |
|---|---|---|---|---|
| 15 | | | | |
| 16 | 发货方式 | | | |
| 17 | | | | |
| 18 | | | | |
| 19 | 配件型号规格 | 数量 | 单价 | 金额 |
| 20 | 海盗船（CORSAIR）Hydro系列 H100i 全平台CPU一体式水冷散热器 | 10 | 859 | 8590 |
| 21 | 三星（SAMSUNG）S24E390HL 23.6英寸LED背光显示器 | 8 | 1059 | 8472 |
| 22 | 罗技（Logitech）G100s游戏键鼠套装（颜色：黑色） | 20 | 99 | 1980 |
| 23 | 飞利浦（PHILIPS）SHM6500头戴式耳麦（颜色：黑色） | 20 | 69 | 1380 |
| 24 | 飞利浦（PHILIPS）SWL6119/93 2160P HDMI高清数字线（长度：1.8米） | 15 | 59 | 885 |
| 25 | | | | 0 |
| 26 | | | | 0 |

图 6-38

图 6-39

## ● 绝对引用

绝对引用是指在单元格的地址前添加了
"$"符号。数据源的绝对引用是指把公式复制
或者移动到新位置，公式中对单元格的引用保
持不变。

❶ 选中 G20 单元格，在公式编辑栏中输入公式
=$E$20*$F$20，如图 6-40 所示。

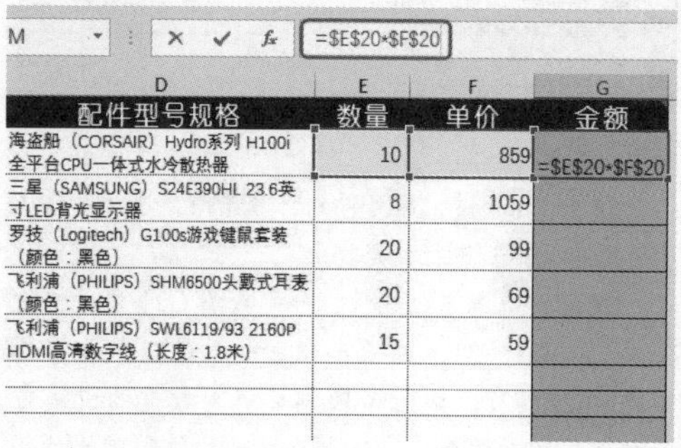

图 6-40

❷ 按 Enter 键，即可得到计算结果，如图 6-41
所示。

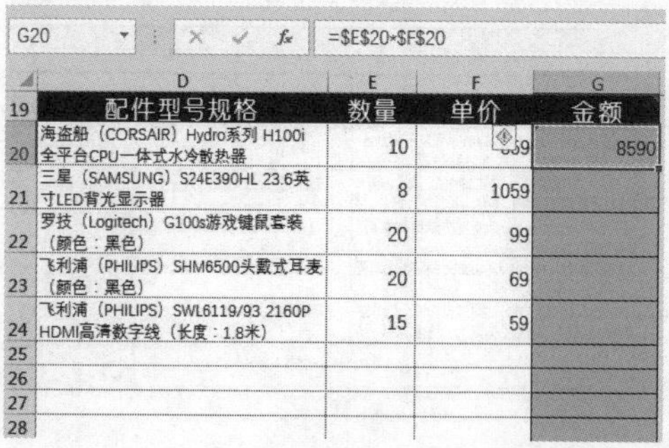

图 6-41

❸ 按照相同的方法向下填充公式，得到如
图 6-42 所示的结果，所有结果都相同，不发生任何
变化。

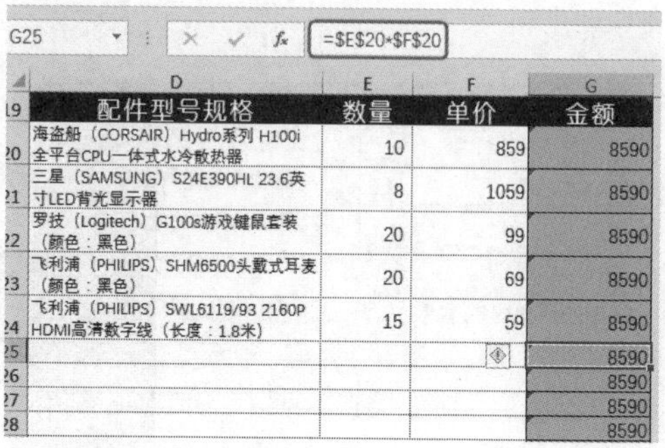

图 6-42

❹ 同样的，分别查看 G21 单元格的公式为
=$E$20*$F$20，如图 6-43 所示；G22 单元格的公式
=$E$20*$F$20，如图 6-44 所示。所有公式都一样，
因此计算结果也是一样的。

图 6-43

图 6-44

### ● 哪种情况需要使用绝对引用

那么哪种情况需要使用绝对引用呢？下面通过一个例子来说明，并且在后面的 6.2.4 节与 6.3.4 节也会应用到公式中对数据源的绝对引用。

❶ 选中 C2 单元格，在公式编辑栏中可以看到该单元格的公式为 =B2/SUM($B$2:$B$6)，如图 6-45 所示。

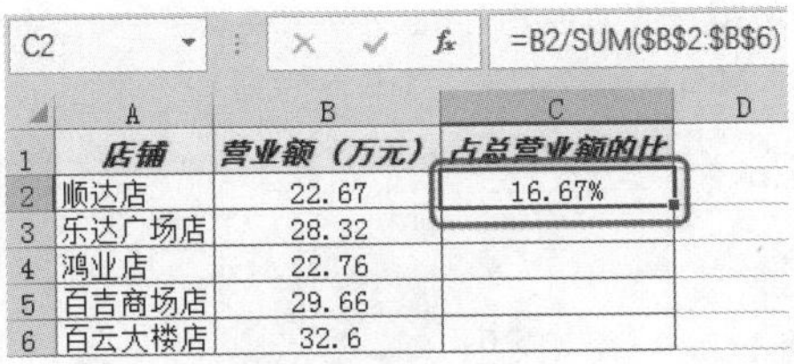

图 6-45

❷ 向下复制公式到 C6 单元格中。选中 C3 单元格，在公式编辑栏中可以看到该单元格的公式为 =B3/SUM($B$2:$B$6)（如图 6-46 所示）；选中 C4 单元格，在公式编辑栏中可以看到该单元格的公式为 =B4/SUM($B$2:$B$6)，如图 6-47 所示。

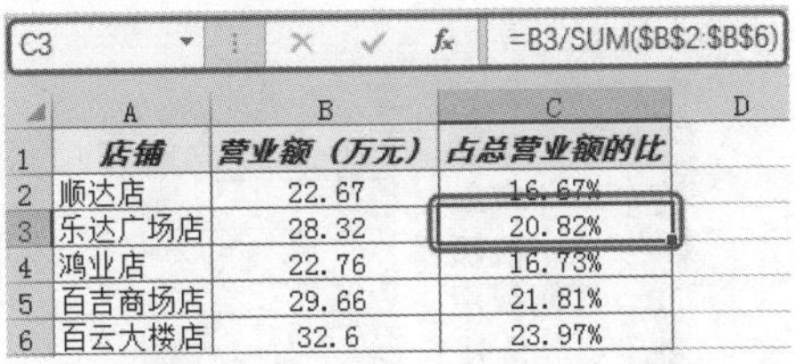

图 6-46

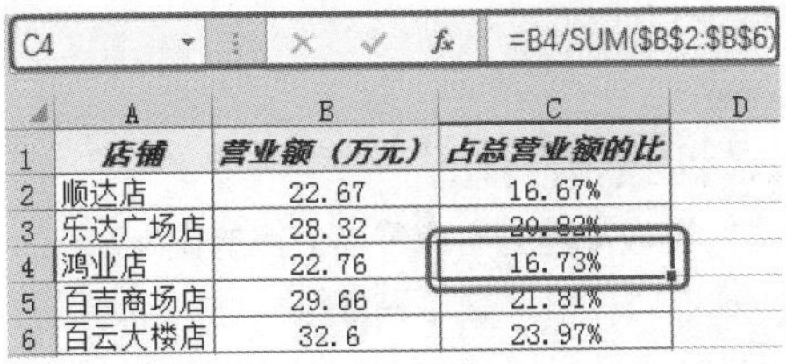

图 6-47

### ✎ 专家提醒

通过对比 C2、C3、C4 单元格的公式可以发现，当向下复制 C2 单元格的公式时，采用绝对引用的数据源未发生任何变化。本例中求得了第一个店的营业额占总销售额的

比例后，要计算出其他店铺营业额占总销售额的比例，公式中 SUM($B$2:$B$6) 这一部分是不需要发生变化的，所以采用绝对引用。

### ◉ 知识扩展

在 Excel 中可以通过 F4 键快速地在绝对引用、相对引用、行 / 列的绝对 / 相对引用之间切换。

例如，当前公式为 =E20*F20，在编辑栏中选中 E20*F20 这部分，按 F4 键一次，公式变为 =$E$20*$F$20；再次按 F4 键，变为列相对引用、行绝对引用 =E$20*F$20；再次按 F4 键，变为列绝对引用、行相对引用 =$E20*$F20；再次按 F4 键，恢复到 =E20*F20 形式。

### 4. 计算小计金额、税额、合计金额

❶ 选中 G35 单元格，如图 6-48 所示。

图 6-48

❷ 在"公式"选项卡的"函数库"组中单击"自动求和"下拉按钮，在弹出的下拉菜单中选择"求和"命令，如图 6-49 所示。

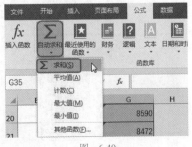

图 6-49

❸ 完成上述操作，程序会根据选中单元格四周存在的数据在 G35 单元格中自动匹配单元格区域（如果这个默认区域不是你想计算的，则可以利用鼠标拖动选取目标单元格区域），如图 6-50 所示。

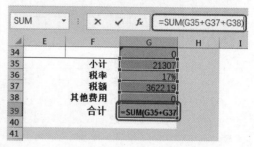

图 6-50

❹ 按 Enter 键，即可得到小计金额，如图 6-51 所示。

| | E | F | G | H |
|---|---|---|---|---|
| 29 | | | 0 | |
| 30 | | | 0 | |
| 31 | | | 0 | |
| 32 | | | 0 | |
| 33 | | | 0 | |
| 34 | | | 0 | |
| 35 | | 小计 | 21307 | |
| 36 | | 税率 | 17% | |
| 37 | | 税额 | | |
| 38 | | 其他费用 | - | |
| 39 | | 合计 | | |

图 6-51

❺ 选中 G37 单元格，在公式编辑栏中输入公式 =G35*G36，如图 6-52 所示。

| G37 | | × ✓ fx | =G35*G36 | |
|---|---|---|---|---|
| | E | F | G | H |
| 32 | | | 0 | |
| 33 | | | 0 | |
| 34 | | | 0 | |
| 35 | | 小计 | 21307 | |
| 36 | | 税率 | 17% | |
| 37 | | 税额 | =G35*G36 | |
| 38 | | 其他费用 | - | |
| 39 | | 合计 | | |
| 40 | | | | |

图 6-52

❻ 按 Enter 键，即可得到税额，如图 6-53 所示。

| | E | F | G |
|---|---|---|---|
| 34 | | | 0 |
| 35 | | 小计 | 21307 |
| 36 | | 税率 | 17% |
| 37 | | 税额 | 3622.19 |
| 38 | | 其他费用 | - |
| 39 | | 合计 | |
| 40 | | | |

图 6-53

❼ 选中 G39 单元格，在公式编辑栏中输入公式 =SUM(G35+G37+G38)，如图 6-54 所示。

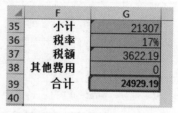

图 6-54

❽ 按 Enter 键，即可得到合计金额，如图 6-55 所示。

| | F | G |
|---|---|---|
| 35 | 小计 | 21307 |
| 36 | 税率 | 17% |
| 37 | 税额 | 3622.19 |
| 38 | 其他费用 | 0 |
| 39 | 合计 | 24929.19 |
| 40 | | |

图 6-55

📋 练一练

**比较本月的出库量与上月的出库量是否有增长**

在如图 6-56 所示的表格中，要求将本月的出库数量与上月相比较，因此需要引"1月"这张表格中的数据到公式中。建立公式时不仅可以引用当前工作表中的数据源进行计算，也可以引用其他工作表中的数据进行计算。

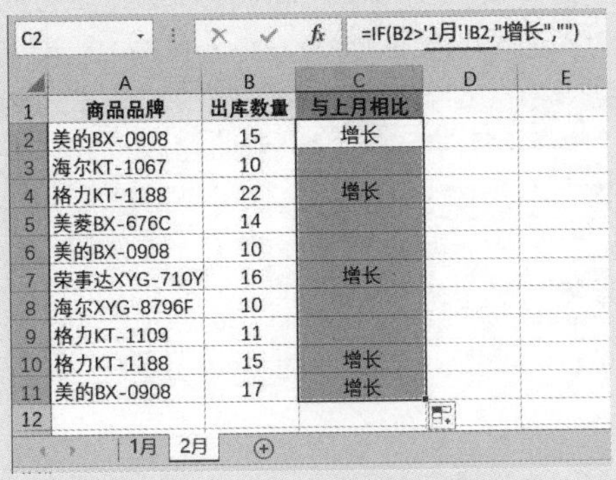

图 6-56

## 6.1.4 设置金额数据区域为"会计专用"格式

**关键点**：设置金额为"会计专用"格式
**操作要点**："开始"→"数字"组中设置单元格格式
**应用场景**：在 Excel 中输入金额时，是以数字的常规格式出现。在会计专用表格中，金额通常会加上人民币符号"¥"，以正规显示。用户可以在输入时单个地插入符号"¥"，也可以利用"数字格式"设置，一次性为数据区域应用会计专用格式。

❶ 选中 F20:G39 单元格区域，在"开始"选项卡的"数字"组中单击对话框启动器按钮（如图 6-57 所示），打开"设置单元格格式"对话框。

图 6-58

❸ 单击"确定"按钮返回到工作表中，即可看到所选的金额数据区域设置了"会计专用"格式，如图 6-59 所示。

❹ 选中 G36 单元格（如图 6-60 所示），在"开始"选项卡的"数字"组中单击对话框启动器按钮，打开"设置单元格格式"对话框。

图 6-57

❷ 在"分类"列表框中选择"会计专用"选项，在"小数位数"数值框中输入 2，如图 6-58 所示。

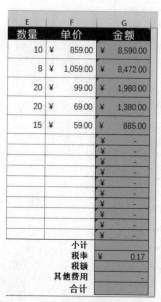

图 6-59

图 6-60

❺ 在"分类"列表框中选择"百分比"选项，在"小数位数"数值框中输入 2，如图 6-61 所示。

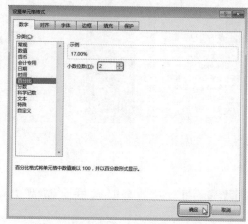

图 6-61

❻ 单击"确定"按钮返回到工作表中，显示结果如图 6-62 所示。

图 6-62

## 6.1.5 设置表格除数据区域外其他区域不可编辑

**关 键 点**：设置保护工作表实现除数据区域外其他区域不可编辑

**操作要点**："审阅"→"更改"→"保护工作表"

**应用场景**：通过本节操作想要实现的效果是，只有"公司报价单"这一块表格编辑区域可以被选中编辑，除此之外的其他单元格区域不能被编辑，也不能被选择。可以利用"保护工作表"功能实现这种效果。

❶ 选中 A1:H41 单元格区域后右击，在弹出的菜单中选择"设置单元格格式"命令（如图 6-63 所示），打开"设置单元格格式"对话框。

❷ 选择"保护"选项卡，取消选中"锁定"复选框，如图 6-64 所示。

❸ 单击"确定"按钮回到工作表中，在"审阅"

选项卡的"更改"组中单击"保护工作表"按钮（如图 6-65 所示），打开"保护工作表"对话框。

❹ 在"取消工作表保护时使用的密码"文本框中输入密码，然后在"允许此工作表的所有用户进行"列表框中取消选中"选定锁定单元格"复选框并选中"选定未锁定的单元格"复选框，如图 6-66 所示。

图 6-63

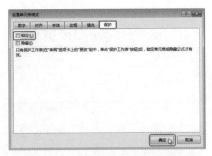

图 6-64

图 6-65

图 6-66

⑤ 单击"确定"按钮,打开"确认密码"对话框,在"重新输入密码"文本框中再次输入密码,如图 6-67 所示。

图 6-67

⑥ 单击"确定"按钮,完成操作。此时返回到工作表中,可以看到在 A1:H41 这一块单元格区域是可编辑状态,如图 6-68 所示;而其他任意区域都不能进行编辑,连选中都无法做到,如图 6-69 所示。

图 6-68

图 6-69

练一练

**保护工作表中的部分区域**

如图 6-70 所示,要求对 A、B、C 这 3 列实现保护,其他区域不保护。

图 6-70

第 6 章　数据计算表格操作

175

## 6.1.6 打印产品销售清单表

**关　键　点：** 为待打印表格设置页眉页脚效果
**操作要点：** 1. "页眉和页脚工具－设计"→"页眉和页脚元素"组
　　　　　　2. "文件"→"信息"提示面板
**应用场景：** 产品销售清单表制作完成后适合打印出来使用，因此在执行打印前可以进行添加页眉、页面设置等操作，从而获取最佳打印效果。

### 1. 为"产品销售清单表"添加页眉

根据表格的性质的不同，有些表格在打印时可能需要显示页眉效果，比如本例中创建的"产品销售清单表"可以在表头位置添加LOGO图片作为表格的页眉。

❶ 在程序编辑窗口底部单击"页面布局"按钮（如图6-71所示），进入页面视图中，此时可以看到有左、中、右3个页眉编辑框，如图6-72所示。

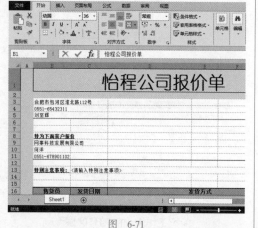

图　6-71

图　6-72

❷ 单击左侧的页眉框，如图6-73所示。

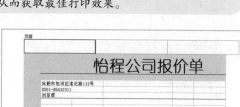

图　6-73

❸ 在"页眉和页脚工具－设计"选项卡的"页眉和页脚元素"组中单击"图片"按钮（如图6-74所示），打开"插入图片"对话框。

图　6-74

❹ 找到LOGO图片所在文件夹，单击选中LOGO图片，如图6-75所示。

图　6-75

❺ 单击"插入"按钮，但在页眉中插入的是图片链接，如图6-76所示。

图 6-76

⑥ 退出页眉编辑状态可以看到图片，由于图片
较小（如图 6-77 所示），因此需要调整。再在页眉区
单击进入页眉编辑状态，在"页眉和页脚工具－设
计"选项卡的"页眉和页脚元素"组中单击"设置
图片格式"按钮（如图 6-78 所示），打开"设置图片
格式"对话框。

图 6-77

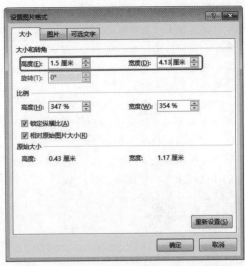

图 6-78

专家提醒

在 Excel 表格的页眉中使用图片与 Word
不同，Word 文档页眉中的图片可以选中，
直观拖动调整，而 Excel 表格页眉中的图片
显示的是链接形式，只有退出编辑才能查看
其大小与效果是否达标，如果不合适，则
再次进入编辑状态，选中链接再重新进入
调整。

⑦ 选择"大小"选项卡，在"高度"数值框
中输入值"1.5 厘米"，在"宽度"数值框中输入值

"4.13 厘米"，如图 6-79 所示。

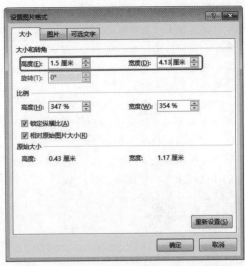

图 6-79

⑧ 单击"确定"按钮，返回工作表中，退出
页眉编辑状态，即可查看调整后的效果，如图 6-80
所示。

图 6-80

⑨ 单击中间的页眉框，将光标定位其中，输入
文本，选中文字，然后在"开始"选项卡的"字体"
组中设置文字格式，如图 6-81 所示。

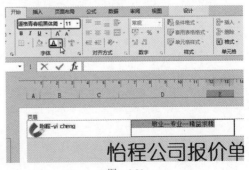

图 6-81

当整张工作表数据较多时，若只需要打印某一部分内容作为参考资料，可以按照下面方法进行操作。例如，下面要打印工作表中单元格区域 A3:F11 的数据。

选中单元格区域 A3:F11，在"页面布局"选项卡"页面设置"组中，单击"打印区域"下拉按钮，单击"设置打印区域"命令（如图 6-82 所示），此时单元格区域 A3:F11 设置为打印区域。

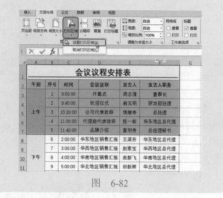

图 6-82

## 2. 进入打印调整

完成页眉设置后，可以进入打印预览查看打印效果，如果效果达标可以直接执行打印，如果效果不达标，则需要再对页边距等进行局部调整。

❶ 单击"文件"选项卡（如图 6-83 所示），弹出"信息"提示面板。

图 6-83

❷ 选择"打印"选项，弹出"打印"提示面板，在右侧的窗口中会给出预览效果，如图 6-84 所示。

❸ 通过预览可以看到表格有一列数据没显示出来，因此需要对页面进行调整，单击打印参数设置区底部的"页面设置"链接（如图 6-85 所示），打开"页面设置"对话框。

图 6-84

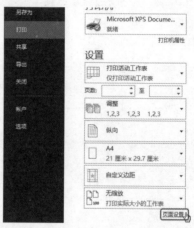

图 6-85

❹ 选择"页边距"标签，在"左（L）"数值框中输入 0.5，在"右（R）"数值框中输入 0.5（将两个值都调小即减小左右页边距），如图 6-86 所示。

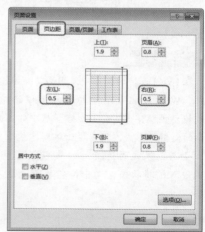

图 6-86

⑤ 单击"确定"按钮，表格可完整显示出来，可以准备好纸张打印了，如图 6-87 所示。

或页码范围，如图 6-88 所示。

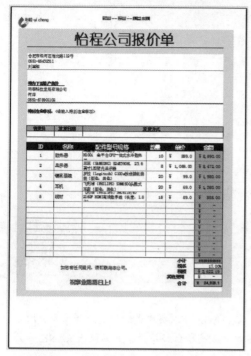

图　6-87

图　6-88

**知识扩展**

若工作表包含多页内容，有时只需要打印 Excel 工作表指定的页面，可以设置只打印 Excel 工作表指定的页面。

进入打印设置界面后，在"设置"选项区域的"页数"文本框中输入要打印的页码

**练一练**

### 为待打印表格设计页眉

设计如图 6-89 所示的页眉效果。

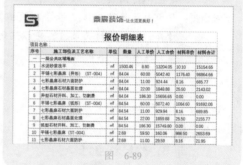

图　6-89

## 6.2　培训成绩统计表

培训成绩统计是企业人力资源部门经常要进行的一项工作。那么在统计出数据表格后，少不了要对数据进行计算。

比如在图 6-90 所示的统计表中，要计算每位培训者的总成绩、平均成绩，同时还能对其合格情况进行综合性判断，利用 Excel 中提供的函数、统计分析工具等可以达到这些统计目的。

| 姓名 | 营销策略 | 沟通与团队 | 顾客心理 | 市场开拓 | 商务礼仪 | 商务英语 | 专业技能 | 总成绩 | 平均成绩 | 合格情况 | 名次 |
|---|---|---|---|---|---|---|---|---|---|---|---|
| 陈佳佳 | 79 | 75 | 74 | 90 | 90 | 84 | 75 | 567 | 81 | 二次培训 | 22 |
| 陈怡 | 82 | 83 | 81 | 82 | 81 | 86 | 84 | 578 | 82.57 | 二次培训 | 16 |
| 高攀 | 77 | 87 | 87 | 88 | 81 | 79 | 81 | 580 | 82.86 | 二次培训 | 14 |
| 葛丽 | 88 | 90 | 88 | 86 | 85 | 80 | | 605 | 86.43 | | 3 |
| 葛丽 | 87 | 85 | 80 | 83 | 81 | 84 | 81 | 580 | 82.86 | 二次培训 | 14 |
| 韩文宜 | 82 | 83 | 81 | 82 | 85 | 85 | 83 | 581 | 83 | 合格 | 11 |
| 韩燕 | 81 | 82 | 82 | 81 | 81 | 82 | 82 | 571 | 81.57 | 合格 | 21 |
| 郝艳艳 | 83 | 81 | 89 | 82 | 85 | 82 | 83 | 585 | 83.57 | 合格 | 11 |
| 何诺诺 | 90 | 87 | 76 | 87 | 76 | 98 | 88 | 602 | 86 | 合格 | 5 |
| 何忆梦 | 82 | 83 | 81 | 82 | 82 | 82 | 83 | 577 | 82.43 | 合格 | 17 |
| 李君涛 | 92 | 76 | 91 | 74 | 85 | 78 | 89 | 587 | 83.86 | 合格 | 9 |
| 林成娟 | 90 | 87 | 76 | 76 | 98 | 88 | | 602 | 86 | 合格 | 5 |
| 刘江波 | 82 | 83 | 83 | 72 | 91 | 81 | 81 | 573 | 81.86 | 二次培训 | 20 |
| 刘志飞 | 87 | 88 | 87 | 90 | 90 | 87 | | 609 | 87 | 合格 | 2 |
| 苏瑶 | 82 | 83 | 88 | 82 | 88 | 85 | 83 | 591 | 84.43 | 合格 | 8 |
| 陶莉莉 | 82 | 83 | 81 | 82 | 85 | 82 | 82 | 577 | 82.43 | 合格 | 17 |
| 童磊 | 92 | 90 | 91 | 78 | 85 | 88 | 88 | 612 | 87.43 | 合格 | 1 |
| 王磊 | 82 | 76 | 80 | 97 | 84 | 74 | 88 | 583 | 83.29 | 二次培训 | 13 |
| 夏慧 | 90 | 87 | 76 | 87 | 76 | 98 | 88 | 602 | 86 | 合格 | 5 |
| 徐志林 | 83 | 89 | 82 | 85 | 81 | 90 | 85 | 575 | 82.14 | 合格 | 19 |
| 张小涵 | 84 | 80 | 85 | 88 | 82 | 93 | 91 | 603 | 86.14 | 合格 | 4 |
| 周蕾 | 83 | 83 | 86 | 87 | 76 | 78 | 83 | 586 | 83.71 | 二次培训 | 10 |

图 6-90

## 6.2.1 计算总成绩、平均成绩、合格情况、名次

**关　键　点：** 进行总和、平均值、排名次等统计运算

**操作要点：** 1. SUM 函数
2. AVERAGE 函数
3. IF 函数
4. RANK 函数

**应用场景：** 利用求和函数 SUM、求平均值函数 AVERAGE 可以实现成绩的总分计算和平均分计算，利用逻辑函数 IF，可以实现根据分数判断合格情况，并且使用 RANK 函数可以对考核结果排名次。

### 1. 计算总成绩

❶ 选中 K4 单元格，在公式编辑栏中首先输入 =SUM()，如图 6-91 所示。

图 6-91

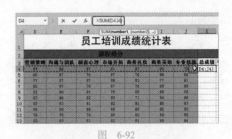

图 6-92

❷ 光标定位到括号中间，然后选中 D4:J4 单元格区域，添加单元格引用范围，如图 6-92 所示。

❸ 按 Enter 键，得出计算结果，如图 6-93 所示。

图 6-93

180

## 2. 计算平均成绩

❶选中 L4 单元格，在公式编辑栏中首先输入 =AVERAGE()，光标定位到括号中间，然后选中 D4:J4 单元格区域，添加单元格引用范围，如图 6-94 所示。这个公式表示求 D4:J4 的平均值。

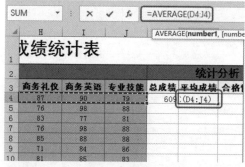

图 6-94

❷在编辑栏中将光标定位到"="号后，输入公式"ROUND("，接着再将光标定位到 (D4:J4) 后面，输入"，2)"，如图 6-95 所示。这里表示将所求得的平均值进行保留两位小数的四舍五入计算。

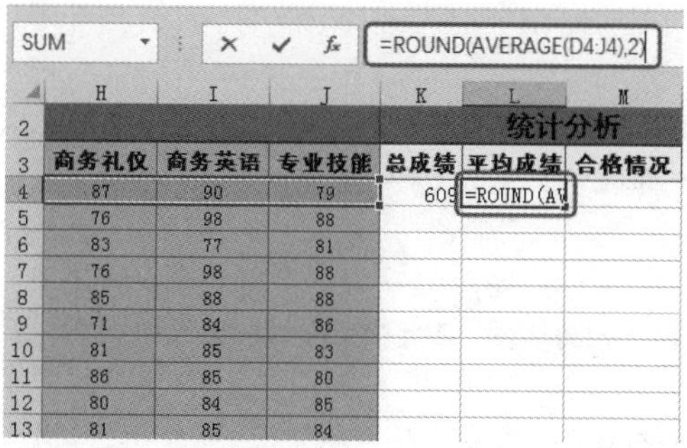

图 6-95

❸按 Enter 键，得出计算结果，如图 6-96 所示。

图 6-96

❹选中 K4:L4 单元格区域，将鼠标指针放在 L4 单元格的右下角，光标会变成十字形状，如图 6-97 所示。

图 6-97

❺按住鼠标左键不放，向下拖动，填充公式（如图 6-98 所示），到达最后一条记录后释放鼠标，快速得出其他员工的总成绩和平均成绩的计算结果，如图 6-99 所示。

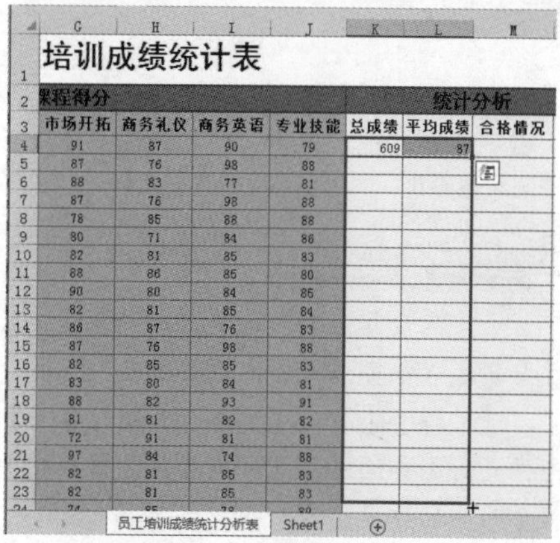

图 6-98

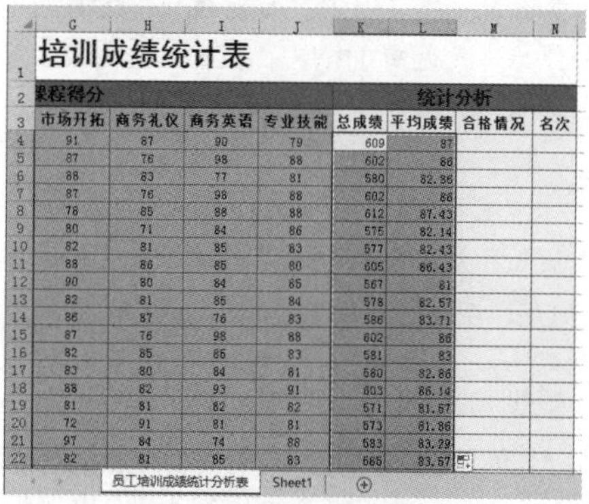

图 6-99

### 3. 判断合格情况

本例中设定的合格的条件是单科成绩全部大于 80，或者总成绩大于 600，反之则需要二次培训。

❶ 输入被判定为合格的第一个条件：选中 M4 单元格，在公式编辑栏中输入公式 "=IF(OR(AND(D4>80,E4>80,F4>80,G4>80,H4>80,I4>80,J4>80),K4>600),"合格","二次培训")"，如图 6-100 所示。

图 6-100

❷ 按 Enter 键，得到结果，如图 6-101 所示。

❸ 将鼠标指针放在 M4 单元格的右下角，光标会变成十字形状，利用公式向下填充功能向下复制公式，得出其他员工的合格情况，如图 6-102 所示。

图 6-101

图 6-102

## 公式分析

公式的计算是由内向外的，一个函数后带上一组括号就表示是一项计算，因此本例中的公式要拆成 3 个部分来看就能理解了。

❶ "AND(D4>80,E4>80,F4>80,G4>80,H4>80,I4>80,J4>80)" 这一部分判断括号中给定的条件是否全部满足，全部满足时方能判定为 TRUE。因为 AND 函数就是起到判断所有条件是否都为真的作用。

❷ "OR(❶,K4>600)" 这一部分判断 ❶ 和 K4>600 是否有一个条件为真，如果有一个条件为真，就返回 TRUE。因为 OR 函数就是起到判断所有条件是否有一个满足条件，如果有一个条件为真就返回 TRUE。

❸ "IF(❷,"合格","二次培训")"，这一部分用于条件判断，只要 ❷ 返回的是真，就返回 "合格"，否则返回 "二次培训"。

IF 函数用于根据指定的条件来判断其 "真"（TRUE）、"假"（FALSE），根据逻辑计算的真假值，从而返回相应的内容。AND 函数用来检验一组数据是否都满足条件，如果是则返回 TRUE，不是则返回 FALSE，给定的各个条件间用逗号间隔。

### 4. 根据总成绩排出名次

计算出总成绩后，利用 RANK 函数可以对总成绩的高低进行排名，以直观显示出每位员工的名次。

❶ 选中 N4 单元格，在公式编辑栏中输入公式 =RANK(K4,$K$4:$K$25)，如图 6-103 所示。

❷ 按 Enter 键，得到的结果是判断出 K4 单元格的值在 $K$4:$K$25 单元格区域中所有值中所排的名次，如图 6-104 所示。

| SUM | ▼ : | × ✓ fx | =RANK(K4,$K$4:$K$25) | | |
| --- | --- | --- | --- | --- | --- |

| ▲ | I | J | K | L | M | N |
| --- | --- | --- | --- | --- | --- | --- |
| 2 | | | 统计分析 | | | |
| 3 | 商务英语 | 专业技能 | 总成绩 | 平均成绩 | 合格情况 | 名次 |
| 4 | 90 | 79 | 609 | 87 | 合格 | $25) |
| 5 | 98 | 88 | 602 | 86 | 合格 | |
| 6 | 77 | 81 | 580 | 82.86 | 二次培训 | |
| 7 | 98 | 88 | 602 | 86 | 合格 | |
| 8 | 88 | 88 | 612 | 87.43 | 合格 | |
| 9 | 84 | 86 | 575 | 82.14 | 二次培训 | |
| 10 | 85 | 83 | 577 | 82.43 | 合格 | |
| 11 | 85 | 80 | 605 | 86.43 | 合格 | |
| 12 | 84 | 85 | 567 | 81 | 二次培训 | |
| 13 | 85 | 84 | 578 | 82.57 | 合格 | |
| 14 | 76 | 83 | 586 | 83.71 | 二次培训 | |
| 15 | 98 | 88 | 602 | 86 | 合格 | |

图 6-103

| ▲ | J | K | L | M | N |
| --- | --- | --- | --- | --- | --- |
| 2 | | | 统计分析 | | |
| 3 | 专业技能 | 总成绩 | 平均成绩 | 合格情况 | 名次 |
| 4 | 79 | 609 | 87 | 合格 | 2 |
| 5 | 88 | 602 | 86 | 合格 | |
| 6 | 81 | 580 | 82.86 | 二次培训 | |
| 7 | 88 | 602 | 86 | 合格 | |
| 8 | 88 | 612 | 87.43 | 合格 | |
| 9 | 86 | 575 | 82.14 | 二次培训 | |
| 10 | 83 | 577 | 82.43 | 合格 | |
| 11 | 80 | 605 | 86.43 | 合格 | |
| 12 | 85 | 567 | 81 | 二次培训 | |

图 6-104

❸ 利用公式向下填充功能，得出其他员工的名次，如图 6-105 所示。

| ▲ | H | I | J | K | L | M | N |
| --- | --- | --- | --- | --- | --- | --- | --- |
| 3 | 商务礼仪 | 商务英语 | 专业技能 | 总成绩 | 平均成绩 | 合格情况 | 名次 |
| 4 | 87 | 90 | 79 | 609 | 87 | 合格 | 2 |
| 5 | 76 | 98 | 88 | 602 | 86 | 合格 | 5 |
| 6 | 83 | 77 | 81 | 580 | 82.86 | 二次培训 | 14 |
| 7 | 76 | 98 | 88 | 602 | 86 | 合格 | 5 |
| 8 | 85 | 88 | 88 | 612 | 87.43 | 合格 | 1 |
| 9 | 71 | 84 | 86 | 575 | 82.14 | 二次培训 | 19 |
| 10 | 81 | 85 | 83 | 577 | 82.43 | 合格 | 17 |
| 11 | 86 | 85 | 80 | 605 | 86.43 | 合格 | 3 |
| 12 | 80 | 84 | 85 | 567 | 81 | 二次培训 | 22 |
| 13 | 81 | 85 | 84 | 578 | 82.57 | 合格 | 16 |
| 14 | 87 | 76 | 83 | 586 | 83.71 | 二次培训 | 10 |
| 15 | 76 | 98 | 88 | 602 | 86 | 合格 | 5 |
| 16 | 85 | 85 | 83 | 581 | 83 | 合格 | 13 |
| 17 | 80 | 84 | 81 | 580 | 82.86 | 二次培训 | 14 |
| 18 | 82 | 93 | 91 | 603 | 86.14 | 合格 | 4 |
| 19 | 81 | 82 | 82 | 571 | 81.57 | 合格 | 21 |
| 20 | 91 | 81 | 81 | 573 | 81.86 | 二次培训 | 20 |
| 21 | 84 | 74 | 88 | 583 | 83.29 | 二次培训 | 12 |
| 22 | 81 | 85 | 83 | 585 | 83.57 | 合格 | 11 |
| 23 | 81 | 85 | 83 | 577 | 82.43 | 合格 | 17 |
| 24 | 85 | 78 | 89 | 587 | 83.86 | 二次培训 | 9 |
| 25 | 88 | 85 | 83 | 591 | 84.43 | 合格 | 8 |

图 6-105

公式分析

RANK 函数。RANK 函数表示返回一个数字在数字列表中的排位，其大小与列表中的其他值相关。如果多个值具有相同的排位，则返回该组数值的最高排位。

RANK (number,ref,[order])

■ number：表示要查找其排位的数字；
■ ref：表示数字列表数组或对数字列表的引用。ref 中的非数值型值将被忽略；
■ order：可选。一个指定数字的排位方式的数字。

练一练

只为满足条件的产品提价

如图 6-106 所示，要求只为满足条件的产品提价。调价规则为：当产品是"十年陈"时，价格上调 50 元。

| D2 | ▼ : | × ✓ fx | =IF(RIGHT(A2,5)="(十年陈)",C2+50,C2) | | |
| --- | --- | --- | --- | --- | --- |

| ▲ | A | B | C | D | E |
| --- | --- | --- | --- | --- | --- |
| 1 | 产品 | 规格 | 定价 | 调后价格 | |
| 2 | 咸亨太雕酒(十年陈) | 5L | 320 | 370 | |
| 3 | 绍兴花雕酒 | 5L | 128 | 128 | |
| 4 | 绍兴会稽山花雕酒 | 5L | 215 | 215 | |
| 5 | 绍兴会稽山花雕酒(十年陈) | 5L | 420 | 470 | |
| 6 | 大越雕酒 | 5L | 187 | 187 | |
| 7 | 大越雕酒(十年陈) | 5L | 398 | 448 | |
| 8 | 古越龙山花雕酒 | 5L | 195 | 195 | |
| 9 | 绍兴黄酒女儿红 | 5L | 358 | 358 | |
| 10 | 绍兴黄酒女儿红(十年陈) | 5L | 440 | 490 | |
| 11 | 绍兴塔牌黄酒 | 5L | 228 | 228 | |

图 6-106

要完成这项自动判断，需要公式能自动找出"十年陈"这项文字，从而实现当满足条件时进行提价运算。由于"十年陈"文字都显示在产品名称的后面，因此可以使用 RIGHT 这个文本函数实现提取。

**关 键 点:** 标记成绩大于 90 分的记录

**操作要点:** "开始"→"样式"组→"条件格式"功能按钮

**应用场景:** 当前工作表中统计了所有员工的培训成绩,为了方便查看,现在想要突出显示有单科成绩大于 90 分的员工,要达到这种显示效果,可以利用"条件格式"功能来实现。

### 1. 设置大于 90 的分数值以特殊格式显示

通过"条件格式"功能的快捷设置法可以实现让分数值大于 90 时就显示特殊的格式。

❶ 选中 D4:J25 单元格区域,在"开始"选项卡的"样式"组中单击"条件格式"下拉按钮,如图 6-107 所示。

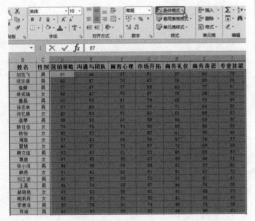

图 6-107

❷ 在打开的下拉菜单中把鼠标指针移到"突出显示单元格规则"命令,在打开的子菜单中选择"大于"命令(如图 6-108 所示),打开"大于"对话框。

图 6-108

❸ 在"为大于以下值的单元格设置格式"数值框中输入 90,如图 6-109 所示。

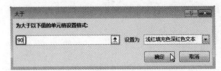

图 6-109

❹ 单击"确定"按钮,返回到工作表中,即可看到大于 90 分的单元格特殊显示,如图 6-110 所示。

图 6-110

### 知识扩展

通过条件格式设置也可以实现让介于指定值之间的数据显示出特殊格式。

选中 D4:J25 单元格区域,在"开始"→"样式"选项组中单击"条件格式"下拉按钮,在打开的下拉菜单中依次执行"突出显示单元格规则"→"介于"操作(如图 6-111 所示),打开"介于"对话框。

在"为介于以下值之间的单元格设置格式"数值框中依次输入 60 和 70,如图 6-112 所示。

单击"确定"按钮,即可特殊显示介于 60 分到 70 分之间的单元格。

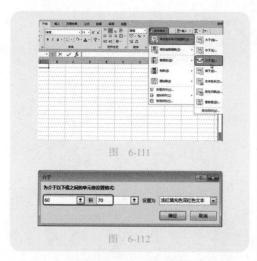

图 6-111

图 6-112

## 2. 当有一项分数值大于 90 分时，其姓名显示特殊格式

前面"操作一"中讲的方法只能对单元格的数据进行判断，满足条件的单元格会显示特殊的格式，而通过如下介绍的另一种方法可以实现对数值判断，然后让特殊格式显示在人员姓名上。具体操作如下。

❶ 选中"姓名"下的单元格区域，在"开始"选项卡的"样式"组中选择"条件格式"命令，在弹出的下拉菜单中选择"新建规则"命令（如图 6-113所示），打开"新建格式规则"对话框。

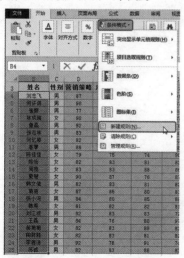

图 6-113

❷ 在"选择规则类型"栏下，选择"使用公式确定要设置格式的单元格"。然后在"为符合此公式的值设置格式"文本框中输入公式

=OR(D4>90,E4>90,F4>90,G4>90,H4>90,
I4>90,J4>90)

单击"格式"按钮（如图 6-114 所示），打开"设置单元格格式"对话框。

图 6-114

❸ 选择"填充"选项卡，在"背景色"列表框中选中"黄色"，如图 6-115 所示。

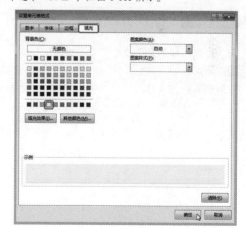

图 6-115

❹ 单击"确定"按钮，返回"新建格式规则"对话框，如图 6-116 所示。

❺ 单击"确定"按钮返回工作表，成绩大于90 分的员工填充了黄色背景特殊显示，如图 6-117所示。

图 6-116

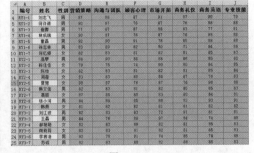

图 6-117

### 让总评成绩前5名的显示特殊格式

如图 6-118 所示，要求快速找到总评成绩前 5 名的数据，可以进行条件格式设置。

| | A | B | C | D | E |
|---|---|---|---|---|---|
| 1 | 序号 | 学号 | 姓名 | 总评成绩 | |
| 2 | 1 | 87320127 | 夏慧 | 82.5 | |
| 3 | 2 | 87320109 | 韩文信 | 88 | |
| 4 | 3 | 87320141 | 葛丽 | 84 | |
| 5 | 4 | 87320114 | 张小河 | 85 | |
| 6 | 5 | 87320145 | 韩燕 | 95.5 | |
| 7 | 6 | 87320123 | 刘江波 | 84 | |
| 8 | 7 | 87320125 | 王磊 | 85 | |
| 9 | 8 | 87320115 | 郝艳艳 | 76.4 | |
| 10 | 9 | 87320111 | 陶莉莉 | 98 | |
| 11 | 10 | 87320147 | 李君浩 | 85.8 | |
| 12 | 11 | 87320148 | 苏诚 | 84 | |
| 13 | 12 | 87320149 | 徐志林 | 93 | |
| 14 | 13 | 87320150 | 何忆婷 | 82.25 | |
| 15 | 14 | 87320151 | 高攀 | 81 | |
| 16 | 15 | 87320152 | 陈佳佳 | 74 | |

图 6-118

### 6.2.3　给优秀成绩插红旗

关　键　点：让优秀成绩特殊显示出来

操作要点："开始" → "样式" 组 → "条件格式" 功能按钮 → "图标集"

应用场景：在当前工作表中统计了所有员工的培训成绩，现在要给成绩大于 95 分的员工插上小红旗，以突出显示。

❶ 选中 K4:K25 单元格，在 "开始" 选项卡的 "样式" 组中选择 "条件格式" 命令，在弹出的下拉菜单中把光标移到 "图标集"，在打开的子菜单中选择 "其他规则" 命令（如图 6-119 所示），打开 "新建格式规则" 对话框。

❷ 在 "编辑规则说明" 栏中，单击 "图标样式" 下拉按钮，在展开的下拉列表中选中 "三色旗"，如图 6-120 所示。

❸ 在 "图标" 组中，单击绿旗下拉按钮，在展开的图标列表中选中 "红旗" 选项，如图 6-121 所示。

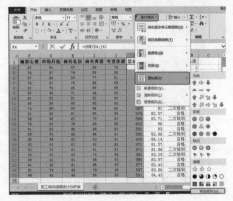

图 6-119

Word/Excel/PPT 2013 高效办公从入门到精通

图 6-120

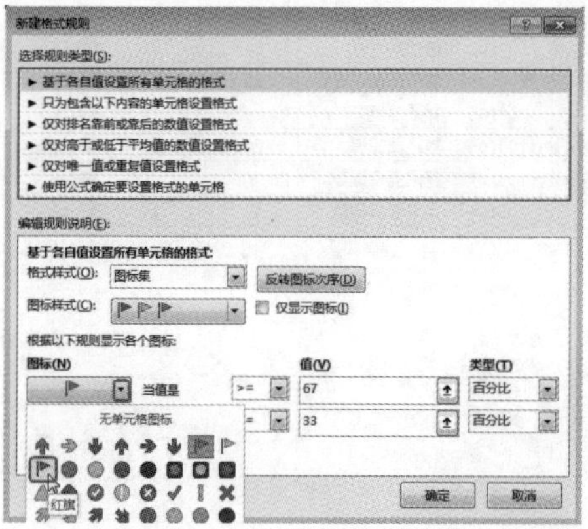

图 6-121

④ 单击"类型"下拉按钮，在展开的列表中选择"数字"选项，在"值"数值框中输入600，如图6-122所示。

图 6-122

⑤ 在"图标"组中，单击黄旗下拉按钮，在展开的图标列表中选择"无单元格图标"选项，如图6-123所示。

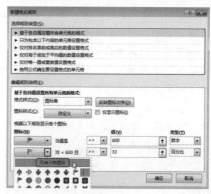

图 6-123

⑥ 按照相同的方法，设置最后一个旗也为"无单元格图标"，如图6-124所示。

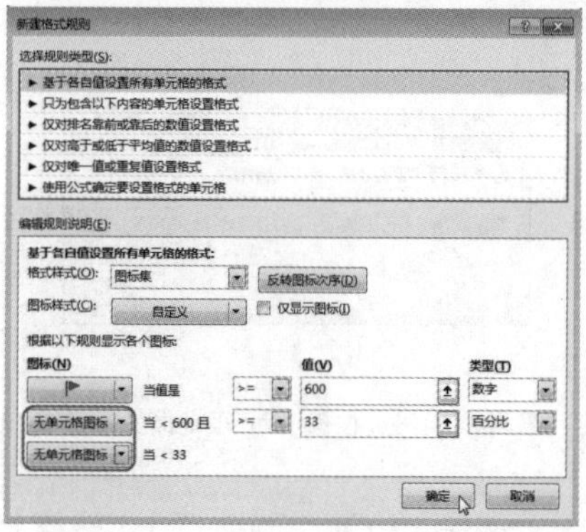

图 6-124

⑦ 单击"确定"按钮，返回工作表中，即可看到选中的单元格区域中，总分大于600的插上了小红旗，如图6-125所示。

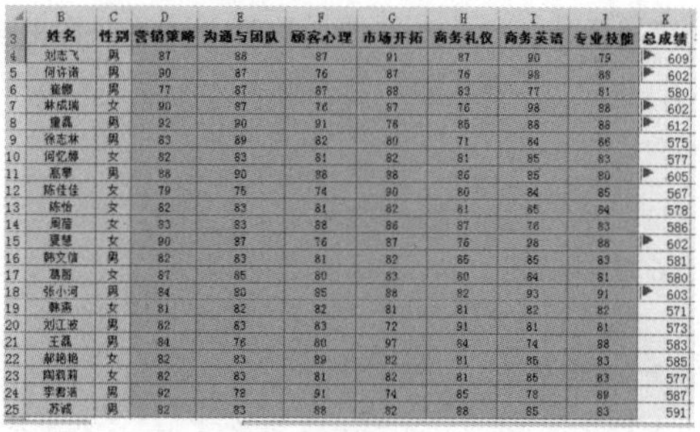

图 6-125

## 知识扩展

利用"条件格式"建立规则，不仅可以特殊显示满足条件的单元格，还可以筛选出重复值。

选中单元格区域后，在"开始"→"样式"选项组中选择"条件格式"命令，在弹出的下拉菜单中依次选择"突出显示单元格规则"→"重复值"命令（如图6-126所示），打开"重复值"对话框，如图6-127所示。

图 6-126

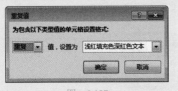

图 6-127

单击"确定"按钮，即可突出显示重复值。

## 练一练

### 用不同图标提示商品的库存量

如图 6-128 所示，使用不同图标提示商品的库存量。当库存量大于等于 20 时显示绿色图标，当库存量在 10 ~ 20 之间时显示黄色图标，当库存量小于 10 时显示红色图标。

| | A | B | C | D | E |
|---|---|---|---|---|---|
| 1 | 商品代码 | 商品名称 | 入库数量 | 出库数量 | 期末数量 |
| 2 | 100101 | 宝来扶手箱 | 30 | 5 | 25 |
| 3 | 100102 | 捷达扶手箱 | 20 | 8 | 12 |
| 4 | 100103 | 捷达扶手箱 | 30 | 7 | 23 |
| 5 | 100104 | 宝来嘉丽布座套 | 25 | 14 | 11 |
| 6 | 100105 | 捷达地板 | 20 | 15 | 5 |
| 7 | 100106 | 捷达挡泥板 | 20 | 12 | 8 |
| 8 | 100107 | 捷达亚麻脚垫 | 8 | 6 | 2 |
| 9 | 100108 | 宝来亚麻脚垫 | 40 | 18 | 22 |

图 6-128

读书笔记

## 6.2.4　LOOKUP 查询任意培训者成绩

**关 键 点：** 建立查询表查询任意培训者成绩

**操作要点：** 1. "数据"→"排序和筛选"组→"升序"功能按钮

2. LOOKUP 函数

**应用场景：** 如果参与培训的员工过多，要想查看任意员工的成绩，可以建立一个查询表，只要输入员工的姓名就可以查询到该员工的各项成绩。

❶选中"姓名"列的任意单元格，在"数据"选项卡的"排序和筛选"组中单击"升序"按钮，如图6-129所示。

❷执行升序操作后，"姓名"按升序排列的结果如图6-130所示。

❸复制表格的列标识，并粘贴到 A25 单元格中（也可以粘贴到其他空白位置或新的工作表中），并在B26 单元格中输入任意一位员工的姓名，如图6-131所示。

❹单击选中 D26 单元格，在公式编辑栏中输入公式：=LOOKUP($B$26,$B$1:$B$23,D1:D23)，如图6-132所示。

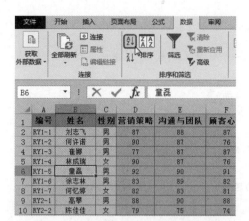

图 6-129

| 编号 | 姓名 | 性别 | 营销策略 | 沟通与团队 | 顾客心 |
|---|---|---|---|---|---|
| RY1-1 | 刘志飞 | 男 | 87 | 88 | 87 |
| RY1-2 | 何诗诺 | 男 | 90 | 87 | 76 |
| RY1-3 | 童娜 | 男 | 77 | 87 | 87 |
| RY1-4 | 林成瑞 | 女 | 87 | 87 | 76 |
| RY1-5 | 童磊 | 男 | 92 | 90 | 91 |
| RY1-6 | 徐志林 | 男 | 83 | 89 | 82 |
| RY2-1 | 何忆婷 | 女 | 82 | 83 | 81 |
| RY2-1 | 高攀 | 男 | 88 | 90 | 88 |
| RY2-2 | 陈佳佳 | 女 | 79 | 75 | 74 |

图 6-130

| 编号 | 姓名 | 性别 | 营销策略 | 沟通与团队 |
|---|---|---|---|---|
| RY2-2 | 陈佳佳 | 女 | 79 | 75 |
| RY2-3 | 陈怡 | 女 | 82 | 83 |
| RY1-3 | 崔娜 | 男 | 77 | 87 |
| RY2-1 | 高攀 | 男 | 88 | 90 |
| RY2-7 | 葛丽 | 女 | 87 | 85 |
| RY2-6 | 韩文信 | 男 | 83 | 83 |
| RY3-1 | 韩燕 | 女 | 81 | 82 |
| RY3-4 | 郝艳艳 | 女 | 82 | 83 |
| RY1-2 | 何诗诺 | 男 | 90 | 87 |
| RY1-7 | 何忆婷 | 女 | 82 | 83 |

图 6-131

图 6-132

=LOOKUP($B$26,$B$1:$B$23,D1:D23)

图 6-133

图 6-134

⑤ 按 Enter 键，即可查看"童磊"的第一项成绩，如图 6-133 所示。

⑥ 选中 D26 单元格，将光标定位到 D26 单元格右下角，当其变为黑色十字形时，按住鼠标左键向右拖动，到达目标位置后，释放鼠标即可返回"童磊"的全部成绩，如图 6-134 所示。

⑦ 要查看其他员工的成绩时，只需要在 B26 单元格中输入员工的姓名，并按 Enter 键，即可查看该员工的全部成绩，如图 6-135 所示。

图 6-135

第 6 章 数据计算表格操作

189

公式分析

LOOKUP 函数，可从单行或单列区域或者从一个数组返回值。本节中使用的是向量形式的 LOOKUP 函数。

LOOKUP(lookup_value, lookup_vector, [result_vector])

- lookup_value：必需。LOOKUP 在第一个向量中搜索的值。lookup_value 可以是数字、文本、逻辑值、名称或对值的引用。
- lookup_vector：必需。只包含一行或一列的区域。lookup_vector 中的值可以是文本、数字或逻辑值。
- result_vector：可选。只包含一行或一列的区域。result_vector 参数必须与 lookup_vector 参数大小相同。其大小必须相同。

=LOOKUP($B$26,$B$1:$B$23,D1:D23)

在 $B$1:$B$23 列中查询 $B$26，找到后返回对应 D1:D23 上的值。此公式中 $B$26、$B$1:$B$23 使用的是绝对引用方式，因为无论公式怎么复制，查找对象与用于查找的区域始终不发生变化。可变区域只有 D1:D23，因为这个区域是用于返回值的区域，这个区域是要发生变化的。随着公式向右复制，D1:D23 会依次更改为 E1:E23、F1:F23……，即依次返回 D 列、E 列……上的值，就是每位培训者的各个项目的成绩。

练一练

**按分数区间进行等级评定**

LOOKUP 函数具有模糊查找的属性。即如果 LOOKUP 找不到所设定的目标值，则会寻找小于或等于目标值的最大数值。利用这个特性可以实现模糊匹配。

如图 6-136 所示，先建立分数区间及对应的等级，利用 LOOKUP 函数建立公式则可以实现根据成绩值自动判断等级。

此公式的判断原理为：若查找的对象 92 在 A3:A7 单元格区域中找不到，则找到的就是小于 92 的最大数 90，其对应在 B 列上的

数据是 A。再如，查找对象 85 在 A3:A7 单元格区域中找不到，则找到的就是小于 85 的最大数 80，其对应在 B 列上的数据是 B。

| 分数 | 等级 | | 姓名 | 部门 | 成绩 | 等级评定 |
|---|---|---|---|---|---|---|
| | | | 等级分布 | | 成绩统计表 | |
| 0 | E | | 刘岚轩 | 销售部 | 92 | A |
| 60 | D | | 孙悦 | 客服部 | 85 | B |
| 70 | C | | 万文锦 | 客服部 | 65 | D |
| 80 | B | | 王颁彦 | 客服部 | 94 | A |
| 90 | A | | 王晓蝶 | 客服部 | 91 | A |
| | | | 夏正霏 | 销售部 | 44 | E |
| | | | 徐梓瑞 | 销售部 | 88 | B |
| | | | 许宸浩 | 客服部 | 75 | C |
| | | | 何力 | 客服部 | 71 | C |

G3 cell: =LOOKUP(F3,$A$3:$B$7)

图 6-136

## 6.3 加班记录统计表

当员工因工作需要进行加班时，需要建立一张表格来对加班的具体明细数据进行记录。本月结束时人力资源部门需要根据"加班记录统计表"中的信息来计算员工的加班时长，并根据加班性质计算加班费用等。利用 Excel 中提供的函数、统计分析工具等都可以达到这些统计目的。如图 6-137 所示为建立的加班统计表。

| | A | B | C | D | E | F | G | H | I |
|---|---|---|---|---|---|---|---|---|---|
| 3 | 员工姓名 | 加班日期 | 加班性质 | 开始时间 | 结束时间 | 加班时长 | 加班原因 | 加班费 | 人事部核实 |
| 4 | 刘志飞 | 2016/9/1 | A | 12:00:00 | 14:30:00 | 2.5 | 工作需要 | 46.875 | 刘丹晨 |
| 5 | 何许诺 | 2016/9/1 | A | 17:00:00 | 20:00:00 | 3 | 工作需要 | 56.25 | 刘丹晨 |
| 6 | 崔娜 | 2016/9/3 | B | 10:00:00 | 16:00:00 | 6 | 整理方案 | 225 | 刘丹晨 |
| 7 | 林成瑞 | 2016/9/3 | B | 14:30:00 | 18:00:00 | 3.5 | 接待客户 | 131.25 | 刘丹晨 |
| 8 | 崔娜 | 2016/9/5 | A | 19:00:00 | 21:00:00 | 2 | 会见客户 | 37.5 | 陈 琛 |
| 9 | 何许诺 | 2016/9/7 | A | 20:00:00 | 22:30:00 | 2.5 | 会见客户 | 46.875 | 郭晓溪 |
| 10 | 林成瑞 | 2016/9/7 | A | 19:00:00 | 21:00:00 | 2 | 完成业绩 | 37.5 | 郭晓溪 |
| 11 | 金璐忠 | 2016/9/12 | A | 19:00:00 | 21:00:00 | 2 | 工作需要 | 37.5 | 陈 琛 |
| 12 | 何佳怡 | 2016/9/12 | A | 20:00:00 | 22:00:00 | 2 | 会见客户 | 37.5 | 陈 琛 |
| 13 | 崔娜 | 2016/9/12 | A | 19:00:00 | 21:00:00 | 2 | 完成业绩 | 37.5 | 陈 琛 |
| 14 | 金璐忠 | 2016/9/13 | A | 19:00:00 | 21:30:00 | 2.5 | 完成业绩 | 46.875 | 陈 琛 |
| 15 | 李菲菲 | 2016/9/13 | A | 20:00:00 | 22:00:00 | 2 | 会见客户 | 37.5 | 谭谢生 |
| 16 | 华玉凤 | 2016/9/14 | A | 20:00:00 | 22:00:00 | 2 | 工作需要 | 37.5 | 谭谢生 |
| 17 | 林成瑞 | 2016/9/14 | A | 19:00:00 | 21:00:00 | 2 | 统计销售 | 37.5 | 谭谢生 |
| 18 | 何许诺 | 2016/9/14 | A | 19:30:00 | 21:00:00 | 1.5 | 工作需要 | 28.125 | 谭谢生 |
| 19 | 林成瑞 | 2016/9/16 | C | 10:00:00 | 13:00:00 | 3 | 工作需要 | 168.75 | 简 菲 |
| 20 | 张军 | 2016/9/16 | C | 10:30:00 | 13:00:00 | 2.5 | 会见客户 | 140.625 | 简 菲 |
| 21 | 李菲菲 | 2016/9/19 | A | 20:00:00 | 22:00:00 | 2 | 会见客户 | 37.5 | 简 菲 |
| 22 | 何佳怡 | 2016/9/19 | A | 19:30:00 | 22:00:00 | 2.5 | 工作需要 | 46.875 | 简 菲 |

图 6-137

## 6.3.1 加班性质的选择性输入

**关 键 点：** 设置数据验证实现选择性输入

**操作要点：** "数据"→"数据工具"组→"数据验证"功能按钮

**应用场景：** 公司将加班性质分为 3 种，在加班记录表中，要求必须记录员工的加班性质，本例中采用以代码来代替不同加班性质的方式，然后通过设置数据验证以实现选择性输入。

❶ 在表格的空白位置上加一个如图 6-138 所示的表格。

| | H | I | J | K |
|---|---|---|---|---|
| 1 | | | | |
| 2 | | | | |
| 3 | 人事部核实 | | 加班性质 | |
| 4 | 刘丹晨 | | 平时加班 | A |
| 5 | 刘丹晨 | | 双休日加班 | B |
| 6 | 刘丹晨 | | 法定假日加班 | C |
| 7 | 刘丹晨 | | | |

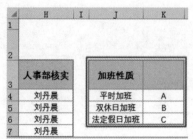

图 6-138

❷ 选中 C4:C35 单元格，在"数据"选项卡的"数据工具"组中单击"数据验证"下拉按钮，在其下拉菜单中选择"数据验证"命令（如图 6-139 所示），打开"数据验证"对话框。

图 6-139

❸ 单击"允许"下拉按钮，在展开的列表框中选择"序列"选项，然后在"来源"文本框中输入 =$K$4:$K$6（步骤 ❶ 中建立的辅助数据），如图 6-140 所示。

图 6-140

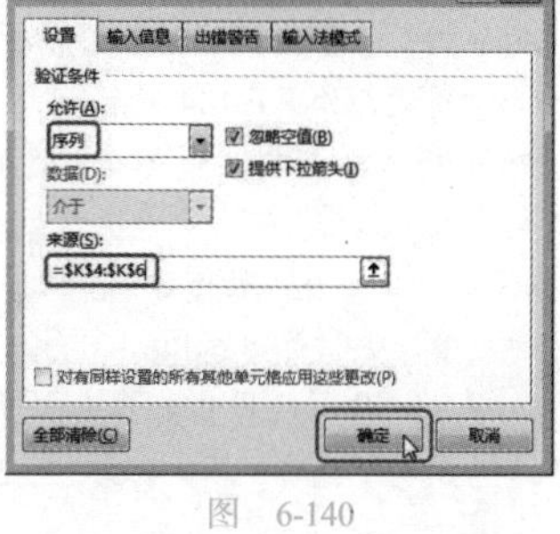

❹ 单击"确定"按钮，返回到工作表中，单击 C4 单元格右侧的下拉按钮，在展开的菜单中选择员工加班性质，如图 6-141 所示。

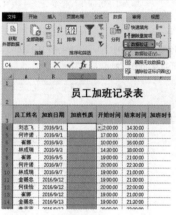

图 6-141

⑤ 根据实际加班情况，选择员工加班性质，完成后的效果如图 6-142 所示。

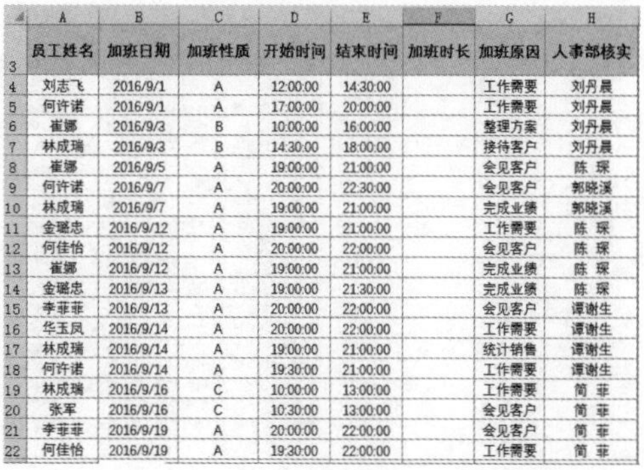

图 6-142

## 6.3.2 计算加班时长

**关 键 点：** 根据加班开始时间与结束时间计算加班时长

**操作要点：** 1. HOUR 函数

　　　　　 2. MINUTE 函数

**应用场景：** 当记录了加班起始时间与结束时间后，需要对加班时长进行计算。计算加班时长时需要配合 HOUR 与 MINUTE 函数实现计算。

① 选中 F4 单元格，在公式编辑栏中输入公式 =(HOUR(E4)+MINUTE(E4)/60)-(HOUR(D4)+MINUTE(D4)/60)，如图 6-143 所示。

图 6-143

② 按 Enter 键，计算出第 1 位员工的加班时间，此时默认为时间格式，如图 6-144 所示。

③ 选中 F4 单元格，在"开始"选项卡的"数字"组中单击"数字格式"下拉按钮，在弹出的下拉菜单中选择"常规"命令（如图 6-145 所示），即可转换时间格式为小时数，如图 6-146 所示。

④ 选中 F4 单元格，鼠标指针指向单元格右下角，按住鼠标左键向下拖动，填充公式，快速计算出

其他员工的加班时长，如图 6-147 所示。

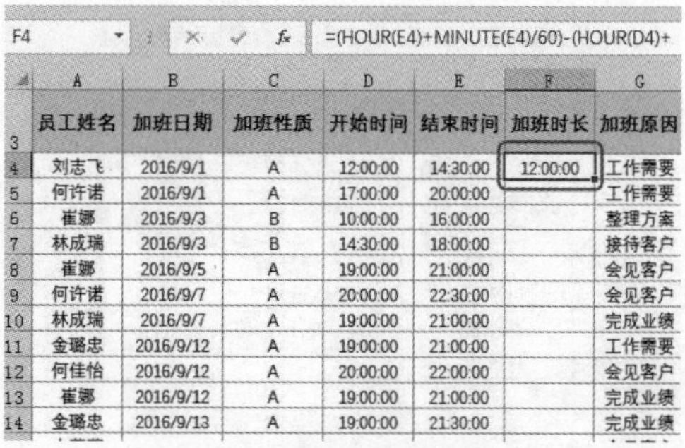

图 6-144

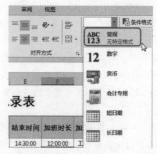

图 6-145

# 员工加班记录表

| 加班日期 | 加班性质 | 开始时间 | 结束时间 | 加班时长 | 加班原因 |
|---|---|---|---|---|---|
| 2016/9/1 | A | 12:00:00 | 14:30:00 | 2.5 | 工作需要 |
| 2016/9/1 | A | 17:00:00 | 20:00:00 | | 工作需要 |
| 2016/9/3 | B | 10:00:00 | 16:00:00 | | 整理方案 |
| 2016/9/3 | B | 14:30:00 | 18:00:00 | | 接待客户 |
| 2016/9/5 | A | 19:00:00 | 21:00:00 | | 会见客户 |
| 2016/9/7 | A | 20:00:00 | 22:30:00 | | 会见客户 |
| 2016/9/7 | A | 19:00:00 | 21:00:00 | | 完成业绩 |

图 6-146

公式分析

- HOUR 函数。HOUR 函数表示返回时间值的小时数。

  HOUR(serial_number)

- MINUTE 函数。MINUTE 函数表示返回时间值的分钟数。

  MINUTE(serial_number)

  =(HOUR(E4)+MINUTE(E4)/60)-(HOUR(D4)+MINUTE(D4)/60)

❶ 利用 MINUTE 函数将 E4 单元格的时间转换的分钟数，再除以 60，得到的值为小时数；利用 HOUR 函数将 E4 单元格的时间转换为小时数，二者相加得到的是小时数合计值。

❷ 后面一部分与前面一样是计算 D4 单元格中时间的小时数

❸ 二者差值为加班时长。

## 6.3.3 计算加班费

关 键 点：设置公式计算加班费

操作要点：IF 函数

应用场景：假设员工日平均工资为 150 元，平时加班费每小时为 18.75 元，双休日加班费为平时加班的 2 倍，法定假日加班费为平时的 3 倍。有了这些已知条件后，可以设置公式来计算加班费。

❶选中 H 列，在列标上右击，在弹出的菜单中选择"插入"命令（如图 6-149 所示），即可在 H 列

| | 员工姓名 | 加班日期 | 加班性质 | 开始时间 | 结束时间 | 加班时长 | 加班原因 |
|---|---|---|---|---|---|---|---|
| 4 | 刘志飞 | 2016/9/1 | A | 12:00:00 | 14:30:00 | 2.5 | 工作需要 |
| 5 | 何许诺 | 2016/9/1 | A | 17:00:00 | 20:00:00 | 3 | 工作需要 |
| 6 | 崔娜 | 2016/9/3 | B | 10:00:00 | 16:00:00 | 6 | 整理方案 |
| 7 | 林成瑞 | 2016/9/3 | B | 14:30:00 | 18:00:00 | 3.5 | 接待客户 |
| 8 | 崔娜 | 2016/9/5 | A | 19:00:00 | 21:00:00 | 2 | 会见客户 |
| 9 | 何许诺 | 2016/9/7 | A | 20:00:00 | 22:30:00 | 2.5 | 会见客户 |
| 10 | 林成瑞 | 2016/9/7 | A | 19:00:00 | 21:00:00 | 2 | 完成业绩 |
| 11 | 金瑶忠 | 2016/9/12 | A | 19:00:00 | 21:00:00 | 2 | 工作需要 |
| 12 | 何佳怡 | 2016/9/12 | A | 20:00:00 | 22:00:00 | 2 | 会见客户 |
| 13 | 崔娜 | 2016/9/12 | A | 19:00:00 | 21:00:00 | 2 | 完成业绩 |
| 14 | 金瑶忠 | 2016/9/13 | A | 19:00:00 | 21:30:00 | 2.5 | 完成业绩 |
| 15 | 李菲菲 | 2016/9/13 | A | 19:00:00 | 21:00:00 | 2 | 工作需要 |
| 16 | 王玉凤 | 2016/9/14 | A | 20:00:00 | 22:00:00 | 2 | 工作需要 |
| 17 | 林成瑞 | 2016/9/14 | A | 19:00:00 | 21:00:00 | 2 | 统计销售 |
| 18 | 何许诺 | 2016/9/14 | A | 19:30:00 | 21:00:00 | 1.5 | 工作需要 |
| 19 | 林成瑞 | 2016/9/16 | C | 10:00:00 | 13:00:00 | 3 | 工作需要 |
| 20 | 张军 | 2016/9/16 | C | 10:30:00 | 13:00:00 | 2.5 | 完成业绩 |
| 21 | 李菲菲 | 2016/9/19 | A | 20:00:00 | 22:00:00 | 2 | 会见客户 |
| 22 | 何佳怡 | 2016/9/19 | A | 19:30:00 | 22:00:00 | 2.5 | 工作需要 |
| 23 | 刘志飞 | 2016/9/20 | A | 20:00:00 | 22:00:00 | 2 | 会见客户 |
| 24 | 廖凯 | 2016/9/20 | A | 20:00:00 | 22:00:00 | 2 | 会见客户 |
| 25 | 刘琦 | 2016/9/24 | B | 10:00:00 | 13:00:00 | 3 | 工作需要 |
| 26 | 何佳怡 | 2016/9/24 | B | 9:00:00 | 12:00:00 | | 工作需要 |

图 6-147

练 一 练

### 根据车辆进入时间与离开时间计算停车费

如图 6-148 所示，根据车辆进入时间与离开时间计算停车费。本例约定每小时停车费为 12 元，且停车费按实际停车时间计算。

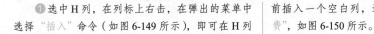

图 6-148

前插入一个空白列，选中 H3 单元格，输入"加班费"，如图 6-150 所示。

193

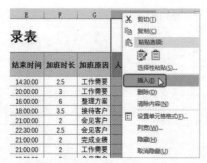

图 6-149

| | D | E | F | G | H | I |
|---|---|---|---|---|---|---|
| H3 | 加班费 | | | | | |

加班记录表

| | 开始时间 | 结束时间 | 加班时长 | 加班原因 | 加班费 | 人事部核实 |
|---|---|---|---|---|---|---|
| 4 | 12:00:00 | 14:30:00 | 2.5 | 工作需要 | | 刘丹晨 |
| 5 | 17:00:00 | 20:00:00 | 3 | 工作需要 | | 刘丹晨 |
| 6 | 10:00:00 | 16:00:00 | 6 | 整理方案 | | 刘丹晨 |
| 7 | 14:30:00 | 18:00:00 | 3.5 | 接待客户 | | 刘丹晨 |
| 8 | 19:00:00 | 21:00:00 | 2 | 会见客户 | | 陈 琛 |
| 9 | 20:00:00 | 22:30:00 | 2.5 | 会见客户 | | 郭晓溪 |
| 10 | 19:00:00 | 21:00:00 | 2 | 完成业绩 | | 郭晓溪 |

图 6-150

② 选中 H4 单元格，在公式编辑栏中输入公式：=IF(C4="A",F4*18.75,IF(C4="B",F4*(18.75*2),IF(C4="C",F4*(18.75*3)))),如图 6-151 所示。

| ✓ | fx | =IF(C4="A",F4*18.75,IF(C4="B",F4*(18.75*2),IF(C4="C",F4*(18.75*3)))) |
|---|---|---|

| | C | D | E | F | G | H | I |
|---|---|---|---|---|---|---|---|
| | 加班性质 | 开始时间 | 结束时间 | 加班时长 | 加班原因 | 加班费 | 人事部核实 |
| | A | 12:00:00 | 14:30:00 | 2.5 | 工作需要 | C4="C",F4*( | 刘丹晨 |
| | A | 17:00:00 | 20:00:00 | 3 | 工作需要 | | 刘丹晨 |
| | B | 10:00:00 | 16:00:00 | 6 | 整理方案 | | 刘丹晨 |
| | B | 14:30:00 | 18:00:00 | 3.5 | 接待客户 | | 刘丹晨 |
| | A | 19:00:00 | 21:00:00 | 2 | 会见客户 | | 陈 琛 |

图 6-151

③ 按 Enter 键，计算出第 1 位员工的加班费，如图 6-152 所示。

| | G | H | I |
|---|---|---|---|
| 3 | 加班原因 | 加班费 | 人事部核实 |
| 4 | 工作需要 | 46.875 | 刘丹晨 |
| 5 | 工作需要 | | 刘丹晨 |
| 6 | 整理方案 | | 刘丹晨 |
| 7 | 接待客户 | | 刘丹晨 |
| 8 | 会见客户 | | 陈 琛 |
| 9 | 会见客户 | | 郭晓溪 |
| 10 | 完成业绩 | | 郭晓溪 |

图 6-152

④ 利用公式向下填充功能，计算出其他员工的加班费，如图 6-153 所示。

| | G | H | I |
|---|---|---|---|
| 27 | 工作需要 | 112.5 | 陈 琛 |
| 28 | 会见客户 | 168.75 | 陈 琛 |
| 29 | 工作需要 | 37.5 | 陈 琛 |
| 30 | 会见客户 | 37.5 | 陈 琛 |
| 31 | 工作需要 | 37.5 | 郭晓溪 |
| 32 | 工作需要 | 37.5 | 郭晓溪 |
| 33 | 会见客户 | 46.875 | 简 菲 |
| 34 | 工作需要 | 37.5 | 简 菲 |
| 35 | 工作需要 | 18.75 | 谭谢生 |

图 6-153

公式分析

这是一个 IF 函数嵌套的例子，IF 函数可以嵌套 7 层关系式，这样可以构造复杂的判断条件，从而进行综合测评。

=IF(C4="A",F4*18.75,IF(C4="B",F4*(18.75*2),IF(C4="C",F4*(18.75*3))))

如果 C4=A，则按照 F4*18.75 公式计算加班费，并返回值；否则判断 C4=B，如果是，则按照 F4*(18.75*2) 计算加班费，并返回值；否则判断 C4=C，如果是，则按照 F4*(18.75*3) 计算加班费，并返回值。

练 一 练

根据积分卡中积分值判断应给予何种赠品

商场根据不同积分预备发放礼品，其具体规则是：积分大于 10000 分的，赠送烤箱；积分大于 5000 小于 10000 的，赠送加湿器；积分大于 1000 小于 5000 元的，赠送洁面仪；积分小于 1000 元的赠送水杯，可以使用 IF 函数的多层嵌套来设计公式，如图 6-154 所示。

| C2 | ✕ ✓ fx | =IF(B2>10000,"烤箱",IF(B2>5000,"加湿器", IF(B2>1000,"洁面仪","水杯"))) |
|---|---|---|

| | A | B | C | D | E | F |
|---|---|---|---|---|---|---|
| 1 | 卡号 | 积分 | 赠品 | | | |
| 2 | 13001 | 2054 | 洁面仪 | | | |
| 3 | 13001 | 10005 | 烤箱 | | | |
| 4 | 13001 | 5987 | 加湿器 | | | |
| 5 | 13001 | 4590 | 洁面仪 | | | |
| 6 | 13001 | 128 | 水杯 | | | |
| 7 | 13001 | 8201 | 加湿器 | | | |
| 8 | 13001 | 1223 | 洁面仪 | | | |
| 9 | 13001 | 697 | 水杯 | | | |
| 10 | 13001 | 768 | 水杯 | | | |

图 6-154

## 6.3.4　计算每位员工的加班费

关 键 点：每位员工的加班费统计

操作要点：SUMIF 函数

应用场景：当前工作表是按照加班记录按日期统计的，因此在一定日期内（如一个月内），一位员工可能存在多次加班的情况，故需要对本期内每位员工的合计加班费金额进行统计。

要想计算出每位员工的加班费合计值，可以利用 SUMIF 函数实现，具体操作如下。

### 1. 利用"删除重复值"功能获取不重复的所有员工姓名

❶ 单击"新工作表"按钮（如图 6-155 所示），在当前工作簿中插入新工作表，并命名为"各员工加班信息表"，如图 6-156 所示。

| 10 | 林成瑞 | 2016/9/7 | A |
| 11 | 金璐忠 | 2016/9/12 | A |
| 12 | 何佳怡 | 2016/9/12 | A |
| 13 | 崔娜 | 2016/9/12 | A |
| 14 | 金璐忠 | 2016/9/13 | A |
| 15 | 李菲菲 | 2016/9/13 | A |
| 16 | 华玉凤 | 2016/9/14 | A |

Sheet1

就绪

图　6-155

| 27 | | |
| 28 | | |
| 29 | | |
| 30 | | |
| 31 | | |
| 32 | | |

Sheet1　各员工加班信息表

就绪

图　6-156

❷ 单击 Sheet1 工作表，选中 A4:A35 单元格区域，按 Ctrl+C 快捷键复制单元格中的姓名列数据，如图 6-157 所示。

❸ 单击"各员工加班信息表"工作表，选中 A1 单元格，按 Ctrl+V 快捷键进行粘贴，如图 6-158 所示。

❹ 保持全选状态，在"数据"→"数据工具"选项组中单击"删除重复项"按钮（如图 6-159 所示），打开"删除重复项"对话框。

| | A | B | C | D |
|---|---|---|---|---|
| 3 | 员工姓名 | 加班日期 | 加班性质 | 开始时间 |
| 4 | 刘志飞 | 2016/9/1 | A | 12:00:00 |
| 5 | 何许诺 | 2016/9/1 | A | 17:00:00 |
| 6 | 崔娜 | 2016/9/3 | B | 10:00:00 |
| 7 | 林成瑞 | 2016/9/3 | B | 14:30:00 |
| 8 | 崔娜 | 2016/9/5 | A | 19:00:00 |
| 9 | 何许诺 | 2016/9/7 | A | 20:00:00 |
| 10 | 林成瑞 | 2016/9/7 | A | 19:00:00 |
| 11 | 金璐忠 | 2016/9/12 | A | 19:00:00 |
| 12 | 何佳怡 | 2016/9/12 | A | 20:00:00 |
| 13 | 崔娜 | 2016/9/12 | A | 19:00:00 |
| 14 | 金璐忠 | 2016/9/13 | A | 19:00:00 |

Sheet1　各员工加班信息表

图　6-157

| | A | B | C | D |
|---|---|---|---|---|
| 1 | 刘志飞 | | | |
| 2 | 何许诺 | | | |
| 3 | 崔娜 | | | |
| 4 | 林成瑞 | | | |
| 5 | 崔娜 | | | |
| 6 | 何许诺 | | | |
| 7 | 林成瑞 | | | |
| 8 | 金璐忠 | | | |
| 9 | 何佳怡 | | | |
| 10 | 崔娜 | | | |
| 11 | 金璐忠 | | | |
| 12 | 李菲菲 | | | |
| 13 | 华玉凤 | | | |
| 14 | 林成瑞 | | | |
| 15 | 何许诺 | | | |

Sheet1　各员工加班信息表

图　6-158

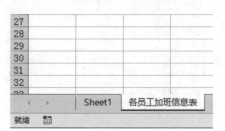

| 文件 | 开始 | 插入 | 页面布局 | 公式 | 数据 | 审阅 | 视 |

获取外部数据　连接　排序和筛选　数据工具

快速填充　删除重复项　数据验证

A3　员工加班记录表

| | A | B | C | D |
|---|---|---|---|---|
| 4 | 刘志飞 | | | |
| 5 | 何许诺 | | | |
| 6 | 崔娜 | | | |
| 7 | 林成瑞 | | | |
| 8 | 崔娜 | | | |
| 9 | 何许诺 | | | |
| 10 | 林成瑞 | | | |
| 11 | 金璐忠 | | | |
| 12 | 何佳怡 | | | |

图　6-159

⑤单击"全选"按钮，如图 6-160 所示。

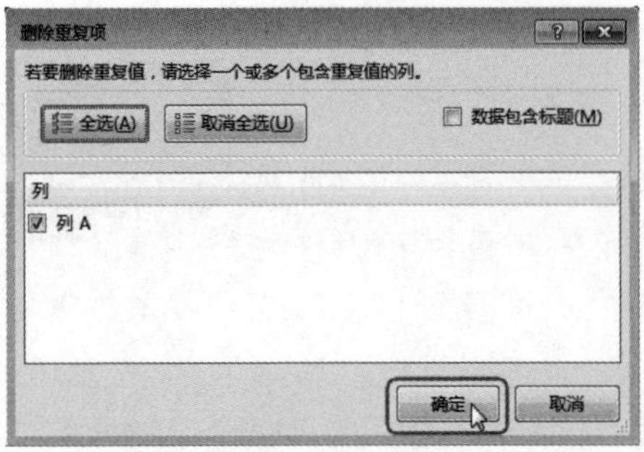

图 6-160

⑥单击"确定"按钮，弹出提示框，显示了数据中的重复值的个数和保留多少个唯一值，如图 6-161 所示。

图 6-161

⑦单击"确定"按钮，重复项删除成功，得到的就是所有不重复的员工姓名。添加列标识和"加班费"列，如图 6-162 所示。

| | A | B | C | D |
|---|---|---|---|---|
| 1 | 员工姓名 | 加班费 | | |
| 2 | 刘志飞 | | | |
| 3 | 何许诺 | | | |
| 4 | 崔娜 | | | |
| 5 | 林成瑞 | | | |
| 6 | 金璐忠 | | | |
| 7 | 何佳怡 | | | |
| 8 | 李菲菲 | | | |
| 9 | 华玉凤 | | | |
| 10 | 张军 | | | |
| 11 | 廖凯 | | | |
| 12 | 刘琦 | | | |
| 13 | 崔娜云 | | | |

图 6-162

## 2. 统计加班费

①选中 B2 单元格，首先在公式编辑栏中输入公式 =SUMIF(，如图 6-163 所示。

②单击 Sheet1 工作表的标签切换到 Sheet1 工作表中，在 Sheet1 工作表中选中 A4:A35 单元格区域，如图 6-164 所示。

③在公式编辑栏中接着输入 A2，(这个 A2 是"各员工加班信息表"工作表中 A2 单元格，因此也可以只输入","，切换到"各员工加班信息表"工作

表中选中 A2 单元格)，如图 6-165 所示。

图 6-163

图 6-164

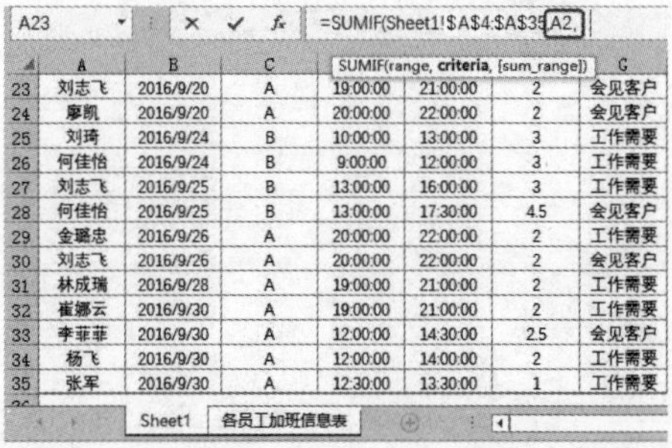

图 6-165

④在 Sheet1 工作表中选中 H4:H35 单元格区域，如图 6-166 所示。

图 6-166

⑤ 在公式编辑栏中输入"）"，按 Enter 键，即可得到第一位员工的加班费，如图 6-167 所示。

图 6-167

⑦ 向下填充公式，计算出其他员工的加班费用，如图 6-169 所示。

图 6-169

**专家提醒**

本例中在计算每位员工的加班费时，为 SUMIF 函数设置参数时切换到其他工作表中选择了参与运算的数据源。当公式需要使用其他工作表中的数据源时，都可以按此方法先切换到目标工作表，再选中目标单元格区域。无论有多么复杂的引用，只要按此法依次切换依次选中即可。可以配合手工输入与鼠标点选的方式来完成公式的编辑，完成编辑后，按 Enter 键即可。

由于本例中在进行求和计算时，用于条件判断的区域与用于求和的区域始终是不改变的，所以在进行到上面第⑤步建立公式后要将引用方式更改为绝对引用方式（只查询对象参数保持相对引用方式），然后再向下复制公式。

⑥ 选中 B2 单元格，在"开始"选项卡的"数字"组中单击"数字格式"下拉按钮，在弹出的下拉列表中选择"会计专用"，如图 6-168 所示。

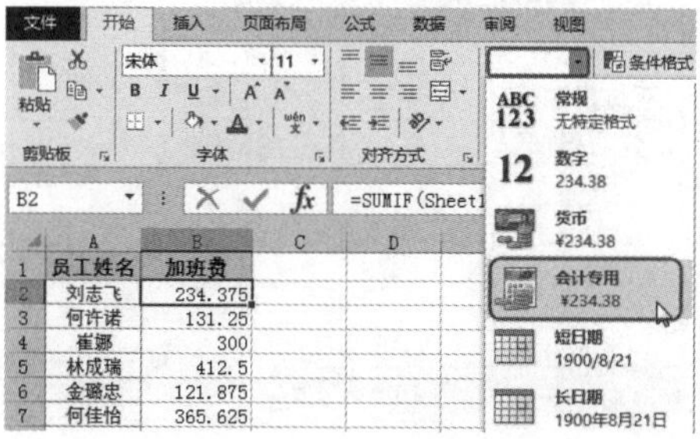

图 6-168

**公式分析**

SUMIF 函数。SUMIF 函数可以对区中符合指定条件的值求和。

SUMIF(range, criteria, [sum_range])

=SUMIF(Sheet1!\$A\$4:\$A\$35,A2,Sheet1!\$H\$4:\$H\$35)

表示在 Sheet1!\$A\$4:\$A\$35 单元格区域寻找所有与 A2 单元格中显示的相同的姓名，找到后把所有对应在 Sheet1!\$H\$4:\$H\$35 单元格区域上的值进行求和。

**练一练**

**统计任意指定销售员的总销售额**

一位销售员有多条记录，要求对某一位销售员的销售额进行汇总统计，如图 6-170 所示。

图 6-170

关 键 点：根据加班性质统计加班费

操作要点：SUMIF 函数

应用场景：加班性质分为 3 种：平时加班、双休日加班、法定节假日加班。现在
要计算 3 种加班性质各产生的金额，可以利用 SUMIF 函数实现。

① 打开"加班记录统计表"工作簿，创建新工作表，并命名为"不同加班性质加班费计算"。

② 单击工作表 Sheet1，选中 K3:L6 单元格，按 Ctrl+C 快捷键复制单元格中的信息，如图 6-171 所示。

| G | H | I | J | K | L |
|---|---|---|---|---|---|
| 加班原因 | 加班费 | 人事部核实 | | 加班性质 | |
| 工作需要 | 46.875 | 刘丹晨 | | | |
| 工作需要 | 56.25 | 刘丹晨 | | 平时加班 | A |
| 整理方案 | 225 | 刘丹晨 | | 双休日加班 | B |
| 接待客户 | 131.25 | 刘丹晨 | | 法定假日加班 | C |
| 会见客户 | 37.5 | 陈 琛 | | | |
| 会见客户 | 46.875 | 郭晓溪 | | | |
| 完成业绩 | 37.5 | 郭晓溪 | | | |
| 工作需要 | 37.5 | 陈 琛 | | | |
| 会见客户 | 37.5 | 陈 琛 | | | |
| 完成业绩 | 37.5 | 陈 琛 | | | |
| 完成业绩 | 46.875 | 陈 琛 | | | |
| 会见客户 | 37.5 | 潘淑生 | | | |

图 6-171

③ 单击工作表"不同性质加班费计算"，选中 A1 单元格，按 Ctrl+V 快捷键进行粘贴，如图 6-172 所示。

| A | B | C | D | E |
|---|---|---|---|---|
| 加班性质 | | | | |
| 平时加班 | A | | | |
| 双休日加班 | B | | | |
| 法定假日加班 | C | | | |

图 6-172

④ 选中 C2 单元格，在公式编辑栏中输入公式 =SUMIF(Sheet1!$C$4:$C$35,B2,Sheet1!$H$4:$H$35)，如图 6-173 所示。

图 6-173

⑤ 按 Enter 键，计算出"平时加班"性质的加班金额求和值。

⑥ 选中 C2 单元格，在"开始"选项卡的"数字"组中单击"数字格式"下拉按钮，在弹出的下拉列表中选择"会计专用"选项，如图 6-174 所示。

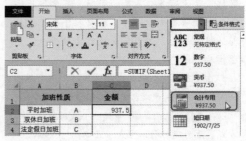

图 6-174

⑦ 向下填充公式，计算出其他性质的加班金额，如图 6-175 所示。

| A | B | C | D |
|---|---|---|---|
| 加班性质 | | 金额 | |
| 平时加班 | A | ¥ 937.50 | |
| 双休日加班 | B | ¥ 862.50 | |
| 法定假日加班 | C | ¥ 309.38 | |

图 6-175

公式分析

=SUMIF(Sheet1!$C$4:$C$35,B2,Sheet1!$H$4:$H$35) 的应用方法与 6.3.4 节中的应用方法完全相同。其注意要点是，在哪个区域判断条件设为第 1 个参数，条件为第 2 个参数，用于求和的单元格区域为第 3 个参数。

练一练

### 同时满足双条件时求和

如图 6-176 所示，要求对同时满足双条件的数据进行求和。这时需要使用到 SUMIFS 函数，此函数共 5 个参数，第 1 个参数指定用于求和运算的单元格区域；第 2 个参数与第 3 个参数用于指定第 1 个条件判断的区域与第 1 个条件；第 4 个参数与第 5 个参数用于指定第 2 个条件判断的区域与第 2 个条件。

| | A | B | C | D | E | F |
|---|---|---|---|---|---|---|
| F2 | | | fx | =SUMIFS(D2:D14,B2:B14,"新都汇店",C2:C14,"玉肌") | | |
| 1 | 销售日期 | 店面 | 品牌 | 销售额 | | 新都汇玉肌总销售额 |
| 2 | 2017-3-4 | 国购店 | 贝莲娜 | 8870 | | 18000 |
| 3 | 2017-3-4 | 沙湖街区店 | 玉肌 | 7900 | | |
| 4 | 2017-3-4 | 新都汇店 | 玉肌 | 9100 | | |
| 5 | 2017-3-5 | 沙湖街区店 | 玉肌 | 12540 | | |
| 6 | 2017-3-11 | 沙湖街区店 | 薇姿薇可 | 9600 | | |
| 7 | 2017-3-11 | 新都汇店 | 玉肌 | 8900 | | |
| 8 | 2017-3-12 | 沙湖街区店 | 贝莲娜 | 12000 | | |
| 9 | 2017-3-18 | 新都汇店 | 贝莲娜 | 11020 | | |
| 10 | 2017-3-18 | 圆融广场店 | 玉肌 | 9500 | | |
| 11 | 2017-3-19 | 圆融广场店 | 薇姿薇可 | 11200 | | |
| 12 | 2017-3-25 | 圆融广场店 | 薇姿薇可 | 8670 | | |
| 13 | 2017-3-26 | 圆融广场店 | 贝莲娜 | 13600 | | |
| 14 | 2017-3-26 | 圆融广场店 | 玉肌 | 12000 | | |

图 6-176

技高一筹

### 1. 自动标识周末的加班记录

在加班统计表中，可以通过条件格式的设置快速标识出周末加班的记录。此条件格式的设置需要使用公式进行判断。

❶ 选中目标单元格区域，在"开始"选项卡的"样式"组中，单击"条件格式"下拉按钮，

选择"新建规则"命令（如图 6-177 所示），打开"新建格式规则"对话框。

❷ 在"选择规则类型"栏中选择"使用公式确定要设置格式的单元格"，在下面的文本框中输入公式 =WEEKDAY(A3,2)>5，如图 6-178 所示。

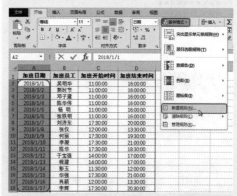

图 6-177

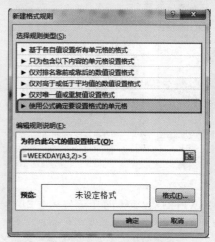

图 6-178

❸ 单击"格式"按钮，打开"设置单元格格式"对话框。对需要标识的单元格进行格式设置，这里以设置单元格背景颜色为"红色"为例，如图 6-179 所示。

❹ 单击"确定"按钮，返回到"新建格式规则"对话框中，再次单击"确定"按钮，即可将选定单元格区域内的双休日以红色填充色标识出来，如图 6-180 所示。

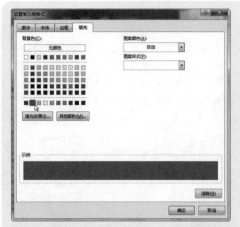

图 6-179

| | A | B | C | D |
|---|---|---|---|---|
| 1 | 加班日期 | 加班员工 | 加班开始时间 | 加班结束时间 |
| 2 | 2018/1/1 | 吴明华 | 上午 11:00:00 | 下午 4:00:00 |
| 3 | 2018/1/2 | 郭时节 | 上午 11:00:00 | 下午 4:00:00 |
| 4 | 2018/1/3 | 邓子建 | 上午 11:00:00 | 下午 4:00:00 |
| 5 | 2018/1/4 | 陈华伟 | 上午 11:00:00 | 下午 4:00:00 |
| 6 | 2018/1/5 | 杨 明 | 上午 11:00:00 | 下午 4:00:00 |
| 7 | 2018/1/6 | 张铁明 | 上午 11:00:00 | 下午 4:00:00 |
| 8 | 2018/1/7 | 刘济东 | 下午 5:30:00 | 下午 8:00:00 |
| 9 | 2018/1/8 | 张仪 | 下午 12:00:00 | 下午 1:30:00 |
| 10 | 2018/1/9 | 何丽 | 下午 5:30:00 | 下午 7:30:00 |
| 11 | 2018/1/10 | 李凝 | 下午 5:30:00 | 下午 9:00:00 |
| 12 | 2018/1/11 | 陈华 | 下午 5:30:00 | 下午 6:30:00 |
| 13 | 2018/1/12 | 于宝强 | 下午 2:00:00 | 下午 5:00:00 |
| 14 | 2018/1/13 | 程建 | 下午 2:00:00 | 下午 5:00:00 |
| 15 | 2018/1/14 | 彭玉 | 上午 11:30:00 | 下午 12:00:00 |
| 16 | 2018/1/15 | 华强 | 下午 5:30:00 | 下午 9:00:00 |
| 17 | 2018/1/16 | 肖颖 | 下午 12:00:00 | 下午 1:30:00 |
| 18 | 2018/1/17 | 李辉 | 下午 5:30:00 | 下午 8:30:00 |

图 6-180

💡 专家提醒

　　WEEKDAY 函数用于返回一个日期对应的星期数，分别用 1 ~ 7 表示周一到周日，因此当返回值大于 5 时就表示是周六或周日。

　　利用公式建立条件可以处理更为复杂的数据，让条件的判断更加的灵活，但是要应用好这些功能，需要对 Excel 函数有所了解。

## 2. 超大范围公式复制的办法

　　如果是小范围内公式的复制，一般都是通过拖动填充柄填充的方式实现。但是当在超大范围进行复制时（如几百上千条），通过拖动填充柄复制既浪费时间又容易出错。此时可以按如下方法进行填充。（为方便显示，本例假设有 50 余条记录。）

　　❶ 选中 E2 单元格，在名称框中输入要填充公式的同列最后一个单元格地址 E2:E54，如图 6-181 所示。

　　❷ 按 Enter 键选中 E2:E54 单元格区域，如图 6-182 所示。

| E2:E54 | | | fx | =SUM(B2:D2) |
|---|---|---|---|---|
| | A | B | C | D | E |
| 1 | 姓名 | 语文 | 数学 | 英语 | 总分 |
| 2 | 卢忍 | 83 | 43 | 64 | 190 |
| 3 | 许燕 | 84 | 76 | 72 | |
| 4 | 代言泽 | 77 | 73 | 77 | |
| 5 | 戴李园 | 85 | 64 | 72 | |
| 6 | 纵岩 | 83 | 66 | 99 | |
| 7 | 乔华彬 | 78 | 48 | 68 | |
| 8 | 薛慧娟 | 88 | 70 | 74 | |
| 9 | 葛俊媛 | 85 | 91 | 95 | |
| 10 | 章玉红 | 80 | 84 | 99 | |
| 11 | 王丽萍 | 78 | 64 | 71 | |
| 12 | 盛明旺 | 81 | 60 | 70 | |
| 13 | 赵小玉 | 89 | 92 | 86 | |
| 14 | 卓廷廷 | 77 | 86 | 76 | |

一班成绩　Sheet3

图 6-181

| E2 | | | fx | =SUM(B2:D2) |
|---|---|---|---|---|
| | A | B | C | D | E |
| 40 | 刘英 | 80 | 66 | 86 | |
| 41 | 杨德周 | 83 | 49 | 74 | |
| 42 | 黄孟莹 | 82 | 77 | 78 | |
| 43 | 张倩倩 | 73 | 82 | 63 | |
| 44 | 石影 | 84 | 45 | 74 | |
| 45 | 罗静 | 80 | 45 | 76 | |
| 46 | 徐瑶 | 86 | 67 | | |
| 47 | 马敏 | 83 | 85 | 87 | |
| 48 | 付斌 | 81 | 80 | 76 | |
| 49 | 陈斌 | 63 | 61 | 73 | |
| 50 | 戚文娟 | 76 | 80 | 88 | |
| 51 | 陆陈钦 | 85 | 68 | 99 | |
| 52 | 李林 | 87 | 36 | 86 | |
| 53 | 杨鑫越 | 77 | 75 | 72 | |
| 54 | 陈讯 | 82 | 80 | 74 | |

一班成绩　Sheet3

图 6-182

　　❸ 按 Ctrl+D 快捷键，即可一次性将 E2 单元格的公式填充至 E54 单元格，如图 6-183 和图 6-184 所示。

| | A | B | C | D | E |
|---|---|---|---|---|---|
| 1 | 姓名 | 语文 | 数学 | 英语 | 总分 |
| 2 | 卢忍 | 83 | 43 | 64 | 190 |
| 3 | 许燕 | 84 | 76 | 72 | 232 |
| 4 | 代言泽 | 77 | 73 | 77 | 227 |
| 5 | 戴李园 | 85 | 64 | 72 | 221 |
| 6 | 纵岩 | 83 | 66 | 99 | 248 |
| 7 | 乔华彬 | 78 | 48 | 68 | 194 |
| 8 | 薛慧娟 | 88 | 70 | 74 | 232 |
| 9 | 葛俊媛 | 85 | 91 | 95 | 271 |
| 10 | 章玉红 | 80 | 84 | 99 | 263 |
| 11 | 王丽萍 | 78 | 64 | 71 | 213 |
| 12 | 盛明旺 | 81 | 60 | 70 | 211 |
| 13 | 赵小玉 | 89 | 92 | 86 | 267 |
| 14 | 卓廷廷 | 77 | 86 | 76 | 239 |
| 15 | 袁梦颖 | 88 | 79 | 76 | 243 |

一班成绩　Sheet3　⊕

图　6-183

| | A | B | C | D | E |
|---|---|---|---|---|---|
| 41 | 杨德周 | 83 | 49 | 74 | 206 |
| 42 | 黄孟莹 | 82 | 77 | 78 | 237 |
| 43 | 张倩倩 | 73 | 82 | 63 | 218 |
| 44 | 石影 | 84 | 45 | 74 | 203 |
| 45 | 罗静 | 80 | 45 | 76 | 201 |
| 46 | 徐瑶 | 86 | 67 | | 153 |
| 47 | 马敏 | 83 | 85 | 87 | 255 |
| 48 | 付斌 | 81 | 80 | 76 | 237 |
| 49 | 陈斌 | 63 | 61 | 73 | 197 |
| 50 | 戚文娟 | 78 | 80 | 88 | 244 |
| 51 | 陆陈钦 | 85 | 68 | 99 | 252 |
| 52 | 李林 | 87 | 36 | 86 | 209 |
| 53 | 杨鑫越 | 77 | 75 | 72 | 224 |
| 54 | 陈讯 | 82 | 80 | 74 | 236 |
| 55 | | | | | |

一班成绩　Sheet3　⊕

图　6-184

### 3. 将公式计算结果转换为数值

用公式计算得出结果后，为方便数据使用，有时需要将计算结果转换为数值，从而更加方便移动使用。如图 6-185 所示表格的 C 列中包含公式。

C2　　：　✕　✓　*fx*　=IF(B2>3500,B2-3500,0)

| | A | B | C | D | E |
|---|---|---|---|---|---|
| 1 | 姓名 | 工资 | 应纳税所得额 | | |
| 2 | 章丽 | 5565 | 2065 | | |
| 3 | 刘玲燕 | 1800 | 0 | | |
| 4 | 韩要荣 | 14900 | 11400 | | |
| 5 | 侯淑媛 | 6680 | 3180 | | |
| 6 | 孙丽萍 | 2200 | 0 | | |
| 7 | 李平 | 15000 | 11500 | | |
| 8 | 苏敏 | 4800 | 1300 | | |
| 9 | 张文涛 | 5200 | 1700 | | |
| 10 | 孙文胜 | 2800 | 0 | | |

图　6-185

① 选中 C2:C10 单元格区域，按 Ctrl+C 快捷键复制，然后再按 Ctrl+V 快捷键粘贴。

② 单击粘贴区域右下角的 🔳(Ctrl)▾ 按钮，打开下拉菜单，单击 123 按钮（如图 6-186 所示），即可只粘贴数值。

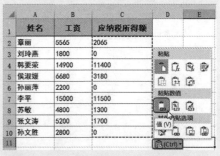

图　6-186

### 4. 为什么明明显示的是数据，计算结果却为 0

如图 6-187 所示表格中，当使用公式 =SUM(B2:B10) 来计算 B 列单元格中的总工资时，出现计算结果为 0 的情况。出现这种情况是因为 B 列中的数据都使用了文本格式，看似显示为数字，实际是无法进行计算的文本格式。

B11　　▾　：　✕　✓　*fx*　=SUM(B2:B10)

| | A | B | C | D |
|---|---|---|---|---|
| 1 | 姓名 | 工资 | 应纳税额 | |
| 2 | 何佳 | 5580 | 2062 | |
| 3 | 张瑞煊 | 2800 | 0 | |
| 4 | 李飞 | 9800 | 4080 | |
| 5 | 李玲 | 6680 | 3150 | |
| 6 | 林燕玲 | 2900 | | |
| 7 | 苏娜 | 9720 | 4040 | |
| 8 | 彭丽 | 4870 | 1300 | |
| 9 | 李云飞 | 5020 | 1700 | |
| 10 | 唐小军 | 3200 | | |
| 11 | | 0 | | |

图　6-187

选中"工资"列的数据区域，单击左上角的 ⬦ 按钮的下拉按钮，在下拉列表中选择"转换为数字"选项（如图 6-188 所示），按相同的方法依次将所有文本数字都转换为数值数字，即可显示正确的计算结果，如图 6-189 所示。

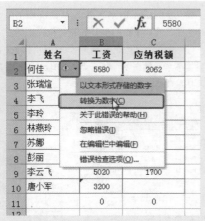

图 6-188

图 6-190

图 6-189

## 5. 隐藏公式实现保护

在多人应用环境下，建立了公式求解后，为避免他人无意修改公式，可以通过设置让公式隐藏起来，以起到保护的作用。

❶ 在当前工作表中，按 Ctrl+A 快捷键选中整张工作表的所有单元格。

❷ 在"开始"选项卡的"对齐方式"组中单击 按钮，打开"设置单元格格式"对话框。切换到"保护"选项卡下，取消选中"锁定"复选框，如图 6-190 所示。

❸ 单击"确定"按钮回到工作表中，选中公式所在单元格区域，如图 6-191 所示。

❹ 再次打开"设置单元格格式"对话框，并再次选中上"锁定"和"隐藏"复选框，如图 6-192 所示。

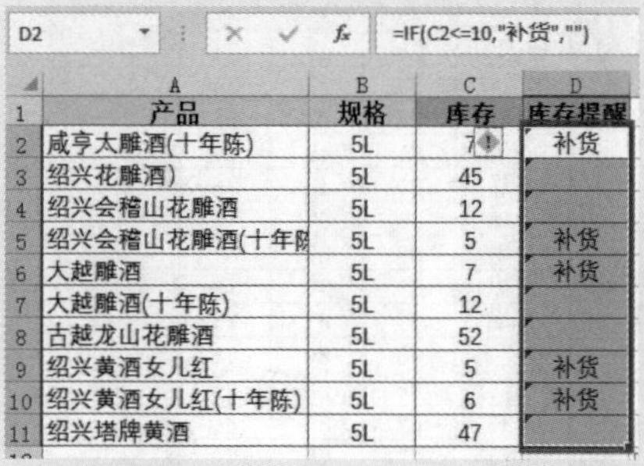

图 6-191

❺ 单击"确定"按钮回到工作表中。在"审阅"选项卡的"更改"组中单击"保护工作表"按钮（如图 6-193 所示），打开"保护工作表"对话框。

图 6-192

图 6-193

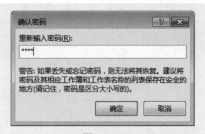

图 6-195

⑥ 设置保护密码，如图 6-194 所示。单击"确定"按钮提示再次输入密码，如图 6-195 所示。

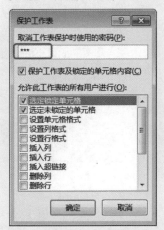

图 6-194

⑦ 设置完成后，选中输入了公式的单元格，可以看到无论是在单元格中还是在公式编辑栏中都看不到公式了，如图 6-196 所示。

图 6-196

读书笔记

第

# 表格中的数据处理与分析

章

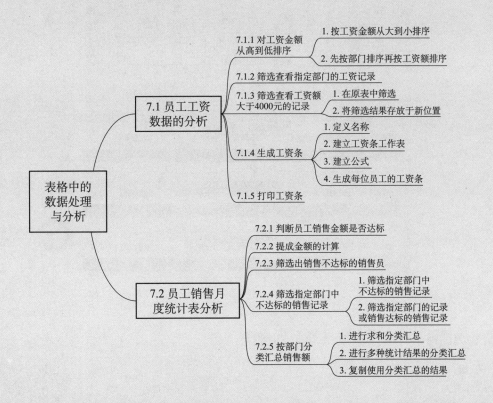

- 表格中的数据处理与分析
  - 7.1 员工工资数据的分析
    - 7.1.1 对工资金额从高到低排序
      - 1. 按工资金额从大到小排序
      - 2. 先按部门排序再按工资额排序
    - 7.1.2 筛选查看指定部门的工资记录
    - 7.1.3 筛选查看工资额大于4000元的记录
      - 1. 在原表中筛选
      - 2. 将筛选结果存放于新位置
    - 7.1.4 生成工资条
      - 1. 定义名称
      - 2. 建立工资条工作表
      - 3. 建立公式
      - 4. 生成每位员工的工资条
    - 7.1.5 打印工资条
  - 7.2 员工销售月度统计表分析
    - 7.2.1 判断员工销售金额是否达标
    - 7.2.2 提成金额的计算
    - 7.2.3 筛选出销售不达标的销售员
    - 7.2.4 筛选指定部门中不达标的销售记录
      - 1. 筛选指定部门中不达标的销售记录
      - 2. 筛选指定部门的记录或销售达标的销售记录
    - 7.2.5 按部门分类汇总销售额
      - 1. 进行求和分类汇总
      - 2. 进行多种统计结果的分类汇总
      - 3. 复制使用分类汇总的结果

## 7.1 员工工资数据的分析

分析员工的工资细则，能够帮助公司了解员工的得奖情况，比如奖金、提成、加班工资等。同时也需要了解惩罚情况，例如迟到扣款、缴纳的保险、个人所得税的扣除情况等。详细记录这些数据，生成工资条，不仅方便公司的管理，也能警醒员工。

如图 7-1 所示的工资表，已经建立公式计算出了实发工资，并根据工资表生成了如图 7-2 所示的工资条。

本月工资统计表

| 编号 | 姓名 | 所属部门 | 基本工资 | 工龄工资 | 提成或奖金 | 加班工资 | 满勤奖金 | 应发合计 | 请假迟到扣款 | 保险\公积金扣款 | 个人所得税 | 应扣合计 | 实发工资 |
|---|---|---|---|---|---|---|---|---|---|---|---|---|---|
| 001 | 刘志飞 | 销售部 | 800 | 400 | 3200 | 264.29 | 0 | 4664.29 | 60 | 264 | 1117.858 | 1441.86 | 3222.43 |
| 002 | 何许诺 | 财务部 | 2500 | 400 | | 420 | 500 | 3820.00 | 0 | 660 | 24.75 | 684.75 | 3135.25 |
| 003 | 崔娜 | 企划部 | 1800 | 200 | | 320.48 | 0 | 2320.48 | 60 | 440 | 0 | 500.00 | 1820.48 |
| 004 | 林成瑞 | 企划部 | 2500 | 800 | 0 | 280 | 0 | 3580.00 | 20 | 726 | 13.5 | 759.50 | 2820.50 |
| 005 | 童磊 | 网络安全部 | 2000 | 400 | | 307.14 | 0 | 2707.14 | 180 | 594 | 4.7142 | 778.71 | 1928.43 |
| 006 | 徐志林 | 销售部 | 800 | 400 | 2000 | 200 | 500 | 3900.00 | 0 | 264 | 42 | 306.00 | 3594.00 |
| 007 | 何忆婷 | 网络安全部 | 3000 | 500 | | 175 | 0 | 3675.00 | 160 | 770 | 24.75 | 954.75 | 2720.25 |
| 008 | 高攀 | 行政部 | 1500 | 300 | | 614.29 | 0 | 2414.29 | 60 | 396 | 0 | 456.00 | 1958.29 |
| 009 | 陈佳佳 | 销售部 | 2200 | 0 | 12400 | 0 | 500 | 15100.00 | 0 | 484 | 4570 | 5054.00 | 10046.00 |
| 010 | 陈怡 | 财务部 | 1500 | 0 | 200 | 0 | 0 | 1700.00 | 140 | 330 | 0 | 470.00 | 1230.00 |
| 011 | 周蓓 | 销售部 | 800 | 300 | 2250 | 204.76 | 0 | 3554.76 | 220 | 242 | 25.6428 | 487.64 | 3067.12 |
| 012 | 夏慧 | 企划部 | 1800 | 900 | 1000 | 0 | 0 | 3700.00 | 0 | 594 | 25.5 | 619.50 | 3080.50 |
| 013 | 韩文信 | 销售部 | 800 | 900 | 1850 | 261.9 | 0 | 3811.90 | 20 | 374 | 30.357 | 424.36 | 3387.54 |
| 014 | 葛丽 | 行政部 | 1500 | 100 | | 427.38 | 0 | 2027.38 | 60 | 352 | 0 | 412.00 | 1615.38 |
| 015 | 张小河 | 网络安全部 | 2000 | 1000 | | 721.43 | 0 | 3721.43 | 60 | 660 | 23.1429 | 743.14 | 2978.29 |
| 016 | 韩燕 | 销售部 | 800 | 900 | 510 | 0 | 0 | 2210.00 | 160 | 374 | 0 | 534.00 | 1676.00 |
| 017 | 刘江波 | 行政部 | 1500 | 500 | | 250 | 0 | 2250.00 | 280 | 440 | 0 | 720.00 | 1530.00 |
| 018 | 王磊 | 行政部 | 1500 | 400 | | 0 | 0 | 1900.00 | 220 | 418 | 0 | 638.00 | 1262.00 |
| 019 | 郝艳艳 | 销售部 | 800 | 400 | 9600 | 0 | 500 | 11300.00 | 0 | 264 | 1145 | 1409.00 | 9891.00 |
| 020 | 陶莉莉 | 网络安全部 | 2000 | 700 | 0 | 382.14 | 0 | 3082.14 | 160 | 594 | 3.9642 | 757.96 | 2324.18 |
| 021 | 李君浩 | 销售部 | 800 | 800 | 17600 | 150 | 0 | 19350.00 | 120 | 352 | 3132.5 | 3604.50 | 15745.50 |
| 022 | 苏诚 | 销售部 | 2300 | 600 | 26240 | 0 | 0 | 29140.00 | 40 | 638 | 5605 | 6283.00 | 22857.00 |
| 023 | 夏婷婷 | 企划部 | 1800 | 200 | | 571.43 | 0 | 2571.43 | 60 | 440 | 0 | 500.00 | 2071.43 |
| 024 | 周杰 | 财务部 | 1500 | 800 | | 150 | 0 | 2450.00 | 20 | 506 | 0 | 526.00 | 1924.00 |
| 025 | 王青 | 网络安全部 | 2500 | 1300 | 500 | 998.81 | 0 | 5298.81 | 60 | 836 | 139.881 | 1035.88 | 4262.93 |

工资统计表　工资条

图 7-1

| | | | | | | | | | |
|---|---|---|---|---|---|---|---|---|---|
| 2017年2月份工资条 | | | | | | | | | |
| 编号 | 001 | 姓名 | 刘志飞 | | 部门 | 销售部 | | 实发工资 | 3222.432 |
| 明细如下: | | | | | | | | | |
| 基本工资 | 工龄工资 | 提成或奖金 | 加班工资 | 满勤奖金 | 应发合计 | 请假迟到扣款 | 保险\公积金扣款 | 个人所得税 | 应扣合计 |
| 800.0 | 400.0 | 3200.0 | 264.3 | 0.0 | 4664.3 | 60.0 | 264.0 | 1117.9 | 1441.9 |
| 2017年3月份工资条 | | | | | | | | | |
| 编号 | 002 | 姓名 | 何许诺 | | 部门 | 财务部 | | 实发工资 | 3135.25 |
| 明细如下: | | | | | | | | | |
| 基本工资 | 工龄工资 | 提成或奖金 | 加班工资 | 满勤奖金 | 应发合计 | 请假迟到扣款 | 保险\公积金扣款 | 个人所得税 | 应扣合计 |
| 2500.0 | 400.0 | | 420.0 | 500.0 | 3820.0 | 0.0 | 660.0 | 24.8 | 684.8 |
| 2017年4月份工资条 | | | | | | | | | |
| 编号 | 003 | 姓名 | 崔娜 | | 部门 | 企划部 | | 实发工资 | 1820.48 |
| 明细如下: | | | | | | | | | |
| 基本工资 | 工龄工资 | 提成或奖金 | 加班工资 | 满勤奖金 | 应发合计 | 请假迟到扣款 | 保险\公积金扣款 | 个人所得税 | 应扣合计 |
| 1800.0 | 200.0 | | 320.5 | 0.0 | 2320.5 | 60.0 | 440.0 | 0.0 | 500.0 |

图 7-2

### 7.1.1 对工资金额从高到低排序

**关 键 点：** 对工资金额排序

**操作要点：** “数据”→“排序和筛选”组→“升序”/“降序”功能按钮

**应用场景：** 数据排序功能是 Excel 中一项极常用的功能，因此在统计工资金额后，可以利用排序功能进行排序，以让数据有序地显示。

## 1. 按工资金额从大到小排序

打开"员工工资表"工作簿，选中"应发合计"列任意单元格，在"数据"选项卡的"排序和筛选"组中单击"降序"按钮（如图7-3所示），即可实现按数据按"应发合计"的值由高到低降序排列，如图7-4所示。

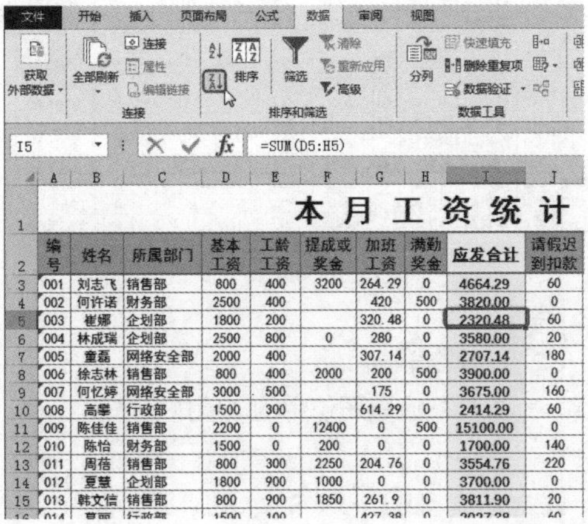

图 7-3

图 7-4

## 2. 先按部门排序再按工资额排序

此处想实现的排序效果是，先将相同部门的记录排列在一起，再对同一部门的工资额进行从大到小排序。

❶ 选中"所属部门"列下的任意单元格，在"数据"选项卡的"排序和筛选"组中选择"升序"命令（如图7-5所示），即可实现数据按部门升序排列，如图7-6所示。

❷ 在"数据"选项卡的"排序和筛选"组中单击"排序"命令按钮（如图7-7所示），打开"排序"对话框。

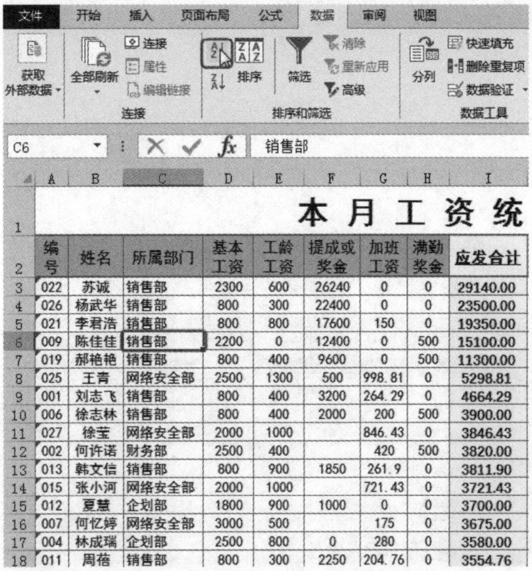

图 7-5

图 7-6

图 7-7

❸ 在条件列表框中，"主要关键字"的条件是第一步中添加的按部门升序排列。单击"添加条件"按钮（如图7-8所示），添加"次要关键字"条件。

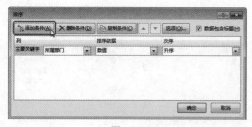

图 7-8

❹单击"次要关键字"右侧的下拉按钮，在弹出的列表中选择"应发合计"选项，如图7-9所示。

图 7-9

❺单击次要关键字的"次序"右侧的下拉按钮，在弹出的列表中选择"降序"选项，如图7-10所示。

图 7-10

❻单击"确定"按钮返回到工作表中，即可看到数据按照部门升序、"应发合计"降序的方式排列，如图7-11所示。

| 编号 | 姓名 | 所属部门 | 基本工资 | 工龄工资 | 提成或奖金 | 加班工资 | 满勤奖金 | 应发合计 |
|---|---|---|---|---|---|---|---|---|
| 002 | 何许诺 | 财务部 | 2500 | 400 | | 420 | 500 | 3820.00 |
| 024 | 周杰 | 财务部 | 1500 | 800 | | 150 | 0 | 2450.00 |
| 010 | 陈怡 | 财务部 | 1500 | 0 | 200 | 0 | 0 | 1700.00 |
| 030 | 王菜 | 行政部 | 2200 | 600 | | 366.67 | 0 | 3166.67 |
| 008 | 高肇 | 行政部 | 1500 | 300 | | 614.29 | 0 | 2414.29 |
| 017 | 刘江波 | 行政部 | 1500 | 500 | | 250 | 0 | 2250.00 |
| 028 | 杨荣伟 | 行政部 | 1500 | 600 | 0 | 0 | 0 | 2100.00 |
| 014 | 嘉丽 | 行政部 | 1500 | 100 | | 427.38 | 0 | 2027.38 |
| 018 | 王磊 | 行政部 | 1500 | 400 | | 0 | 0 | 1900.00 |
| 012 | 夏慧 | 企划部 | 1800 | 900 | 1000 | 0 | 0 | 3700.00 |
| 004 | 林成瑞 | 企划部 | 2500 | 800 | 0 | 280 | 0 | 3580.00 |
| 023 | 夏婷婷 | 企划部 | 1800 | 200 | | 571.43 | 0 | 2571.43 |
| 003 | 崔娜 | 企划部 | 1800 | 200 | | 320.48 | 0 | 2320.48 |
| 001 | 王青 | 网络安全部 | 2500 | 1300 | 500 | 998.81 | 0 | 5298.81 |
| 027 | 徐莘 | 网络安全部 | 2000 | 1000 | | 846.43 | 0 | 3846.43 |
| 015 | 张小河 | 网络安全部 | 2000 | 1000 | | 721.43 | 0 | 3721.43 |
| 007 | 何忆婷 | 网络安全部 | 3000 | 500 | | 175 | 0 | 3675.00 |
| 020 | 陶莉莉 | 网络安全部 | 2000 | 700 | 0 | 382.14 | 0 | 3082.14 |
| 005 | 童磊 | 网络安全部 | 2000 | 400 | | 307.14 | 0 | 2707.14 |
| 022 | 苏诚 | 销售部 | 2300 | 600 | 26240 | 0 | 0 | 29140.00 |
| 026 | 杨武华 | 销售部 | 800 | 300 | 22400 | 0 | 0 | 23500.00 |
| 021 | 李君浩 | 销售部 | 800 | 800 | 17600 | 150 | 0 | 19350.00 |

图 7-11

练一练

**查看各应聘职位中的成绩排名情况**

如图7-12所示，对"应聘职位"与"考核分数"双字段排序，可以直观查看到各个应聘职位中成绩最高的人。

| | A | B | C |
|---|---|---|---|
| 1 | 姓名 | 应聘职位 | 考核分数 |
| 2 | 陆路 | 办公室文员 | 92 |
| 3 | 陈小芳 | 办公室文员 | 87 |
| 4 | 王辉会 | 办公室文员 | 75 |
| 5 | 邓敏 | 办公室文员 | 70.5 |
| 6 | 陈曦 | 客服 | 92 |
| 7 | 蔡晶 | 客服 | 89 |
| 8 | 吕梁 | 客服 | 88 |
| 9 | 张海 | 客服 | 78 |
| 10 | 张泽宇 | 客服 | 77 |
| 11 | 刘小龙 | 客服 | 70 |
| 12 | 庄美印 | 销售代表 | 95 |
| 13 | 李德印 | 销售代表 | 88.5 |
| 14 | 王一帆 | 销售代表 | 86 |
| 15 | 罗成佳 | 销售代表 | 82.5 |
| 16 | 崔衡 | 销售代表 | 78 |

图 7-12

## 7.1.2 筛选查看指定部门的工资记录

**关 键 点：** 筛选查看指定部门的工资记录

**操作要点：** "开始"→"排序和筛选"组→"筛选"功能按钮

**应用场景：** 员工工资表中记录了员工的所属部门，可以使用筛选功能实现查看任意指定部门的工资记录。

❶打开"员工工资表"工作簿，选中任意单元格，在"开始"选项卡的"排序和筛选"组中单击"筛选"按钮（如图7-13所示），即可在列标识上添加自动筛选按钮，如图7-14所示。

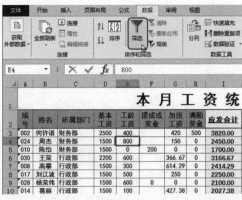

图 7-13

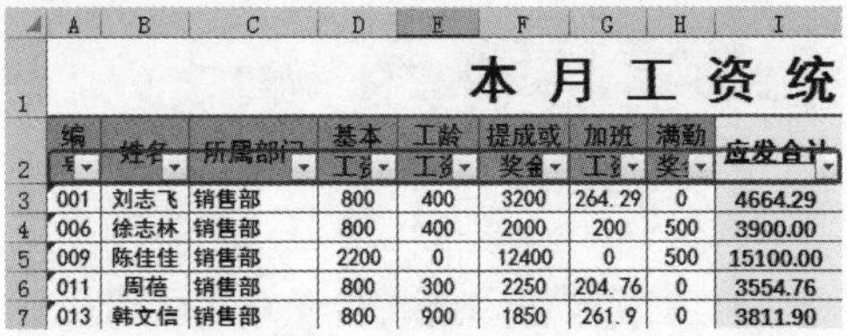

图 7-14

❷单击"所属部门"右侧的下拉按钮，在弹出的菜单中取消选中"全部"复选框，并选中"财务部"复选框，如图7-15所示。

图 7-15

❸单击"确定"按钮，即可查看"财务部"的工资记录，如图7-16所示。

图 7-16

❹单击"所属部门"右侧的筛选按钮，在弹出的菜单中选中"网络安全部"复选框，如图7-17所示。

图 7-17

❺单击"确定"按钮，即可查看"网络安全部"和"财务部"的工资记录，如图7-18所示。

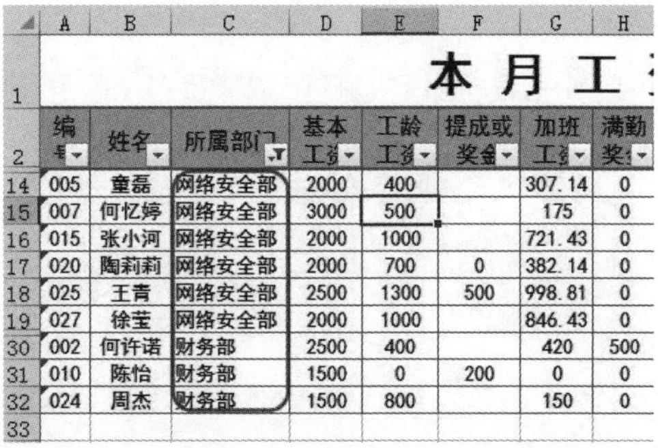

图 7-18

**练一练**

### 筛选出指定时间区域的来访记录

如图 7-19 所示，从来访登记记录表中筛选出指定时间段的来访记录。

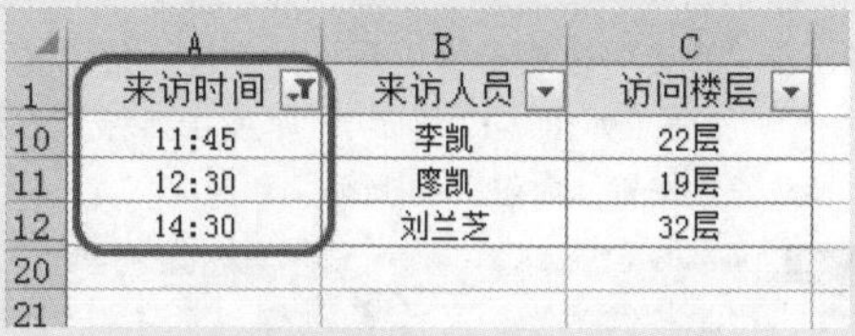

| | A | B | C |
|---|---|---|---|
| 1 | 来访时间 | 来访人员 | 访问楼层 |
| 10 | 11:45 | 李凯 | 22层 |
| 11 | 12:30 | 廖凯 | 19层 |
| 12 | 14:30 | 刘兰芝 | 32层 |
| 20 | | | |
| 21 | | | |

图 7-19

## 7.1.3 筛选查看工资额大于 4000 元的记录

**关 键 点**：筛选查看工资额大于指定金额的记录

**操作要点**："数据"→"排序和筛选"组→"筛选"功能按钮

**应用场景**：为了了解公司员工的所得薪资情况，要求在工作表中筛选出工资额大于 4000 元的记录。可以通过设置筛选条件迅速找到满足条件的记录。

### 1. 在原表中筛选

①打开"员工工资表"工作簿，选中任意单元格，在"数据"选项卡的"排序和筛选"组中单击"筛选"按钮（如图 7-20 所示），即可在列标识上添加自动筛选按钮，如图 7-21 所示。

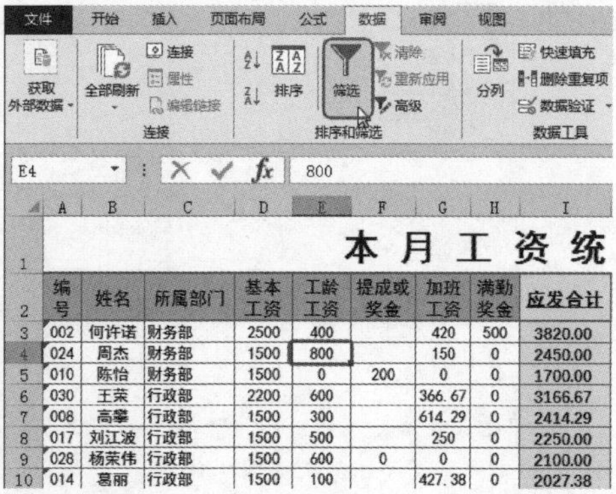

图 7-20

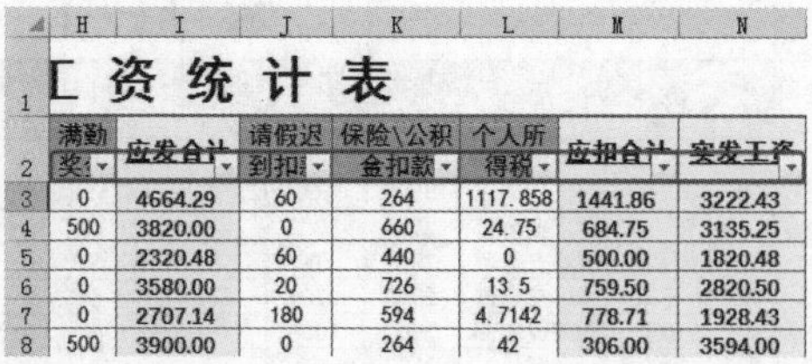

图 7-21

②单击"实发工资"右侧的下拉按钮，在弹出的菜单中把鼠标指针移到"数字筛选"，在打开的子

菜单中选择"大于"命令（如 7-22 所示），打开"自定义自动筛选方式"对话框。

图 7-22

③在"实发工资"的数值框中输入 4000，如图 7-23 所示。

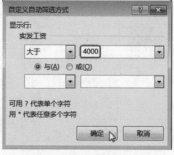

图 7-23

④ 单击"确定"按钮返回到工作表中，即可查看工资额大于 4000 元的记录，如图 7-24 所示。

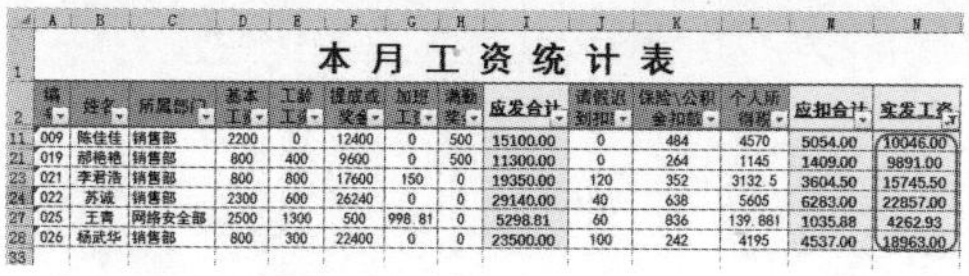

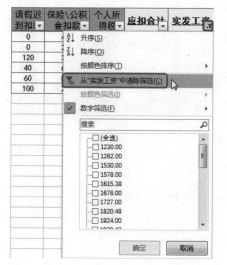

图 7-24

⑤ 单击"实发工资"右侧的筛选按钮，在弹出的菜单中选择"从'实发工资'中清除筛选"命令（如图 7-25 所示），则可清除所做的筛选，如图 7-26 所示。

图 7-25

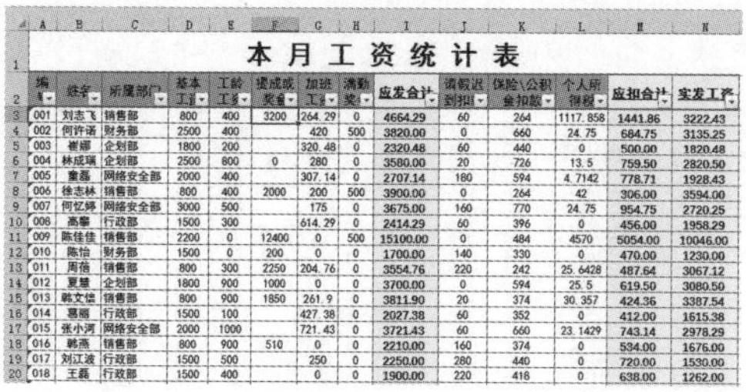

图 7-26

## 2. 将筛选结果存放于新位置

当按前面的方法添加筛选时，只是将不符合条件的数据隐藏起来了，而它们其实还是存在的。如果要实现将筛选结果存放于新位置，可以利用高级筛选的方式来实现。

① 打开"员工工资表"工作簿，在"工资统计表"工作表中的 A34:A35 单元格区域中添加如图 7-27 所示的筛选条件。

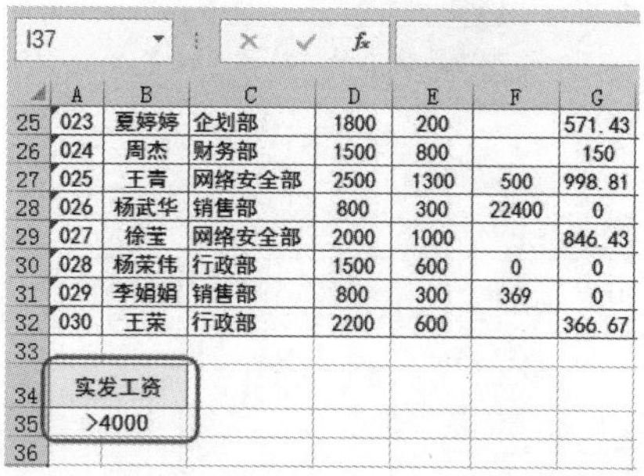

图 7-27

② 在"数据"选项卡的"排序和筛选"组中单击"高级"按钮，打开"高级筛选"对话框，如图 7-28 所示。

图 7-28

③ 在"列表区域"文本框中输入 $A$2:$N$32，在"条件区域"文本框中输入 $A$34:$B$35，如图 7-29 所示。

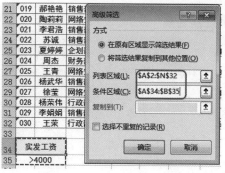

图 7-29

④ 选中"将筛选结果复制到其他位置"单击按钮，并在"复制到"文本框中输入 $A$37，如图 7-30 所示。

⑤ 单击"确定"按钮，即可得到筛选结果，如图 7-31 所示。

图 7-30

图 7-31

**筛选出上周值班的员工**

如图 7-32 所示为 2 月份的值班表，要求筛选出上周的值班员工。筛选结果如图 7-33 所示。

图 7-32

图 7-33

*读书笔记*

## 7.1.4 生成工资条

**关 键 点**：根据已建成的工资表生成工资条

**操作要点**：1. "公式"→"定义的名称"组→"定义名称"功能按钮

2. VLOOKIP 函数

**应用场景**：公司在给员工发放工资时，通常会附上显示该员工各项工资明细数据的记录条，简称"工资条"。在完成了工资表的创建后，可以利用 VLOOKIP 函数生成工资条。

### 1. 定义名称

名称是指将单元格区域使用一个方便记忆与使用的名字，当需要引用这个单元格区域时，则可以使用这个名称来代替。

本小节中建立工资条时，公式需要使用"工资统计表"中的单元格区域，为了方便对跨工作表的单元格区域的引用，则可以事先定义好名称，当公式需要使用某个单元格区域时，直接使用那个定义的名称即可，具体实现操作如下。

❶ 打开"员工工资表"工作簿，在"工资统计表"工作表中选中包含列标识在内的全部数据区域，在"公式"选项卡的"定义的名称"组中单击"定义名称"按钮（如图 7-34 所示），打开"新建名称"对话框。

Word/Excel/PPT 2013 高效办公从入门到精通

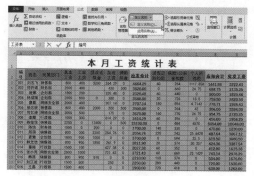

图 7-34

❷ 在“名称”文本框中输入“工作表”，“引用位置”文本框中显示的是前面选中的单元格区域，如图 7-35 所示。

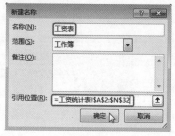

图 7-35

❸ 单击“确定”按钮，完成新建名称的操作。

❹ 在“公式”选项卡的“定义的名称”组中单击“名称管理器”按钮，打开“名称管理器”对话框，可以看到新建的名称，如图 7-36 所示。

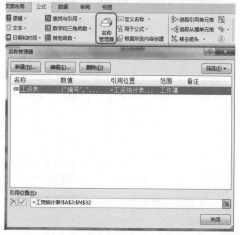

图 7-36

## 专家提醒

1. 名称的第一个字符必须是字母、汉字或下画线，其他字符可以是字母、数字、句号和下画线。否则会弹出错误提示。

2. 名称之间不能有空格符，可以使用“.”，否则会弹出错误提示。

3. 名称不能与单元格名称相同。

4. 名称长度不能超过 255 个字符，字母不区分大小写。

5. 同一工作簿中定义的名称不能相同。

## 知识扩展

选中要定义为名称的单元格区域。在编辑区域左上角的位置（名称框）中输入名称，按 Enter 键即可定义此名称，如图 7-37 所示。

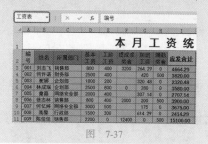

图 7-37

## 2. 建立工资条工作表

❶ 单击“新工作表”按钮（如图 7-38 所示），创建一张新工作表。

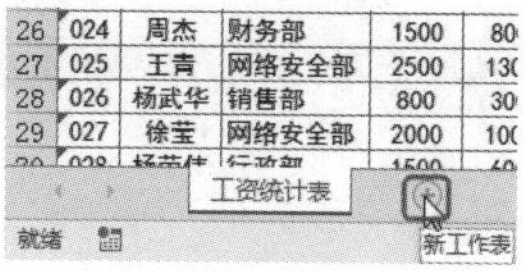

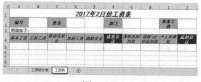

图 7-38

❷ 将新工作表重命名为“工资条”，输入文字并做简单的美化，如图 7-39 所示。

图 7-39

### 3. 建立公式

建立工资条时需要建立多个公式来返回结果，主要使用到的是 VLOOKUP 函数来进行查找与匹配。

❶ 选中 B2 单元格，在"开始"选项卡的"数字"组中单击"数字格式"下拉按钮，弹出下拉列表，选中"文本"，然后在 B2 单元格中输入编号001，如图 7-40 所示。

图 7-40

❷ 选中 D2 单元格，在公式编辑栏中输入公式"=VLOOKUP(B2,"，在"公式"选项卡的"定义的名称"组中单击"用于公式"下拉按钮，在弹出的菜单中选择"工资表"命令，即可将定义的名称插入公式中，如图 7-41 所示。

图 7-41

❸ 在公式编辑栏中输入",2)"（即在"工资表"单元格区域中的首列查找 B2 单元格区域的编号，找到后返回"工资表"这个单元格区域中第 2 列上的值），如图 7-42 所示。

❹ 按 Enter 键，即可得到编号 001 对应的员工姓名，如图 7-43 所示。

❺ 选中 G2 单元格，在公式编辑栏中输入公式=VLOOKUP(B2, 工资表 ,3)（即在"工资表"单元格区域中的首列中查找 B2 单元格区域的编号，找到后返回"工资表"单元格区域中第 3 列上的值），如

图 7-44 所示。

图 7-42

图 7-43

图 7-44

❻ 按 Enter 键，即可得到编号 001 对应的员工所在部门，如图 7-45 所示。

图 7-45

❼ 选中 A5 单元格，在公式编辑栏中输入公式=VLOOKUP($B2, 工资表 ,COLUMN(D1))，如图 7-46所示。

图 7-46

⑧ 按 Enter 键，即可得到编号 001 对应的员工的基本工资，如图 7-47 所示。

图 7-47

⑨ 选中 A5 单元格，将鼠标指针放在单元格右下角，待光标变成十字形状后，按住鼠标左键向右填充公式到 J5 单元格，得到如图 7-48 所示的结果。

图 7-48

⑩ 选中 J2 单元格，在公式编辑栏中输入公式 =VLOOKUP(B2,工资表 14)（即在"工资表"单元格区域中的首列中查找 B2 单元格区域的编号，找到后返回"工资表"单元格区域中第 14 列上的值），如图 7-49 所示。按 Enter 键，即可得到编号 001 对应的员工的实发工资，如图 7-50 所示。

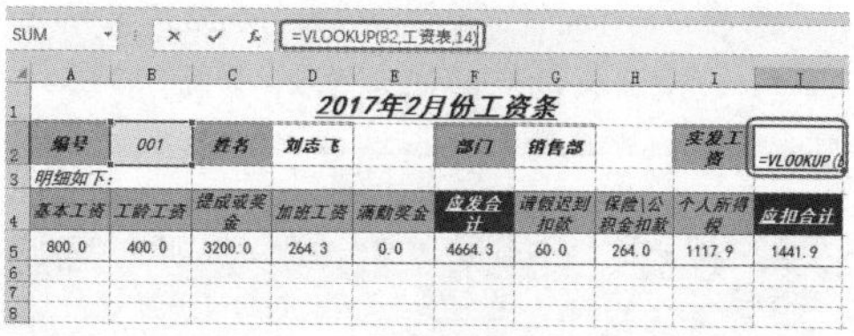

图 7-49

图 7-50

## 公式分析

VLOOKUP 函数。该函数在表格或数值数组的首列查找指定的数值，并返回表格或数组中指定列所对应位置的数值。

VLOOKUP(lookup_value, table_array, col_index_num, [range_lookup])

- lookup_value：表示要在表格或区域的第一列中搜索的值。
- table_array：表示包含数据的单元格区域。可以使用对区域或区域名称的引用。
- col_index_num：表示 table_array 参数中必须返回的匹配值的列号。
- range_lookup：可选。一个逻辑值，指定希望 VLOOKUP 查找精确匹配值还是近似匹配值。

公式"=VLOOKUP(B2,工资表,2)"很好理解，第一个参数为查询对象，第二个参数为用于查询的序列，第三个参数用于指定返回哪一列上的值。

而公式 =VLOOKUP($B2,工资表,COLUMN(D1)) 中，使用 COLUMN(D1) 的返回值作为第 3 个参数指定返回哪一列上的值，COLUMN 函数用于返回给定引用的列序号，因此 COLUMN(D1) 的返回值为 4，正是"基本工资"所在的列数。随着公式向右复制，公式会依次变为 COLUMN(E1)、COLUMN(F1)、COLUMN(G1)……返回值依次变为 5、6、7……这样的设计目的就是为了能一次性返回各项对应的工资数据。

### 4. 生成每位员工的工资条

建立第一位员工的工资条后，可以通过填充的方式建立每位员工的工资条。具体操作如下。

❶ 选中 A1:J6 单元格区域，并将鼠标指针放在 J6 单元格的右下角，此时光标会变成十字形状，如图 7-51 所示。

图 7-51

② 按住鼠标左键向下拖动（如图 7-52 所示），即可复制公式，生成其他员工的工资条，如图 7-53 所示。

图 7-52

图 7-53

## 7.1.5 打印工资条

**关 键 点：**打印工资条

**操作要点：**"文件" → "打印"标签

**应用场景：**当表格较宽时，默认的纵向纸张打印无法将表格打印在一张纸上，这时需要调整纵向打印为横向打印。本例的工资条生成后，如果想完整打印，需要对纸张方向重新设置。

① 选中 A1:J6 单元格区域，选择"文件"选项卡（如图 7-54 所示），打开"信息"提示面板。

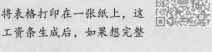

图 7-54

② 选择"打印"选项（如图 7-55 所示），打开"打印"提示面板。

③ 在右侧的窗口中会给出预览效果，但由于表格很宽，因此默认的"纵向"纸张无法完整显示内容，如图 7-56 所示。

④ 单击"纵向"下拉按钮，在弹出的下拉菜单

中选择"横向"命令，如图 7-57 所示。

图 7-55

图 7-56

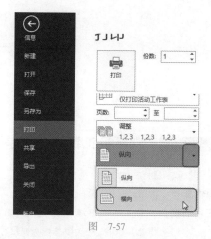

图 7-57

⑤ 完成以上操作，即可更改打印方向为"横向"，效果如图 7-58 所示。

⑥ 完成上述设置后，准备好打印纸张开始执行打印即可。

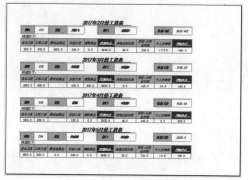

图 7-58

## 7.2　员工销售月度统计表分析

每月月末时销售部门都会对月度销售数据进行统计表分析，如判断销售员的销售是否达标，计算销售提成，对各销售分部的总销售金额进行统计等。这些操作都可以通过 Excel 的功能或函数实现。如图 7-59 所示为"员工销售月度统计"表，如图 7-60 所示为分部销售数据汇总统计表。

| | A | B | C | D | E | F | G |
|---|---|---|---|---|---|---|---|
| 1 | 工号 | 员工姓名 | 分部 | 销售数量 | 销售金额 | 是否达标 | 提成金额 |
| 2 | NL_001 | 刘志飞 | 销售1部 | 56 | 34950 | 达标 | 3495 |
| 3 | NL_002 | 何许诺 | 销售2部 | 20 | 12688 | 不达标 | 380.64 |
| 4 | NL_003 | 崔娜 | 销售3部 | 59 | 38616 | 达标 | 3861.6 |
| 5 | NL_004 | 林成瑞 | 销售2部 | 24 | 19348 | 不达标 | 580.44 |
| 6 | NL_005 | 金璐忠 | 销售2部 | 32 | 20781 | 达标 | 1039.05 |
| 7 | NL_006 | 何佳怡 | 销售1部 | 18 | 15358 | 不达标 | 460.74 |
| 8 | NL_007 | 李菲菲 | 销售3部 | 30 | 23122 | 达标 | 1156.1 |
| 9 | NL_008 | 华玉凤 | 销售3部 | 31 | 28290 | 达标 | 1414.5 |
| 10 | NL_009 | 张军 | 销售1部 | 17 | 10090 | 不达标 | 302.7 |
| 11 | NL_010 | 廖凯 | 销售1部 | 25 | 20740 | 达标 | 1037 |
| 12 | NL_011 | 刘琦 | 销售2部 | 19 | 11130 | 不达标 | 333.9 |
| 13 | NL_012 | 张怡聆 | 销售1部 | 20 | 30230 | 达标 | 3023 |
| 14 | NL_013 | 杨飞 | 销售2部 | 68 | 45900 | 达标 | 4590 |

图　7-59

| | A | B | C | D | E | F | G |
|---|---|---|---|---|---|---|---|
| 1 | 工号 | 员工姓名 | 分部 | 销售数量 | 销售金额 | 是否达标 | 提成金额 |
| 8 | | | 销售1部 汇总 | | 111368 | | 10304.44 |
| 14 | | | 销售2部 汇总 | | 98717 | | 6590.13 |
| 20 | | | 销售3部 汇总 | | 101158 | | 7846.7 |
| 21 | | | 总计最大值 | | 45900 | | |
| 22 | | | 总计 | | 311243 | | 24741.27 |
| 23 | | | | | | | |

图　7-60

## 7.2.1　判断员工销售金额是否达标

关　键　点：判断员工销售金额是否达标

操作要点：IF 函数

应用场景：当前工作表中统计了员工的销售情况，按照公司规定，视销售金额大
于 20000 元的为达标。为了判断员工的达标情况，可以利用 IF 函数
实现。

❶ 打开"员工销售月度统计表"，如图 7-61
所示。

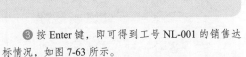

图　7-61

❷ 选中 F2 单元格，在公式编辑栏中输入公式
=IF(E2>=20000，"达标"，"不达标")，如图 7-62
所示。

| SUM | | × ✓ fx | =IF(E2>=20000,"达标","不达标") | | |
|---|---|---|---|---|---|
| | A | B | C | D | E | F |
| 1 | 工号 | 员工姓名 | 分部 | 销售数量 | 销售金额 | 是否达标 |
| 2 | NL_001 | 刘志飞 | 销售1部 | 56 | 34950 | 不达标") |
| 3 | NL_002 | 何许诺 | 销售2部 | 20 | 12688 | |
| 4 | NL_003 | 崔娜 | 销售3部 | 59 | 38616 | |
| 5 | NL_004 | 林成瑞 | 销售2部 | 24 | 19348 | |
| 6 | NL_005 | 金璐忠 | 销售2部 | 32 | 20781 | |
| 7 | NL_006 | 何佳怡 | 销售1部 | 18 | 15358 | |

图　7-62

❸ 按 Enter 键，即可得到工号 NL-001 的销售达
标情况，如图 7-63 所示。

| H21 | | × ✓ fx | | | |
|---|---|---|---|---|---|
| | A | B | C | D | E | F |
| 1 | 工号 | 员工姓名 | 分部 | 销售数量 | 销售金额 | 是否达标 |
| 2 | NL_001 | 刘志飞 | 销售1部 | 56 | 34950 | 达标 |
| 3 | NL_002 | 何许诺 | 销售1部 | 20 | 12688 | |
| 4 | NL_003 | 崔娜 | 销售3部 | 59 | 38616 | |
| 5 | NL_004 | 林成瑞 | 销售2部 | 24 | 19348 | |
| 6 | NL_005 | 金璐忠 | 销售2部 | 32 | 20781 | |

图　7-63

❹ 选中 F2 单元格，将鼠标指针指向单元格右下
角，待光标变成十字形状后，按住鼠标左键向下填充
公式，判断其他员工的销售金额是否达标，如图 7-64
所示。

| | A | B | C | D | E | F | G |
|---|---|---|---|---|---|---|---|
| 1 | 工号 | 员工姓名 | 分部 | 销售数量 | 销售金额 | 是否达标 | |
| 2 | NL_001 | 刘志飞 | 销售1部 | 56 | 34950 | 达标 | |
| 3 | NL_002 | 何许诺 | 销售2部 | 20 | 12688 | 不达标 | |
| 4 | NL_003 | 崔娜 | 销售3部 | 59 | 38616 | 达标 | |
| 5 | NL_004 | 林成瑞 | 销售2部 | 24 | 19348 | 不达标 | |
| 6 | NL_005 | 金璐忠 | 销售2部 | 32 | 20781 | 达标 | |
| 7 | NL_006 | 何佳怡 | 销售1部 | 18 | 15358 | 不达标 | |
| 8 | NL_007 | 李菲菲 | 销售3部 | 30 | 23122 | 达标 | |
| 9 | NL_008 | 华玉凤 | 销售3部 | 31 | 28290 | 达标 | |
| 10 | NL_009 | 张军 | 销售1部 | 17 | 10090 | 不达标 | |
| 11 | NL_010 | 廖凯 | 销售1部 | 25 | 20740 | 达标 | |
| 12 | NL_011 | 刘琦 | 销售3部 | 19 | 11130 | 不达标 | |
| 13 | NL_012 | 张怡聆 | 销售1部 | 20 | 30230 | 达标 | |
| 14 | NL_013 | 杨飞 | | 68 | 45900 | 达标 | |

图　7-64

**判断员工是否满足参加年终旅游的条件**

如图 7-65 所示，要求业绩大于 100000，并且工龄在 2 年及以上的员工，具有参加年终旅游的福利。可以使用 IF 函数、AND 函数来设计公式。

| | A | B | C | D | E | F |
|---|---|---|---|---|---|---|
| | | | | =IF(AND(B2>100000,C2>=2),"是","否") | | |
| D2 | | | | | | |
| 1 | 姓名 | 业绩 | 工龄 | 是否参加年终旅游 | | |
| 2 | 王北川 | 88000 | 3 | 否 | | |
| 3 | 陈霞 | 100600 | 2 | 是 | | |
| 4 | 李华强 | 91000 | 4 | 否 | | |
| 5 | 刘北 | 59200 | 1 | 否 | | |
| 6 | 胡小清 | 119700 | 2 | 是 | | |
| 7 | 李倩 | 121000 | 2 | 是 | | |
| 8 | 曾晓杰 | 115000 | 1 | 否 | | |

图 7-65

## 7.2.2 提成金额的计算

关 键 点：根据销售额计算提成金额

操作要点：IF 函数

应用场景：按照公司规定，销售金额小于 20000 元的，提成拿销售金额的 3%；大于 20000，小于 30000 的，提成拿 5%；大于 30000 的，提成拿 10%。要想根据每位员工的销售金额计算出其应得提成，可以利用 IF 函数来计算。

❶ 打开"员工销售月度统计表"，如图 7-66 所示。

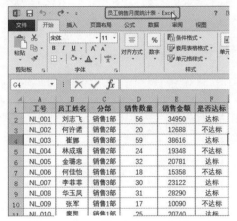

图 7-66

❷ 选中 G2 单元格，在公式编辑栏中输入公式 =IF(E2<=20000,E2*0.03,IF(E2<=30000,E2*0.05,E2*0.1))，如图 7-67 所示。

❸ 按 Enter 键，即可计算出工号 NL-001 的提成金额，如图 7-68 所示。

❹ 选中 G2 单元格，将鼠标指针放在单元格右角，待光标变成十字形状后，按住鼠标左键向下填充公式，计算出其他员工的提成金额，如图 7-69 所示。

| | A | B | C | D | E | F | G | H |
|---|---|---|---|---|---|---|---|---|
| SUM | | | | | =IF(E2<=20000,E2*0.03,IF(E2<=30000,E2*0.05,E2*0.1)) | | | |
| 1 | 工号 | 员工姓名 | 分部 | 销售数量 | 销售金额 | 是否达标 | 提成金额 | |
| 2 | NL_001 | 刘志飞 | 销售1部 | 56 | 34950 | 达标 | E2*0.1)) | |
| 3 | NL_002 | 何许诺 | 销售2部 | 20 | 12688 | 不达标 | | |
| 4 | NL_003 | 崔娜 | 销售3部 | 59 | 38616 | 达标 | | |
| 5 | NL_004 | 林成瑞 | 销售2部 | 24 | 19348 | 不达标 | | |
| 6 | NL_005 | 金璐忠 | 销售2部 | 32 | 20781 | 达标 | | |
| 7 | NL_006 | 何佳怡 | 销售1部 | 18 | 15358 | 不达标 | | |
| 8 | NL_007 | 李菲菲 | 销售3部 | 30 | 23122 | 达标 | | |
| 9 | NL_008 | 华玉凤 | 销售3部 | 31 | 28290 | 达标 | | |

图 7-67

| | A | B | C | D | E | F | G |
|---|---|---|---|---|---|---|---|
| I11 | | | | | | | |
| 1 | 工号 | 员工姓名 | 分部 | 销售数量 | 销售金额 | 是否达标 | 提成金额 |
| 2 | NL_001 | 刘志飞 | 销售1部 | 56 | 34950 | 达标 | 3495 |
| 3 | NL_002 | 何许诺 | 销售2部 | 20 | 12688 | 不达标 | |
| 4 | NL_003 | 崔娜 | 销售3部 | 59 | 38616 | 达标 | |
| 5 | NL_004 | 林成瑞 | 销售2部 | 24 | 19348 | 不达标 | |
| 6 | NL_005 | 金璐忠 | 销售2部 | 32 | 20781 | 达标 | |
| 7 | NL_006 | 何佳怡 | 销售1部 | 18 | 15358 | 不达标 | |

图 7-68

| | A | B | C | D | E | F | G |
|---|---|---|---|---|---|---|---|
| 1 | 工号 | 员工姓名 | 分部 | 销售数量 | 销售金额 | 是否达标 | 提成金额 |
| 2 | NL_001 | 刘志飞 | 销售1部 | 56 | 34950 | 达标 | 3495 |
| 3 | NL_002 | 何许诺 | 销售2部 | 20 | 12688 | 不达标 | 380.64 |
| 4 | NL_003 | 崔娜 | 销售3部 | 59 | 38616 | 达标 | 3861.6 |
| 5 | NL_004 | 林成瑞 | 销售2部 | 24 | 19348 | 不达标 | 580.44 |
| 6 | NL_005 | 金璐忠 | 销售2部 | 32 | 20781 | 达标 | 1039.05 |
| 7 | NL_006 | 何佳怡 | 销售1部 | 18 | 15358 | 不达标 | 460.74 |
| 8 | NL_007 | 李菲菲 | 销售3部 | 30 | 23122 | 达标 | 1156.1 |
| 9 | NL_008 | 华玉凤 | 销售3部 | 31 | 28290 | 达标 | 1414.5 |
| 10 | NL_009 | 张军 | 销售1部 | 17 | 10090 | 不达标 | 302.7 |
| 11 | NL_010 | 廖凯 | 销售1部 | 25 | 20740 | 达标 | 1037 |
| 12 | NL_011 | 刘琦 | 销售2部 | 19 | 11130 | 不达标 | 333.9 |
| 13 | NL_012 | 张怡玲 | 销售1部 | 20 | 30230 | 达标 | 3023 |
| 14 | NL_013 | 杨飞 | 销售2部 | 68 | 45900 | 达标 | 4590 |

图 7-69

**公式分析**

=IF(E2<=20000,E2*0.03,IF(E2<=30000, E2*0.05,E2*0.1))

这个公式是一个 IF 函数双层嵌套的例子，首先判断 E2<=20000 是否为真，如果是，则返回 E2*0.03，如果不是，则进入下一个 IF。接着判断 E2<=30000 是否为真，如果是，则返回 E2*0.05，不是，则返回 E2*0.1。

**练一练**

**根据双条件筛选出符合条件的员工**

医院安排医生轮流下乡问诊，要求参与

者满足的条件为：男性在 50 岁以下可参与，女性在 40 岁以下可参与。可以使用 IF 函数、OR 函数、AND 函数来设计公式，如图 7-70 所示。

图 7-70

### 7.2.3 筛选出销售额不达标的销售员

**关键点：** 利用筛选功能筛选出不达标的项目
**操作要点：** "数据"→"排序和筛选"组→"筛选"功能按钮
**应用场景：** 当前工作表中统计了员工的销售情况，为了查看销售不达标的员工有哪些，需要添加筛选条件。

❶ 选中 F1:F14 单元格，在"数据"选项卡的"排序和筛选"组中单击"筛选"按钮（如图 7-71 所示），即可为列标识"是否达标"添加筛选按钮，如图 7-72 所示。

图 7-72

图 7-71

❷ 单击"是否达标"右侧的下拉按钮，在弹出的菜单中取消选中"全选"复选框，并选中"不达标"复选框，如图 7-73 所示。

图 7-73

Word/Excel/PPT 2013 高效办公从入门到精通

❸单击"确定"按钮，返回到工作表中，即可查看销售不达标的记录，如图7-74所示。

| | A | B | C | D | E | F | G |
|---|---|---|---|---|---|---|---|
| 1 | 工号 | 员工姓名 | 分部 | 销售数量 | 销售金额 | 是否达标 | 提成金额 |
| 3 | NL_002 | 何许诺 | 销售2部 | 20 | 12688 | 不达标 | 380.64 |
| 5 | NL_004 | 林成瑞 | 销售2部 | 24 | 19348 | 不达标 | 580.44 |
| 7 | NL_006 | 何佳怡 | 销售1部 | 18 | 15358 | 不达标 | 460.74 |
| 10 | NL_009 | 张军 | 销售1部 | 17 | 10090 | 不达标 | 302.7 |
| 12 | NL_011 | 刘琦 | 销售3部 | 19 | 11130 | 不达标 | 333.9 |

图 7-74

## 练一练

### 筛选出"风衣"类服装

如图7-75所示，要求筛选出"风衣"类服装，即品名中包含有"风衣"文字的记录。

| | A | B | C | D |
|---|---|---|---|---|
| 1 | 编号 | 品名 | 库存 | 补充提示 |
| 5 | ML_004 | 春秋风衣 | 55 | 充足 |
| 8 | ML_007 | 春秋荷花袖风衣 | 14 | 补货 |
| 10 | ML_009 | 春秋鹿皮绒风衣 | 32 | 准备 |
| 11 | ML_010 | 春秋气质风衣 | 55 | 充足 |

图 7-75

---

### 7.2.4 筛选指定部门中不达标的销售记录

**关 键 点：**筛选指定部门中不达标项目（即同时满足两个条件）

**操作要点：**"数据"→"排序和筛选"组→"高级"功能按钮

**应用场景：**当前工作表中统计了销售人员的销售情况，现在想要筛选查看指定部门中不达标的销售记录，可以利用高级筛选功能同时设置两个条件。

#### 1. 筛选指定部门中不达标的销售记录

❶打开"员工销售月度统计表"，在A17:B18单元格区域中输入如图7-76所示的信息，这里的数据为在进行高级筛选时的条件区域，可以根据需要设置筛选条件。

| | A | B | C | D | E | F | G |
|---|---|---|---|---|---|---|---|
| 1 | 工号 | 员工姓名 | 分部 | 销售数量 | 销售金额 | 是否达标 | 提成金额 |
| 9 | NL_008 | 华玉凤 | 销售3部 | 31 | 28290 | 达标 | 1414.5 |
| 10 | NL_009 | 张军 | 销售1部 | 17 | 10090 | 不达标 | 302.7 |
| 11 | NL_010 | 廖凯 | 销售1部 | 25 | 20740 | 达标 | 1037 |
| 12 | NL_011 | 刘琦 | 销售3部 | 19 | 11130 | 不达标 | 333.9 |
| 13 | NL_012 | 张怡聆 | 销售2部 | 20 | 30230 | 达标 | 3023 |
| 14 | NL_013 | 杨飞 | 销售2部 | 68 | 45900 | 达标 | 4590 |
| 17 | 分部 | 是否达标 | | | | | |
| 18 | 销售1部 | 不达标 | | | | | |

图 7-76

❷在"数据"选项卡的"排序和筛选"组中单击"高级"按钮（如图7-77所示），打开"高级筛选"对话框。

图 7-77

❸在"列表区域"文本框中输入范围$A$1:$G$14（就是用于筛选的整个表格区域），在"条件区域"文本框中输入范围$A$17:$B$18，如图7-78所示。

| | A | B | C |
|---|---|---|---|
| 6 | NL_005 | 金骁忠 | 销售 |
| 7 | NL_006 | 何佳怡 | 销售 |
| 8 | NL_007 | 李菲菲 | 销售 |
| 9 | NL_008 | 华玉凤 | 销售 |
| 10 | NL_009 | 张军 | 销售 |
| 11 | NL_010 | 廖凯 | 销售 |
| 12 | NL_011 | 刘琦 | 销售 |
| 13 | NL_012 | 张怡聆 | 销售 |
| 14 | NL_013 | 杨飞 | 销售 |
| 17 | 分部 | 是否达标 | |
| 18 | 销售1部 | 不达标 | |

图 7-78

❹选中"将筛选结果复制到其他位置"单选按钮，在"复制到"文本框设置存放筛选后数据的起始位置（可以直接输入，也可以单击后面拾取器按钮回到工作表中选择），如图7-79所示。

图 7-79

第7章 表格中的数据处理与分析

221

⑤单击"确定"按钮，即可查看筛选结果，如图 7-80 所示。

| | A | B | C | D | E | F | G |
|---|---|---|---|---|---|---|---|
| 1 | 工号 | 员工姓名 | 分部 | 销售数量 | 销售金额 | 是否达标 | 提成金额 |
| 13 | NL_012 | 张怡聆 | 销售1部 | 20 | 30230 | 达标 | 3023 |
| 14 | NL_013 | 杨飞 | 销售2部 | 68 | 45900 | 达标 | 4590 |
| 15 | | | | | | | |
| 16 | | | | | | | |
| 17 | 分部 | 是否达标 | | | | | |
| 18 | 销售1部 | 不达标 | | | | | |
| 19 | | | | | | | |
| 20 | 工号 | 员工姓名 | 分部 | 销售数量 | 销售金额 | 是否达标 | 提成金额 |
| 21 | NL_006 | 何佳怡 | 销售1部 | 18 | 15358 | 不达标 | 460.74 |
| 22 | NL_009 | 张军 | 销售1部 | 17 | 10090 | 不达标 | 302.7 |

图 7-80

✍ 专家提醒

如果不采用手工方式输入引用位置，可以单击右侧的 ▲ 按钮，回到工作表中选择引用的单元格区域。

2. 筛选指定部门的记录或销售达标的销售记录

此处要求的筛选结果是，只要指定的部门与"达标"这两个条件有一个满足就被筛选，即实现"或"条件的筛选。

① 添加筛选条件，如图 7-81 所示。注意设置"或"条件时要让条件显示在两行中，如果显示在一行中表示"与"条件筛选，即同时满足两个条件。

| | A | B | C | D | E | F | G |
|---|---|---|---|---|---|---|---|
| 1 | 工号 | 员工姓名 | 分部 | 销售数量 | 销售金额 | 是否达标 | 提成金额 |
| 13 | NL_012 | 张怡聆 | 销售1部 | 20 | 30230 | 达标 | 3023 |
| 14 | NL_013 | 杨飞 | 销售2部 | 68 | 45900 | 达标 | 4590 |
| 15 | | | | | | | |
| 16 | | | | | | | |
| 17 | 分部 | 是否达标 | | | | | |
| 18 | 销售1部 | 不达标 | | | | | |
| 19 | | | | | | | |
| 20 | 工号 | 员工姓名 | 分部 | 销售数量 | 销售金额 | 是否达标 | 提成金额 |
| 21 | NL_006 | 何佳怡 | 销售1部 | 18 | 15358 | 不达标 | 460.74 |
| 22 | NL_009 | 张军 | 销售1部 | 17 | 10090 | 不达标 | 302.7 |
| 23 | | | | | | | |
| 24 | 分部 | 是否达标 | | | | | |
| 25 | 销售1部 | | | | | | |
| 26 | | 达标 | | | | | |

图 7-81

② 在"数据"选项卡的"排序和筛选"组中单击"高级"按钮（如图 7-82 所示），打开"高级筛选"对话框。

图 7-82

③ 在"列表区域"文本框中输入范围 $A$1:$G$14（就是用于筛选的整个表格区域），在"条件区域"文本框中输入范围 $A$24:$B$26。选中"将筛选结果复制到其他位置"单选按钮，在"复制到"文本框中设置存放筛选后数据的起始位置，如图 7-83 所示。

图 7-83

④ 单击"确定"按钮，即可查看筛选结果，或者"分部"是"销售1部"的，或者"是否达标"是"达标"的，结果如图 7-84 所示。

| | A | B | C | D | E | F | G |
|---|---|---|---|---|---|---|---|
| 24 | 分部 | 是否达标 | | | | | |
| 25 | 销售1部 | | | | | | |
| 26 | | 达标 | | | | | |
| 27 | | | | | | | |
| 28 | 工号 | 员工姓名 | 分部 | 销售数量 | 销售金额 | 是否达标 | 提成金额 |
| 29 | NL_001 | 刘志飞 | 销售1部 | 56 | 34950 | 达标 | 3495 |
| 30 | NL_003 | 崔娜 | 销售3部 | 59 | 38616 | 达标 | 3861.6 |
| 31 | NL_005 | 金璐忠 | 销售2部 | 32 | 20781 | 达标 | 1039.05 |
| 32 | NL_006 | 何佳怡 | 销售1部 | 18 | 15358 | 不达标 | 460.74 |
| 33 | NL_007 | 李菲菲 | 销售3部 | 30 | 23122 | 达标 | 1156.1 |
| 34 | NL_008 | 华玉凤 | 销售3部 | 31 | 28290 | 达标 | 1414.5 |
| 35 | NL_009 | 张军 | 销售1部 | 17 | 10090 | 不达标 | 302.7 |
| 36 | NL_010 | 廖凯 | 销售2部 | 25 | 20740 | 达标 | 1037 |
| 37 | NL_012 | 张怡聆 | 销售1部 | 20 | 30230 | 达标 | 3023 |
| 38 | NL_013 | 杨飞 | 销售2部 | 68 | 45900 | 达标 | 4590 |

图 7-84

✍ 专家提醒

设置高级筛选条件区域时，注意列标识的文字一定要与表格中完全一致（如有时会出现文字中加了一个空格的情况等），否则不能筛选到正确的结果。

📋 练一练

**筛选出指定时间指定课程的报名记录**

如图 7-85 所示，要求筛选出 2018-1-10 前有人报名的所有手工课的记录。由于手

Word/Excel/PPT 2013高效办公从入门到精通

工课有两种类型，分别为“轻黏土手工”与“剪纸手工”，因此使用“* 手工”作为条件。

| 序号 | 报名时间 | 姓名 | 所报课程 | 学费 |
|---|---|---|---|---|
| 1 | 2018/1/2 | 陆路 | 轻粘土手工 | 780 |
| 2 | 2018/1/1 | 陈小旭 | 线描画 | 980 |
| 3 | 2018/1/6 | 李林杰 | 剪纸手工 | 1080 |
| 4 | 2018/1/7 | 李成曦 | 轻粘土手工 | 780 |
| 5 | 2018/1/7 | 罗成佳 | 水墨画 | 980 |
| 6 | 2018/1/8 | 姜旭旭 | 剪纸手工 | 1080 |
| 7 | 2018/1/15 | 崔心怡 | 水墨画 | 780 |
| 8 | 2018/1/1 | 吴可佳 | 轻粘土手工 | 780 |
| 9 | 2018/1/1 | 蔡晶 | 线描画 | 980 |
| 10 | 2018/1/2 | 张云翔 | 水墨画 | 980 |
| 11 | 2018/1/4 | 刘成瑞 | 轻粘土手工 | 780 |
| 12 | 2018/1/5 | 张凯 | 水墨画 | 980 |
| 13 | 2018/1/5 | 刘梦凡 | 线描画 | 980 |
| 14 | 2018/1/9 | 刘萌 | 水墨画 | 980 |
| 15 | 2018/1/9 | 张梦云 | 水墨画 | 980 |

| 报名时间 | 所报课程 |
|---|---|
| <2018/1/10 | *手工 |

| 序号 | 报名时间 | 姓名 | 所报课程 | 学费 |
|---|---|---|---|---|
| 1 | 2018/1/2 | 陆路 | 轻粘土手工 | 780 |
| 3 | 2018/1/6 | 李林杰 | 剪纸手工 | 1080 |
| 4 | 2018/1/7 | 李成曦 | 轻粘土手工 | 780 |
| 6 | 2018/1/8 | 姜旭旭 | 剪纸手工 | 1080 |
| 8 | 2018/1/1 | 吴可佳 | 轻粘土手工 | 780 |
| 11 | 2018/1/4 | 刘成瑞 | 轻粘土手工 | 780 |
| 16 | 2018/1/9 | 张春阳 | 剪纸手工 | 1080 |

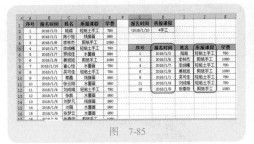

图 7-85

## 7.2.5 按部门分类汇总销售额

**关 键 点：** 统计出各个销售分部的总销售额

**操作要点：** 1. “数据”→“排序和筛选”组→“升序”功能按钮

2. “数据”→“分级显示”组→“分类汇总”功能按钮

**应用场景：** 要统计出各个销售分部的总销售额，可以先按分部进行排序，将相同分部的记录排在一起，然后进行分类汇总操作即可。

### 1. 进行求和分类汇总

❶选中“分部”列任意单元格，在“数据”选项卡的“排序和筛选”组中单击“升序”按钮（如图 7-86 所示），即可对数据按分部排列，将相同分部的记录排列在一起，如图 7-87 所示。

| 工号 | 员工姓名 | 分部 | 销售数量 | 销售金额 | 是否达标 |
|---|---|---|---|---|---|
| NL_001 | 刘志飞 | 销售1部 | 56 | 34950 | 达标 |
| NL_002 | 何许诺 | 销售2部 | 20 | 12688 | 不达标 |
| NL_003 | 崔娜 | 销售3部 | 59 | 38616 | 达标 |
| NL_004 | 林成瑞 | 销售2部 | 24 | 19348 | 不达标 |
| NL_005 | 金璐忠 | 销售2部 | 32 | 20781 | 达标 |
| NL_006 | 何佳怡 | 销售1部 | 18 | 15358 | 不达标 |
| NL_007 | 李菲菲 | 销售3部 | 30 | 23122 | 达标 |
| NL_008 | 华玉凤 | 销售3部 | 31 | 28290 | 达标 |
| NL_009 | 张军 | 销售1部 | 17 | 10090 | 不达标 |
| NL_010 | 廖凯 | 销售1部 | 25 | 20740 | 达标 |
| NL_011 | 刘琦 | 销售3部 | 19 | 11130 | 不达标 |
| NL_012 | 张怡聆 | 销售1部 | 20 | 30230 | 达标 |
| NL_013 | 杨飞 | 销售2部 | 68 | 45900 | 达标 |

图 7-86

| 工号 | 员工姓名 | 分部 | 销售数量 | 销售金额 | 是否达标 | 提成金额 |
|---|---|---|---|---|---|---|
| NL_001 | 刘志飞 | 销售1部 | 56 | 34950 | 达标 | 3495 |
| NL_006 | 何佳怡 | 销售1部 | 18 | 15358 | 不达标 | 460.74 |
| NL_009 | 张军 | 销售1部 | 17 | 10090 | 不达标 | 302.7 |
| NL_010 | 廖凯 | 销售1部 | 25 | 20740 | 达标 | 3023 |
| NL_012 | 张怡聆 | 销售1部 | 20 | 30230 | 达标 | 3023 |
| NL_002 | 何许诺 | 销售2部 | 20 | 12688 | 不达标 | 380.64 |
| NL_004 | 林成瑞 | 销售2部 | 24 | 19348 | 不达标 | 580.44 |
| NL_005 | 金璐忠 | 销售2部 | 32 | 20781 | 达标 | 1039.05 |
| NL_013 | 杨飞 | 销售2部 | 68 | 45900 | 达标 | 4590 |
| NL_003 | 崔娜 | 销售3部 | 59 | 38616 | 达标 | 3861.6 |
| NL_007 | 李菲菲 | 销售3部 | 30 | 23122 | 达标 | 1156.1 |
| NL_008 | 华玉凤 | 销售3部 | 31 | 28290 | 达标 | 1414.5 |
| NL_011 | 刘琦 | 销售3部 | 19 | 11130 | 不达标 | 1414.5 |

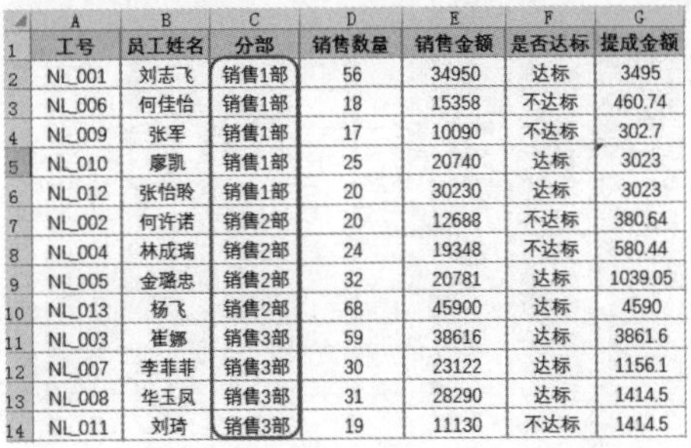

图 7-87

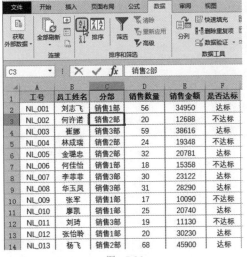

❷选中任意单元格，在“数据”选项卡的“分级显示”组中单击“分类汇总”按钮（如图 7-88 所示），打开“分类汇总”对话框。

| 工号 | 员工姓名 | 分部 | 销售数量 | 销售金额 | 是否达标 |
|---|---|---|---|---|---|
| NL_001 | 刘志飞 | 销售1部 | 56 | 34950 | 达标 |
| NL_006 | 何佳怡 | 销售1部 | 18 | 15358 | 不达标 |
| NL_009 | 张军 | 销售1部 | 17 | 10090 | 不达标 |
| NL_010 | 廖凯 | 销售1部 | 25 | 20740 | 达标 |
| NL_012 | 张怡聆 | 销售1部 | 20 | 30230 | 达标 |
| NL_002 | 何许诺 | 销售2部 | 20 | 12688 | 不达标 |
| NL_004 | 林成瑞 | 销售2部 | 24 | 19348 | 不达标 |
| NL_005 | 金璐忠 | 销售2部 | 32 | 20781 | 达标 |
| NL_013 | 杨飞 | 销售2部 | 68 | 45900 | 达标 |
| NL_003 | 崔娜 | 销售3部 | 59 | 38616 | 达标 |
| NL_007 | 李菲菲 | 销售3部 | 30 | 23122 | 达标 |
| NL_008 | 华玉凤 | 销售3部 | 31 | 28290 | 达标 |
| NL_011 | 刘琦 | 销售3部 | 19 | 11130 | 不达标 |

图 7-88

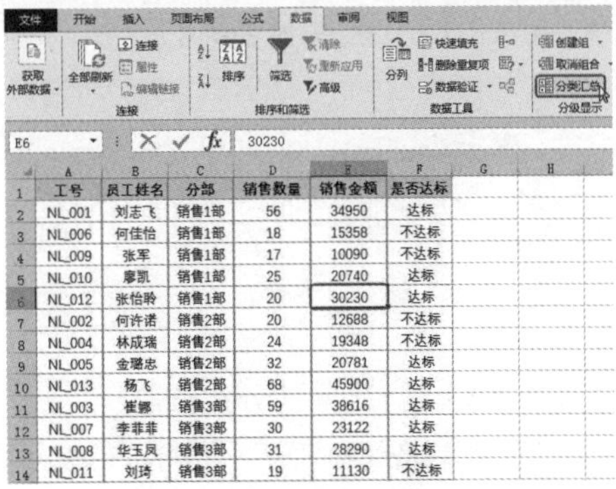

❸单击“分类字段”下拉按钮，在弹出的下拉菜单中选择“分部”选项；然后在“选定汇总项”列表框中选中“销售金额”和“提成金额”两个复选

框，如图 7-89 所示。

图 7-89

④ 单击"确定"按钮，即可得到如图 7-90 所示的分类汇总结果。

| 1 2 3 | | A | B | C | D | E | F | G |
|---|---|---|---|---|---|---|---|---|
| | 1 | 工号 | 员工姓名 | 分部 | 销售数量 | 销售金额 | 是否达标 | 提成金额 |
| | 2 | NL_001 | 刘志飞 | 销售1部 | 56 | 34950 | 达标 | 3495 |
| | 3 | NL_006 | 何佳怡 | 销售1部 | 18 | 15358 | 不达标 | 460.74 |
| | 4 | NL_009 | 张军 | 销售1部 | 17 | 10090 | 不达标 | 302.7 |
| | 5 | NL_010 | 廖凯 | 销售1部 | 25 | 20740 | 达标 | 3023 |
| | 6 | NL_012 | 张怡龄 | 销售1部 | 20 | 30230 | 达标 | 3023 |
| | 7 | | | 销售1部 汇总 | | 111368 | | 10304.44 |
| | 8 | NL_002 | 何许诺 | 销售2部 | 20 | 12688 | 不达标 | 380.64 |
| | 9 | NL_004 | 林成瑶 | 销售2部 | 24 | 19348 | 不达标 | 580.44 |
| | 10 | NL_005 | 金璐忠 | 销售2部 | 32 | 20781 | 达标 | 1039.05 |
| | 11 | NL_013 | 杨飞 | 销售2部 | 68 | 45900 | 达标 | 4590 |
| | 12 | | | 销售2部 汇总 | | 98717 | | 6590.13 |
| | 13 | NL_003 | 崔馨 | 销售3部 | 59 | 38616 | 达标 | 3861.6 |
| | 14 | NL_007 | 李菲菲 | 销售3部 | 30 | 23122 | 达标 | 1156.1 |
| | 15 | NL_008 | 华玉凤 | 销售3部 | 31 | 28290 | 达标 | 1414.5 |
| | 16 | NL_011 | 刘琦 | 销售3部 | 19 | 11130 | 不达标 | 1414.5 |
| | 17 | | | 销售3部 汇总 | | 101158 | | 7846.7 |
| | 18 | | | 总计 | | 311243 | | 24741.27 |

图 7-90

⑤ 在编辑区域左上角上单击 2 级分类，即可查看各分部的销售总金额，如图 7-91 所示。

| 1 2 3 | | A | B | C | D | E | F | G |
|---|---|---|---|---|---|---|---|---|
| | 1 | 工号 | 员工姓名 | 分部 | 销售数量 | 销售金额 | 是否达标 | 提成金额 |
| | 7 | | | 销售1部 汇总 | | 111368 | | 10304.44 |
| | 12 | | | 销售2部 汇总 | | 98717 | | 6590.13 |
| | 17 | | | 销售3部 汇总 | | 101158 | | 7846.7 |
| | 18 | | | 总计 | | 311243 | | 24741.27 |
| | 19 | | | | | | | |
| | 20 | | | | | | | |

图 7-91

## 2. 进行多种统计结果的分类汇总

当进行求和分类汇总后，还可以通过分类汇总得出其他统计结果。例如，还要统计出各个分部的销售额最大值，通过如下操作可以让所有统计结果都显示在各个分类的下面。

❶ 进行前面的第一次分类汇总后，接着选中任

意单元格，在"数据"选项卡的"分级显示"组中单击"分类汇总"按钮（如图 7-92 所示），打开"分类汇总"对话框。

图 7-92

❷ 单击"汇总方式"下拉按钮，在弹出的下拉菜单中选择"最大值"选项；然后在"选定汇总项"列表框中取消选中"提成金额"复选框，并取消选中"替换当前分类汇总"复选框，如图 7-93 所示。

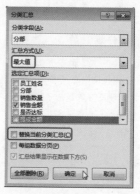

图 7-93

❸ 单击"确定"按钮，即可得到如图 7-94 所示的分类汇总结果。

| 1 2 3 4 | | A | B | C | D | E | F | G |
|---|---|---|---|---|---|---|---|---|
| | 1 | 工号 | 员工姓名 | 分部 | 销售数量 | 销售金额 | 是否达标 | 提成金额 |
| | 2 | NL_001 | 刘志飞 | 销售1部 | 56 | 34950 | 达标 | 3495 |
| | 3 | NL_006 | 何佳怡 | 销售1部 | 18 | 15358 | 不达标 | 460.74 |
| | 4 | NL_009 | 张军 | 销售1部 | 17 | 10090 | 不达标 | 302.7 |
| | 5 | NL_010 | 廖凯 | 销售1部 | 25 | 20740 | 达标 | 3023 |
| | 6 | NL_012 | 张怡龄 | 销售1部 | 20 | 30230 | 达标 | 3023 |
| | 7 | | | 销售1部 最大值 | | 34950 | | |
| | 8 | | | 销售1部 汇总 | | 111368 | | 10304.44 |
| | 9 | NL_002 | 何许诺 | 销售2部 | 20 | 12688 | 不达标 | 380.64 |
| | 10 | NL_004 | 林成瑶 | 销售2部 | 24 | 19348 | 不达标 | 580.44 |
| | 11 | NL_005 | 金璐忠 | 销售2部 | 32 | 20781 | 达标 | 1039.05 |
| | 12 | NL_013 | 杨飞 | 销售2部 | 68 | 45900 | 达标 | 4590 |
| | 13 | | | 销售2部 最大值 | | 45900 | | |
| | 14 | | | 销售2部 汇总 | | 98717 | | 6590.13 |
| | 15 | NL_003 | 崔馨 | 销售3部 | 59 | 38616 | 达标 | 3861.6 |
| | 16 | NL_007 | 李菲菲 | 销售3部 | 30 | 23122 | 达标 | 1156.1 |
| | 17 | NL_008 | 华玉凤 | 销售3部 | 31 | 28290 | 达标 | 1414.5 |
| | 18 | NL_011 | 刘琦 | 销售3部 | 19 | 11130 | 不达标 | 1414.5 |
| | 19 | | | 销售3部 最大值 | | 38616 | | |
| | 20 | | | 销售3部 汇总 | | 101158 | | 7846.7 |
| | 21 | | | 总计 最大值 | | 45900 | | |
| | 22 | | | 总计 | | 311243 | | 24741.27 |

图 7-94

### 3. 复制使用分类汇总的结果

通过在编辑区域左上角上单击 2 级分类显示出统计结果后，如果只想使用这个统计结果，使用直接复制的办法会连同所有隐藏的数据全部复制，那么只想复制使用统计结果该如何操作呢?

❶ 选中 2 级分类显示出的统计结果，如图 7-95 所示。

图 7-95

❷ 按键盘上的 F5 键，打开"定位"对话框，如图 7-96 所示。

图 7-96

❸ 单击"定位条件"按钮，打开"定位条件"对话框，选中"可见单元格"复选框，单击"确定"按钮，如图 7-97 所示。

图 7-97

❹ 按 Ctrl+C 快捷键复制，如图 7-98 所示。

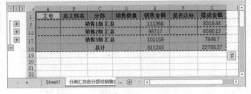

图 7-98

❺ 切换到新工作表中，按 Ctrl+V 快捷键，即可粘贴统计结果，如图 7-99 所示。对表格进行稍微整理即可使用。

图 7-99

### 知识扩展

选中任意单元格，在"数据"选项卡的"分级显示"组中单击"分类汇总"按钮，打开"分类汇总"对话框。

单击"全部删除"按钮，即可删除分类汇总，如图 7-100 所示。

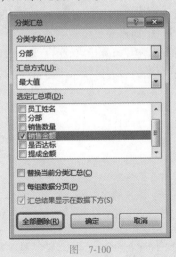

图 7-100

## 创建多级分类汇总

多级分类汇总是指在进行一级分类汇总后，各个分类下还能进行下一级分类，表格中最终同时显示一级分类汇总值与二级分类汇总值。如图 7-101 所示，要求首先对"产生部门"进行分类汇总，然后在各个部门下不同类别的费用再进行分类汇总。

图 7-101

技高一筹

### 1. 设定排除某文本时显示特殊格式

本例中统计了某次比赛中各学生对应的学校，下面需要将学校名称中不是"合肥市"的记录以特殊格式显示。要达到这一目的，需要使用文本筛选中的排除文本的规则。

❶ 首先选中表格中要设置条件格式的单元格区域，即 C2:C11，切换到"开始"选项卡，在"样式"组中单击"条件格式"下拉按钮，在打开的下拉列表中选择"新建规则"命令（如图 7-102 所示），打开"新建格式规则"对话框。

❷ 在"选择规则类型"栏下的列表框中选择"只为包含以下内容的单元格设置格式"选项，再单击"编辑规则说明"栏下的下拉按钮，在打开的下拉列表中选择"特定文本"选项，如图 7-103 所示。

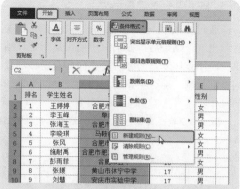

图 7-102

❸ 单击"包含"右侧的下拉按钮，在打开的下拉列表中选择"不包含"选项，如图 7-104 所示。

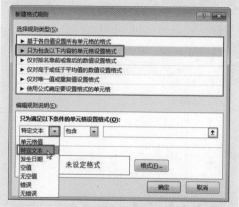

图 7-103

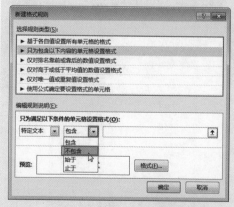

图 7-104

④ 继续在最后的文本框内输入不包含的内容为"合肥市"，再单击下方的"格式"按钮（如图7-105所示），打开"设置单元格格式"对话框。

⑤ 切换至"字体"选项卡，设置字型为"倾斜"，字体颜色为"白色"，如图7-106所示。

图 7-105

图 7-106

⑥ 切换至"填充"选项卡，在"背景色"栏下单击"金色"（如图7-107所示），单击"确定"按钮返回"新建格式规则"对话框。

⑦ 单击"确定"按钮完成设置，此时可以看到不包含"合肥市"的所有学校名称格式显示为金色底纹填充，白色倾斜字体，如图7-108所示。

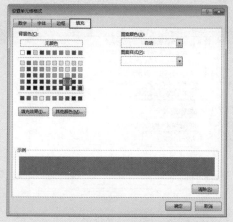

图 7-107

| | A | B | C | D |
|---|---|---|---|---|
| 1 | 排名 | 学生姓名 | 学校 | 年龄 |
| 2 | 1 | 王婷婷 | 合肥市第三中学 | 17 |
| 3 | 2 | 李玉峰 | 阜阳二中 | 18 |
| 4 | 3 | 张海玉 | 合肥市第五十中 | 18 |
| 5 | 4 | 李晓琪 | 马鞍山市一中 | 17 |
| 6 | 5 | 张风 | 合肥市第五十中 | 18 |
| 7 | 6 | 施耐禹 | 合肥市肥东县第一中学 | 18 |
| 8 | 7 | 彭雨菲 | 合肥市五中 | 18 |
| 9 | 8 | 张媛 | 黄山市休宁中学 | 17 |
| 10 | 9 | 刘慧 | 安庆市实验中学 | 17 |
| 11 | 10 | 王欣 | 黄山市休宁中学 | 19 |
| 12 | 11 | 李玉婷 | 安庆市实验中学 | 17 |
| 13 | 12 | 张琳琳 | 合肥市第十中学 | 16 |

图 7-108

## 2. 指定月份数据特殊显示

在下面的报名数据统计表中，要求将所有1月份的记录以特殊格式显示出来。

❶ 选中表格中要设置条件格式的单元格区域，切换到"开始"选项卡，在"样式"组中单击"条件格式"下拉按钮，在打开的下拉列表中选择"新建规则"选项打开"新建格式规则"对话框。

❷ 在列表框中选择"使用公式确定要设置格式的单元格"选项，在"为符合此公式的值设置格式"下的文本框中输入公式 =MONTH(B2)=10，单击"格式"按钮（如图7-109所示），打开"设置单元格格式"对话框。

❸ 切换至"填充"选项卡，在"背景色"列表单击"橙色"，如图7-110所示。

图 7-109

图 7-110

④ 依次单击"确定"按钮完成设置，此时可以看到所有日期为 1 月份的单元格被标记为橙色填充效果，如图 7-111 所示。

| | A | B | C | D | E |
|---|---|---|---|---|---|
| 1 | 序号 | 报名时间 | 姓名 | 所报课程 | 学费 |
| 2 | 1 | 2018/1/2 | 陆路 | 轻粘土手工 | 780 |
| 3 | 2 | 2018/1/1 | 陈小旭 | 线描画 | 980 |
| 4 | 3 | 2018/2/6 | 李林杰 | 卡漫 | 1080 |
| 5 | 4 | 2018/1/11 | 李成襄 | 轻粘土手工 | 780 |
| 6 | 5 | 2018/2/12 | 罗成佳 | 水墨画 | 980 |
| 7 | 6 | 2018/2/14 | 姜旭旭 | 卡漫 | 1080 |
| 8 | 7 | 2018/1/18 | 崔心怡 | 轻粘土手工 | 780 |
| 9 | 8 | 2018/2/11 | 吴可佳 | 轻粘土手工 | 780 |
| 10 | 9 | 2018/1/4 | 蔡晶晶 | 线描画 | 980 |
| 11 | 10 | 2018/2/21 | 张云翔 | 水墨画 | 980 |
| 12 | 11 | 2018/2/4 | 刘成瑞 | 轻粘土手工 | 780 |
| 13 | 12 | 2018/2/5 | 张凯 | 水墨画 | 980 |
| 14 | 13 | 2018/1/5 | 刘梦凡 | 线描画 | 980 |

图 7-111

### 3. 按单元格图标排序

本例表格事先使用条件格式规则对库存量进行了设置，将不同区间的库存量设置不同颜色的三色灯，其中红色灯代表库存将要告急。为了让库存告急的数据更加直观地显示，可以将有红色灯图标的数据记录全部显示在表格顶端。

❶ 打开表格选中数据区域中的任意单元格，切换到"数据"选项卡，在"排序和筛选"组中单击"排序"按钮（如图 7-112 所示），打开"排序"对话框，并设置主要关键字为"库存量"。

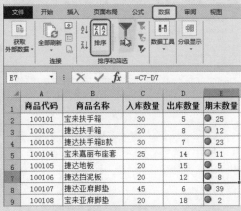

图 7-112

❷ 单击"排序依据"标签右侧的下拉按钮，在打开的列表中选择"单元格图标"选项，如图 7-113 所示。

图 7-113

❸ 依次设置"次序"为默认的红色圆点和"在顶端"，如图 7-114 所示。

❹ 单击"确定"按钮完成设置，此时可以看到表格中所有红色圆点图标的数据显示在最顶端，以便更直观地查看到库存量比较低的记录，

如图 7-115 所示。

图 7-114

| | A | B | C | D | E |
|---|---|---|---|---|---|
| 1 | 商品代码 | 商品名称 | 入库数量 | 出库数量 | 期末数量 |
| 2 | 100105 | 捷达地板 | 20 | 15 | 5 |
| 3 | 100106 | 捷达挡泥板 | 20 | 12 | 8 |
| 4 | 100108 | 宝来亚麻脚垫 | 20 | 18 | 2 |
| 5 | 100101 | 宝来扶手箱 | 30 | 5 | 25 |
| 6 | 100102 | 捷达扶手箱 | 20 | 8 | 12 |
| 7 | 100103 | 捷达扶手箱B款 | 30 | 7 | 23 |
| 8 | 100104 | 宝来嘉丽布座套 | 25 | 14 | 11 |
| 9 | 100107 | 捷达亚麻脚垫 | 45 | 6 | 39 |

图 7-115

## 4. 按自定义的规则排序

如果想要对表格数据按照指定部门排序、指定学历的顺序进行排序，使用自动排序方式是无法实现的，这时可以使用"自定义序列"功能，自定义想要的排序规则。

❶ 选中数据区域中的任意单元格，在"数据"选项卡的"排序和筛选"组中单击"排序"按钮，打开"排序"对话框。

❷ 设置主要关键字为"学历"，单击"次序"右侧的下拉按钮，在打开的下拉列表中选择"自定义序列"选项（如图 7-116 所示），打开"自定义序列"对话框。

图 7-116

❸ 在"输入序列"列表框中依次输入"研究生 本科 专科"（注意每一个学历名称输入完毕之后要按下 Enter 键换行），如图 7-117 所示。

❹ 单击"添加"按钮，即可将输入的自定义序列添加到左侧的"自定义序列"列表框中，如图 7-118 所示。

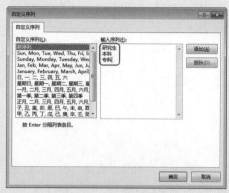

图 7-117

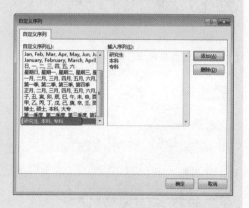

图 7-118

❺ 单击"确定"按钮返回"排序"对话框，此时可以看到自定义的序列，如图 7-119 所示。

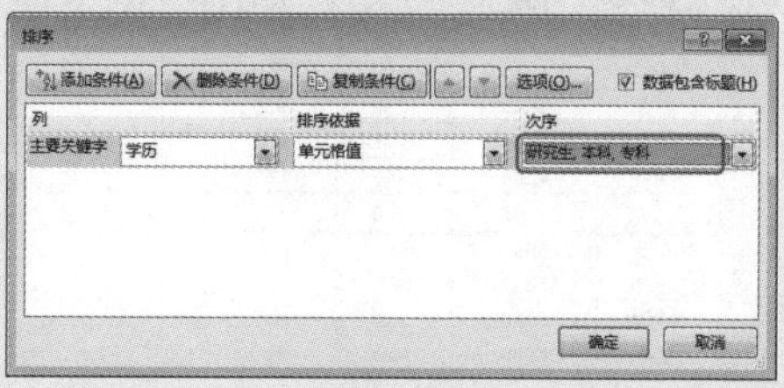

图 7-119

❻ 单击"确定"按钮完成设置，此时可以看到"学历"列中按照自定义的序列进行排序，效果如图 7-120 所示。

Word/Excel/PPT 2013 高效办公从入门到精通

| | A姓名 | B应聘职位代码 | C学历 | D面试成绩 | E口语成绩 | F平均分 |
|---|---|---|---|---|---|---|
| 2 | 庄美尔 | 01销售总监 | 研究生 | 88 | 90 | 89 |
| 3 | 崔衡 | 01销售总监 | 研究生 | 86 | 70 | 78 |
| 4 | 刘兰芝 | 03出纳员 | 研究生 | 76 | 90 | 83 |
| 5 | 张泽宇 | 05资料员 | 研究生 | 68 | 86 | 77 |
| 6 | 陈曦 | 05资料员 | 研究生 | 92 | 72 | 82 |
| 7 | 廖凯 | 06办公室文员 | 研究生 | 80 | 56 | 68 |
| 8 | 王一帆 | 01销售总监 | 本科 | 79 | 93 | 86 |
| 9 | 李德印 | 01销售总监 | 本科 | 90 | 87 | 88.5 |
| 10 | 刘萌 | 01销售总监 | 专科 | 91 | 91 | 91 |
| 11 | 霍晶 | 02科员 | 专科 | 88 | 91 | 89.5 |
| 12 | 陈晓 | 03出纳员 | 专科 | 90 | 79 | 84.5 |
| 13 | 王辉会 | 04办公室主任 | 专科 | 80 | 70 | 75 |
| 14 | 陆路 | 04办公室主任 | 专科 | 82 | 77 | 79.5 |
| 15 | 李凯 | 04办公室主任 | 专科 | 82 | 77 | 79.5 |
| 16 | 陈小芳 | 04办公室主任 | 专科 | 88 | 70 | 79 |

图 7-120

### 5. 筛选出不重复记录

本例表格中统计了各员工的工资数据，由于统计疏忽，出现了一些重复数据，如果使用手动方式逐个查找非常麻烦，利用高级筛选功能也可以实现筛选出不重复的记录。

❶ 打开表格后，在"数据"选项卡的"排序和筛选"组中单击"高级"按钮（如图7-121所示），打开"高级筛选"对话框。

图 7-121

❷ 在"方式"栏下选中"在原有区域显示筛选结果"单选按钮，设置"列表区域"为$A$1:$D$23，选中"选择不重复的记录"复选框，如图7-122所示。

图 7-122

❸ 单击"确定"按钮完成设置，返回表格后可以看到系统自动将所有重复的记录都删除，只保留了不重复的记录，如图7-123所示。

| | A姓名 | B基本工资 | C奖金 | D满勤奖 | E |
|---|---|---|---|---|---|
| 1 | 姓名 | 基本工资 | 奖金 | 满勤奖 | |
| 2 | 王一帆 | 1500 | 1200 | 550 | |
| 3 | 王辉会 | 3000 | 600 | 450 | |
| 4 | 邓敏 | 5000 | 600 | 600 | |
| 5 | 吕梁 | 3000 | 1200 | 550 | |
| 7 | 刘小龙 | 5000 | 550 | 450 | |
| 8 | 刘萌 | 3000 | 1200 | 550 | |
| 9 | 李凯 | 5000 | 550 | 600 | |
| 10 | 李德印 | 5000 | 1200 | 450 | |
| 11 | 张泽宇 | 1500 | 1200 | 550 | |
| 12 | 张奎 | 1500 | 1200 | 600 | |
| 13 | 陆路 | 5000 | 550 | 600 | |
| 14 | 陈小芳 | 4500 | 1200 | 550 | |
| 16 | 陈曦 | 5000 | 1200 | 450 | |
| 17 | 罗成佳 | 5000 | 200 | 550 | |

图 7-123

读书笔记

230

# 第8章

# 创建统计报表及图表

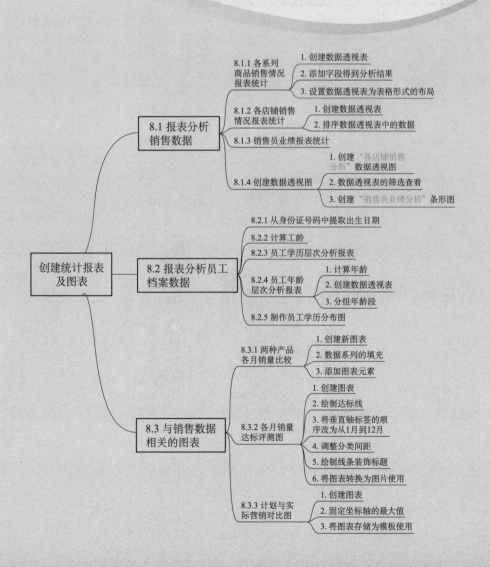

- 创建统计报表及图表
  - 8.1 报表分析销售数据
    - 8.1.1 各系列商品销售情况报表统计
      - 1. 创建数据透视表
      - 2. 添加字段得到分析结果
      - 3. 设置数据透视表为表格形式的布局
    - 8.1.2 各店铺销售情况报表统计
      - 1. 创建数据透视表
      - 2. 排序数据透视表中的数据
    - 8.1.3 销售员业绩报表统计
    - 8.1.4 创建数据透视图
      - 1. 创建"各店铺销售分析"数据透视图
      - 2. 数据透视表的筛选查看
      - 3. 创建"销售员业绩分析"条形图
  - 8.2 报表分析员工档案数据
    - 8.2.1 从身份证号码中提取出生日期
    - 8.2.2 计算工龄
    - 8.2.3 员工学历层次分析报表
    - 8.2.4 员工年龄层次分析报表
      - 1. 计算年龄
      - 2. 创建数据透视表
      - 3. 分组年龄段
    - 8.2.5 制作员工学历分布图
  - 8.3 与销售数据相关的图表
    - 8.3.1 两种产品各月销量比较
      - 1. 创建新图表
      - 2. 数据系列的填充
      - 3. 添加图表元素
    - 8.3.2 各月销量达标评测图
      - 1. 创建图表
      - 2. 绘制达标线
      - 3. 将垂直轴标签的顺序改为从1月到12月
      - 4. 调整分类间距
      - 5. 绘制线条装饰标题
      - 6. 将图表转换为图片使用
    - 8.3.3 计划与实际营销对比图
      - 1. 创建图表
      - 2. 固定坐标轴的最大值
      - 3. 将图表存储为模板使用

## 8.1 ▶ 报表分析销售数据

数据透视表有机地综合了数据排序、筛选、分类汇总等数据分析的优点，建立数据表之后，通过鼠标拖动来调节字段的位置可以快速获取不同的统计结果，灵活地以不同方式展示数据的特征。该工具是最常用、功能最全的 Excel 数据分析工具之一。

数据透视表分析常称报表分析，利用此工具可以对销售数据进行全面分析。

如图 8-1 所示为销售数据记录表，通过此张表格来创建数据透视表可以进行多项数据分析，如图 8-2 所示为创建数据透视表分析各系列商品销售情况，如图 8-3 所示为进行销售员业绩快速统计，如图 8-4 所示为建立数据透视表展示各店铺销售情况。

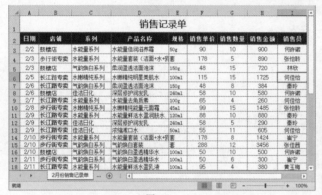

图 8-1

| | A | B | C |
|---|---|---|---|
| 1 | 系列 | 店铺 | 求和项:销售金额 |
| 2 | 佳洁日化 | 鼓楼店 | 800 |
| 3 | | 长江路专卖 | 1120 |
| 4 | 佳洁日化 汇总 | | 1920 |
| 5 | 气韵焕白系列 | 步行街专卖 | 5548 |
| 6 | | 鼓楼店 | 2808 |
| 7 | | 长江路专卖 | 384 |
| 8 | 气韵焕白系列 汇总 | | 8740 |
| 9 | 水嫩精纯系列 | 步行街专卖 | 1485 |
| 10 | | 鼓楼店 | 4194 |
| 11 | | 长江路专卖 | 4283 |
| 12 | 水嫩精纯系列 汇总 | | 9962 |
| 13 | 水能量系列 | 步行街专卖 | 3644 |
| 14 | | 鼓楼店 | 1160 |
| 15 | | 长江路专卖 | 4226 |
| 16 | 水能量系列 汇总 | | 9030 |
| 17 | 总计 | | 29652 |

图 8-2

| | A | B |
|---|---|---|
| 1 | 行标签 | 求和项:销售金额 |
| 2 | 陈佳 | 2280 |
| 3 | 崔宁 | 3164 |
| 4 | 何佳怡 | 4184 |
| 5 | 何许诺 | 2526 |
| 6 | 黄玉梅 | 3685 |
| 7 | 林欣 | 4156 |
| 8 | 秦玲 | 2144 |
| 9 | 张佳茜 | 4786 |
| 10 | 张怡聆 | 2727 |
| 11 | 总计 | 29652 |

图 8-3

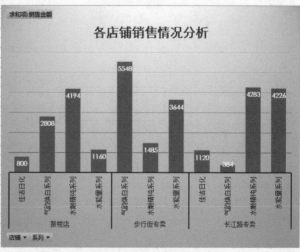

图 8-4

Word/Excel/PPT 2013 高效办公从入门到精通

## 8.1.1 各系列商品销售情况报表统计

**关 键 点**：利用数据透视表统计各系列商品的销售情况

**操作要点**：1. "插入"→"表格"组→"数据透视表"功能按钮

2. "数据透视表工具–设计"→"布局"组

**应用场景**：通过创建数据透视表，并添加"系列"字段与"销售额"字段，可以实现对各系列商品的销售情况进行分析。

### 1. 创建数据透视表

❶ 打开"报表分析销售数据"工作簿，当前显示的是某个月份的销售记录单。

❷ 选中表格区域任意单元格，在"插入"选项卡的"表格"组中单击"数据透视表"按钮（如图 8-5 所示），打开"创建数据透视表"对话框。

❸ 在"请选择要分析的数据"栏中默认将表格的数据区域都作为数据透表的数据源，保持选中"新数据表"单选按钮，如图 8-6 所示。

图 8-5

图 8-6

❹ 单击"确定"按钮，即可在当前工作表的前面添加一个新工作表，即为建立的数据透视表，默认名称为 Sheet1，如图 8-7 所示。

图 8-7

❺ 在 Sheet1 标签上双击，进入文字编辑状态（如图 8-8 所示），重新输入名称为"各系列商品销售分析"，如图 8-9 所示。

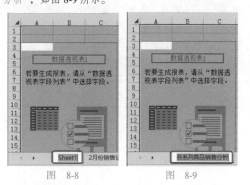

图 8-8　　　　　　　图 8-9

❻ 选中"各系列商品销售分析"工作表，按住鼠标左键拖动到"2 月份销售记录单"标签的后面（如图 8-10 所示），释放鼠标即可更改此工作表的位置，如图 8-11 所示。

### 2. 添加字段得到分析结果

默认创建的数据透视表是空白的，必须通过添加字段才能得到相应的分析结果。

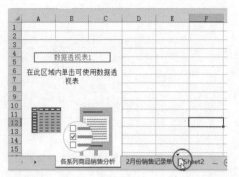

图 8-10

图 8-11

❶ 在"数据透视表字段"窗格中，选中"系列"字段，按住鼠标左键不放，拖动字段到"行"区域中（如图 8-12 所示），松开鼠标左键，即可添加"系列"字段到"行"区域中，如图 8-13 所示。

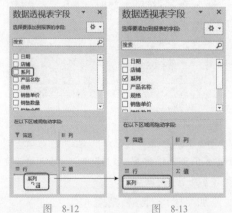

| 图 8-12 | 图 8-13 |

❷ 按照相同的方法，拖动"店铺"字段到"行"

区域中（"系列"字段在"店铺"字段的上方），拖动"销售金额"到"值"区域中（如图 8-14 所示），即可完成数据透视表的创建，如图 8-15 所示。

| 图 8-14 | 图 8-15 |

不同的字段组合可以获取不同的统计效果，因此首次添加字段后，如果没得到想要的分析结果或者想得到其他分析结果，则可以重新调节字段的位置。

在"数据透视表字段"窗格中单击已添加标签右侧的下拉按钮，在下拉列表中可选择对应选项实现标签移动，如此处可选择"移动到列标签"选项（如图 8-16 所示），也可以直接选中字段，按住鼠标左键拖到需要的标签框中，如图 8-17 所示。

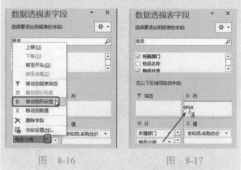

| 图 8-16 | 图 8-17 |

另外，如果要调节字段的顺序，也可以利用鼠标拖动的方式快速调节。

**3. 设置数据透视表为表格形式的布局**

数据透视表默认使用的是以压缩形式显示

的布局，如果当前数据透视表设置了双行标签（如图 8-18 所示），则可以设置让其显示为表格形式或大纲形式，从而让统计结果中字段名称也能清晰地显示，更加便于查看。

| | A | B |
|---|---|---|
| 1 | 行标签 | 求和项：销售金额 |
| 2 | ⊟佳洁日化 | 1920 |
| 3 | 鼓楼店 | 800 |
| 4 | 长江路专卖 | 1120 |
| 5 | ⊟气韵焕白系列 | 8740 |
| 6 | 步行街专卖 | 5548 |
| 7 | 鼓楼店 | 2808 |
| 8 | 长江路专卖 | 384 |
| 9 | ⊟水嫩精纯系列 | 9962 |
| 10 | 步行街专卖 | 1485 |
| 11 | 鼓楼店 | 4194 |
| 12 | 长江路专卖 | 4283 |
| 13 | ⊟水能量系列 | 9030 |
| 14 | 步行街专卖 | 3644 |
| 15 | 鼓楼店 | 1160 |
| 16 | 长江路专卖 | 4226 |
| 17 | 总计 | 29652 |

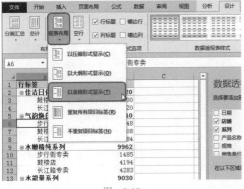

图　8-18

❶ 选中数据透视表中任意单元格，单击“数据透视表工具 - 设计”选项卡“布局”组中的“报表布局”下拉按钮，展开下拉菜单，如图 8-19 所示。

图　8-19

❷ 选择“以表格形式显示”命令，效果如图 8-20 所示。

| | A | B | C |
|---|---|---|---|
| 1 | 系列 | 店铺 | 求和项：销售金额 |
| 2 | ⊟佳洁日化 | 鼓楼店 | 800 |
| 3 | | 长江路专卖 | 1120 |
| 4 | 佳洁日化 汇总 | | 1920 |
| 5 | ⊟气韵焕白系列 | 步行街专卖 | 5548 |
| 6 | | 鼓楼店 | 2808 |
| 7 | | 长江路专卖 | 384 |
| 8 | 气韵焕白系列 汇总 | | 8740 |
| 9 | ⊟水嫩精纯系列 | 步行街专卖 | 1485 |
| 10 | | 鼓楼店 | 4194 |
| 11 | | 长江路专卖 | 4283 |
| 12 | 水嫩精纯系列 汇总 | | 9962 |
| 13 | ⊟水能量系列 | 步行街专卖 | 3644 |
| 14 | | 鼓楼店 | 1160 |
| 15 | | 长江路专卖 | 4226 |
| 16 | 水能量系列 汇总 | | 9030 |
| 17 | 总计 | | 29652 |

图　8-20

## 知识扩展

当数据透视表的数据源发生变化时，要想让数据透视表能统计出新的结果，需要执行刷新操作。

数据源中的数据更改后，单击“数据透视表工具 - 分析”选项卡“数据”组中的“刷新”按钮（如图 8-21 所示），即可刷新数据透视表。

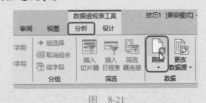

图　8-21

## 练一练

### 让数据透视表显示在当前工作表中

在创建数据透视表时，默认会插入一张新工作表来显示数据透视表。如果不想显示到新工作表中，也可以设置让其显示在当前工作表或其他指定的工作表中。只要在“创建数据透视表”对话框中进行如图 8-22 所示的设置即可。

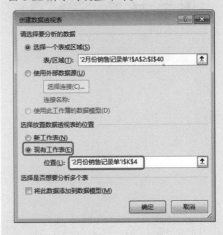

图　8-22

**关 键 点**：利用数据透视表统计各店铺的销售情况
**操作要点**：1. "插入"→"表格"组→"数据透视表"功能按钮
2. "数据"→"排序和筛选"组→"排序"功能按钮
**应用场景**：建立数据透视表后，以"店铺"作为分类依据，可以实现对各店铺销售情况统计。

### 1. 创建数据透视表

❶打开"报表分析销售数据"工作簿，单击"新工作表"按钮插入一张新工作表，并重命名为"各店铺销售分析"，如图 8-23 所示。

❷选中"各店铺销售分析"工作表的 A1 单元格，在"插入"选项卡的"表格"组中单击"数据透视表"按钮（如图 8-24 所示），打开"创建数据透视表"对话框。

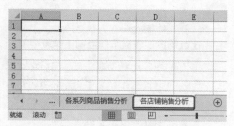

图 8-23

图 8-24

❸在"请选择要分析的数据"栏中选中"选择一个表或区域"单选按钮，并单击"表/区域"右侧的拾取器按钮█回到工作表中，在"2月份销售记录

单"工作表中选取包含列标识在内的全部数据区域，如图 8-25 所示。

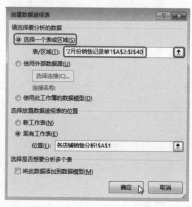

图 8-25

❹单击"确定"按钮，即可在"各系列商品销售分析"工作表中插入空白数据透视表。

❺在"数据透视表字段"窗格中，拖动"店铺""系列"到"行"区域中（"店铺"字段在"系列"字段的上方），拖动"销售金额"到"值"区域中（如图 8-26 所示），即可完成数据透视表的创建，如图 8-27 所示。

图 8-26

| | A | B |
|---|---|---|
| 1 | 行标签　　　　▼ | 求和项:销售金额 |
| 2 | ⊟步行街专卖 | **10677** |
| 3 | 气韵焕白系列 | 5548 |
| 4 | 水嫩精纯系列 | 1485 |
| 5 | 水能量系列 | 3644 |
| 6 | ⊟黄楼店 | **8962** |
| 7 | 佳洁日化 | 800 |
| 8 | 气韵焕白系列 | 2808 |
| 9 | 水嫩精纯系列 | 4194 |
| 10 | 水能量系列 | 1160 |
| 11 | ⊟长江路专卖 | **10013** |
| 12 | 佳洁日化 | 1120 |
| 13 | 气韵焕白系列 | 384 |
| 14 | 水嫩精纯系列 | 4283 |
| 15 | 水能量系列 | 4226 |
| 16 | **总计** | **29652** |

◀　…　各店铺销售分析　⊕

图 8-27

## 2. 排序数据透视表中的数据

在数据透视表中也可以实现对统计结果的排序。本例的报表为双关键字，因为是双关键字，所以需要两次定位并排序，具体操作如下。

❶ 选中店铺汇总相关数据的任意单元格，如 C5 单元格，在"数据"选项卡的"排序和筛选"组中单击"降序"按钮（如图 8-28 所示），即可让数据透视表按店铺汇总数据降序排列，如图 8-29 所示。

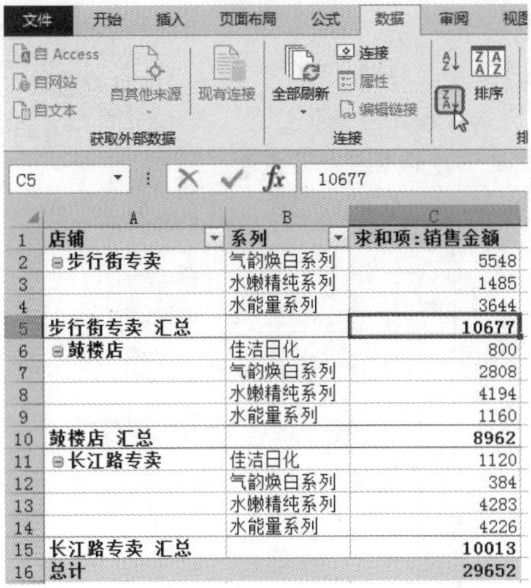

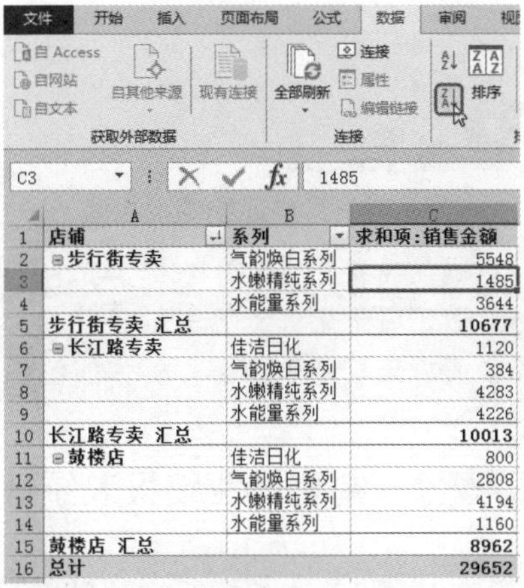

图 8-28

❷ 选中"系列"相关数据的任意单元格，如 C3 单元格，在"数据"选项卡的"排序和筛选"组中单击"降序"按钮（如图 8-30 所示），即可让数据透视表按"系列"数据降序排列，如图 8-31 所示。

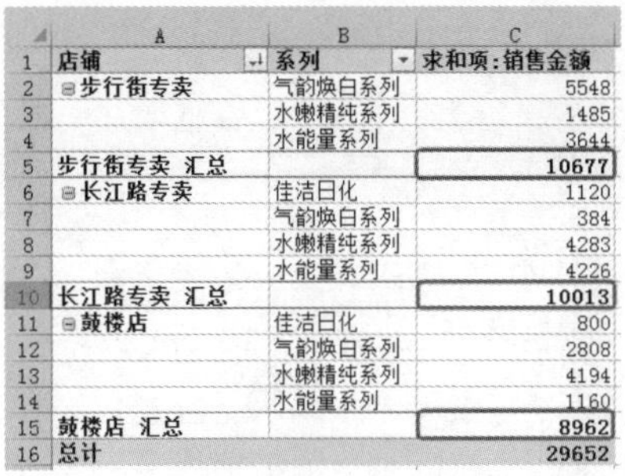

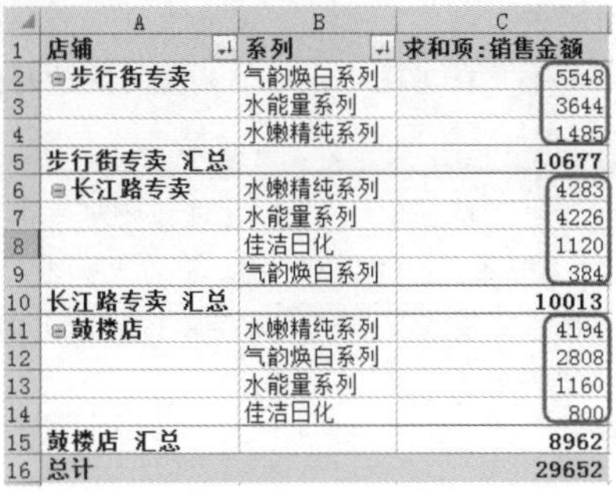

图 8-29

图 8-30

图 8-31

🔵 **知识扩展**

选中 C2:C16 单元格区域，在"开始"选项卡的"数字"组中单击"数字格式"下拉按钮，在弹出的下拉菜单中选择"货币"命令（如图 8-32 所示），即可将所选单元格的金额数据显示为货币格式。

图 8-32

**查看某一汇总项的明细数据**

数据透视表是对明细数据的合计值，因此建立数据透视表后，可以查看任意汇总项的

明细数据。如图 8-33 所示，双击 B9 单元格即可得到满足"鼓楼店"与"水嫩精纯系列"两个条件的明细数据，如图 8-34 所示。

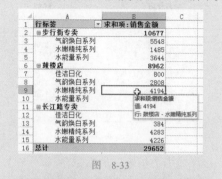

图 8-33

图 8-34

## 8.1.3 销售员业绩报表统计

**关键点：** 利用数据透视表统计各销售员的业绩
**操作要点：**"插入"→"表格"组→"表格数据透视表"功能按钮
**应用场景：** 在"2月份销售记录单"表格中也统计了各销售员的销售信息，因此在实现对销售员业绩的统计时，也可以快速创建销售员业绩报表。

❶ 打开"报表分析销售数据"工作簿，创建一张新工作表，并重命名为"销售员业绩报表统计"。选中 A1 单元格，在"插入"选项卡的"表格"组中单击"数据透视表"按钮（如图 8-35 所示），打开"创建数据透视表"对话框。

❷ 在"请选择要分析的数据"栏中选中"选择一个表或区域"单选按钮，并单击"表/区域"右侧的按钮，在"2月份销售记录单"工作表中选取要分析的数据范围，如图 8-36 所示。

❸ 单击"确定"按钮，即可在"各系列商品销售分析"工作表中插入空白数据透视表。

❹ 在"数据透视表字段"窗格中，拖动"销售员"字段到"行"区域中，拖动"销售金额"字段到"值"区域中（如图 8-37 所示），即可得到如图 8-38所示的数据透视表。

图 8-35

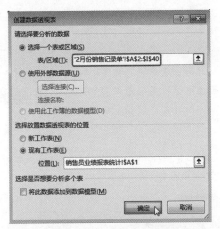

图 8-36

图 8-37

| | A | B |
|---|---|---|
| 1 | 行标签 ▼ | 求和项:销售金额 |
| 2 | 陈佳 | 2280 |
| 3 | 崔宁 | 3164 |
| 4 | 何佳怡 | 4184 |
| 5 | 何许诺 | 2526 |
| 6 | 黄玉梅 | 3685 |
| 7 | 林欣 | 4156 |
| 8 | 秦玲 | 2144 |
| 9 | 张佳茜 | 4786 |
| 10 | 张怡聆 | 2727 |
| 11 | 总计 | 29652 |

图 8-38

**知识扩展**

利用数据透视表得到统计结果后,可以将其转换为普通使用。

选择整个数据透视表,右击数据透视表,在弹出的菜单中选择"复制"命令,复制数据透视表。在需要粘贴数据的起始单元格中单击,然后在"开始"选项卡的"剪贴板"组中单击"粘贴"下拉按钮,弹出下拉菜单,单击"值"按钮,如图 8-39 所示。

图 8-39

**练一练**

**套用数据透视表样式实现快速美化**

创建数据透视表后,程序中内置了多种外观样式,可以通过套用样式来美化数据透视表,如图 8-40 所示为套用后的效果。

| G | H | I | J |
|---|---|---|---|
| 求和项:加班费 | 加班性质 ▼ | | |
| 员工姓名 ▼ | 平时加班 | 双休日加班 | 总计 |
| 蔡晶 | 37.5 | | 37.5 |
| 陈芳 | 65.625 | | 65.625 |
| 刘阅 | 46.875 | 168.75 | 215.625 |
| 王梓 | 121.875 | 131.25 | 253.125 |
| 赵晗月 | 253.125 | 365.625 | 618.75 |
| 总计 | 525 | 665.625 | 1190.625 |

图 8-40

## 8.1.4 创建数据透视图

关键点：数据透视图直观显示统计结果

操作要点："数据透视表工具-分析"→"工具"组→"数据透视图"功能按钮

应用场景：数据透视表是以表格的形式汇总数据，而数据透视图则是以图形的方式汇总数据，是数据透视表的图形化展现。通过创建数据透视图，可以让分析结果的显示更加直观。

### 1. 创建"各店铺销售分析"数据透视图

❶ 打开"报表分析销售数据"工作簿，在"各店铺销售分析"工作表中，选中数据透视表区域A1:B16，在"数据透视表工具-分析"选项卡的"工具"组中单击"数据透视图"按钮，（如图8-41所示），弹出"插入图表"对话框。

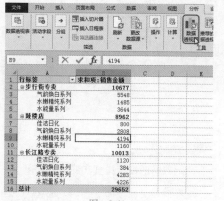

图 8-41

❷ 在"柱形图"栏中选择"簇状柱形图"选项，如图8-42所示。

图 8-42

❸ 单击"确定"按钮返回到工作表中，即可看到创建的数据透视图，如图8-43所示。

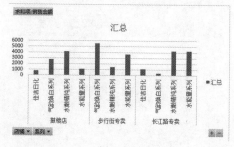

图 8-43

❹ 通过拖动鼠标调整数据透视图的大小，如图8-44所示。

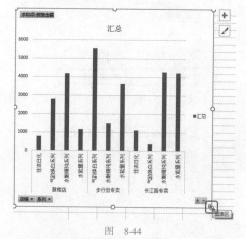

图 8-44

❺ 单击数据透视图右上角的图表元素按钮，在弹出的菜单中选中"数据标签"复选框，为数据透视图添加数据标签，如图8-45所示。

❻ 在"数据透视表工具-分析"选项卡的"图表样式"组中单击其他按钮（如图8-46所示），弹出下拉菜单，单击选择样式（如图8-47所示），即

可套用图表样式，效果如图 8-48 所示。

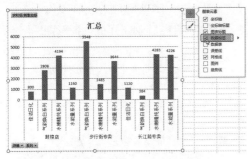

图 8-45

图 8-46

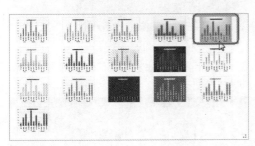

图 8-47

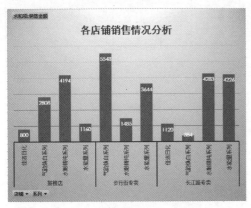

图 8-48

## 2. 数据透视表的筛选查看

数据透视图默认保持与数据透视表的统计

结果同步显示，如果数据透视表中包含较多数据，可以在数据透视图中进行筛选查看，从而更加精确地局部比较部分数据。

如图 8-49 所示的数据透视图，可以对"店铺"或"系列"进行筛选查看，也可以进行双字段筛选，具体操作如下。

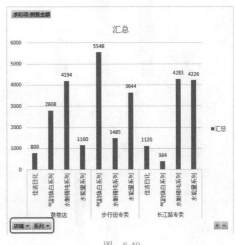

图 8-49

❶ 单击"店铺"字段右侧的下拉按钮，弹出下拉菜单，取消选中"全选"复选框，并选中想要查看的店铺前的复选框，例如，选中"鼓楼店"复选框，如图 8-50 所示。

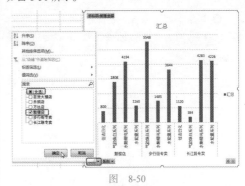

图 8-50

❷ 单击"确定"按钮，数据透视图即显示"鼓楼店"的销售金额，如图 8-51 所示。

❸ 单击"系列"字段右侧的下拉按钮，弹出下拉菜单，取消选中"全选"复选框，并选中想要查看的产品系列前的复选框，例如，选中"佳洁日化"复选框，如图 8-52 所示。

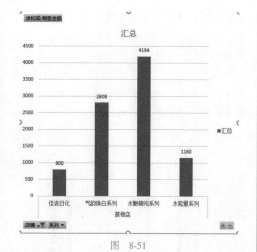

图 8-51

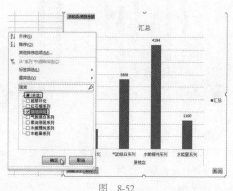

图 8-52

④单击"确定"按钮，数据透视图即显示"鼓楼店"店铺下"佳洁日化"的销售金额，如图 8-53 所示。

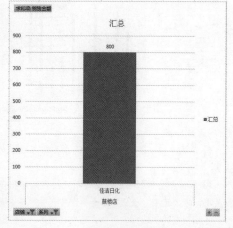

图 8-53

⑤按照相同的方法可以对数据透视图进行筛选，以实现更加清晰与更具针对性的图表比较。

### 3. 创建"销售员业绩分析"条形图

①打开"报表分析销售数据"工作簿，在"销售员业绩分析"工作表中，选中数据透视表区域 A3:C13，在"数据透视表工具 - 分析"选项卡的"工具"组中单击"数据透视图"按钮（如图 8-54 所示），弹出"插入图表"对话框。

图 8-54

②在"条形图"栏中选择"簇状条形图"选项，如图 8-55 所示。

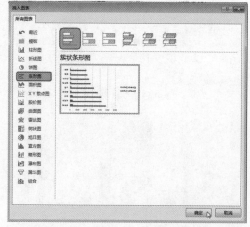

图 8-55

③单击"确定"按钮返回到工作表中，即可看到创建的数据透视图，如图 8-56 所示。

④通过添加图表元素、调整大小等，对图表做简单的美化处理，如图 8-57 所示。

⑤在"数据透视表工具 - 分析"选项卡的

"图表样式"组中单击其他按钮（如图8-58所示），弹出下拉菜单，单击选择样式（如图8-59所示），即可套用图表样式，效果如图8-60所示。

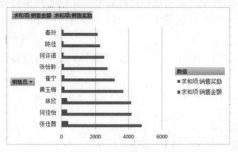

图 8-56

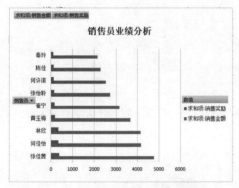

图 8-57

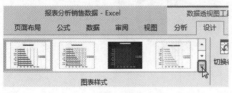

图 8-58

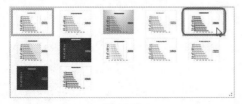

图 8-59

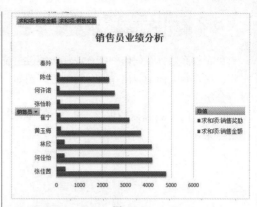

图 8-60

练一练

建立各系列商品销售占比分析的饼图

如图8-61所示，建立饼图数据透视图，查看各系列商品销售占比情况。

图 8-61

读书笔记

员工档案数据是任何一家企业都必须做出统计的数据，利用数据透视表对员工档案数据进行分析，可以很方便地得出一些分析结论，例如，对公司员工的层次进行分析，对员工的年龄层次进行分析等。

例如，图 8-62 所示的表格，从员工的基本信息中提取出了出生日期，并输入了公式计算得到工龄结果。

图　8-62

而图 8-63 和图 8-64 是根据数据源表格创建的数据透视表，分别达到了分析年龄段人数、学历分布的作用。

| 年龄 | 人数 |
|------|------|
| 18-25岁 | 2 |
| 26-35岁 | 31 |
| 36岁以上 | 8 |
| 总计 | 41 |

图　8-63

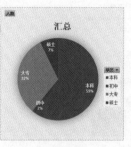

图　8-64

## 8.2.1　从身份证号码中提取出生日期

关 键 点：从身份证中提取完整的出生日期

操作要点：1. IF 函数

　　　　　2. LEN 函数

　　　　　3. CONCATENATE 函数

　　　　　4. MID 函数

应用场景：从身份证号码中可以提取出完整的出生日期，但需要配合多个函数来实现，分别是 IF 函数、LEN 函数、CONCATENATE 函数和 MID 函数。下面先来学习公式，同时也会给出公式的完整解析。

❶ 选中 F3 单元格，在公式编辑栏中输入公式 =CONCATENATE(MID(E3,7,4),"-",MID(E3,11,2),"-",MID(E3,13,2))，如图 8-65 所示。

图 8-65

❷ 按 Enter 键，即可提取出第一位员工的出生日期，如图 8-66 所示。

❸ 选中 F3 单元格，将光标移到 F3 单元格的右下角，待光标变成十字形状后，按住鼠标左键向下拖动进行公式填充，即可从员工身份证号码中提取出所有员工的出生日期，如图 8-67 所示。

图 8-66

图 8-67

## 公式分析

◆ CONCATENATE 函数。用于将两个或多个文本字符串联接为一个字符串。

CONCATENATE(text1, [text2], ...)

text1：要联接的第一个项目。项目可以是文本值、数字或单元格引用。

◆ MID 函数。用于返回文本字符串中从指定位置开始的特定数目的字符，该数目由用户指定。

MID(text, start_num, num_chars)

■ text：包含要提取字符的文本字符串。

■ start_num：指定从哪个位置开始提取。

■ num_chars：指定希望 MID 从文本中返回字符的个数。

=CONCATENATE(MID(E3,7,4),"-",MID(E3,11,2),"-",MID(E3,13,2))

❶ MID(E3,7,4) 表示从 E3 单元格字符串的第 7 位开始提取，共提取 4 个字符（提取的是年份）。

❷ MID(E3,11,2) 表示从 E3 单元格字符串的第 11 位开始提取，共提取 2 个字符（提取的是月份）。

❸ MID(E3,13,2) 表示从 E3 单元格字符串的第 13 位开始提取，共提取 2 个字符（提取的是日数）。

最后将提取的 3 部分使用 CONCATENATE 函数与 "-" 相连接。

## 练一练

### MID函数

如图 8-68 所示，要求从"产品名称"列中提取类别编码。

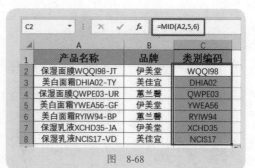

| A | B | C |
|---|---|---|
| 产品名称 | 品牌 | 类别编码 |
| 保湿面膜WQQI98-JT | 伊美堂 | WQQI98 |
| 美白面霜DHIA02-TY | 美佳宜 | DHIA02 |
| 保湿面膜QWPE03-UR | 蕙兰馨 | QWPE03 |
| 美白面霜YWEA56-GF | 伊美堂 | YWEA56 |
| 美白面霜RYIW94-BP | 蕙兰馨 | RYIW94 |
| 保湿乳液XCHD35-JA | 伊美堂 | XCHD35 |
| 保湿乳液NCIS17-VD | 美佳宜 | NCIS17 |

图 8-68

C2 = MID(A2,5,6)

## 8.2.2 计算工龄

**关 键 点**：根据员工入职时间计算工龄
**操作要点**：DATEDIF 函数
**应用场景**：表格中记录了员工的入职时间，因此可以配合当前日期计算每位员工的工龄。使用 DATEDIF 函数可以进行计算。

❶ 选中 J3 单元格，在公式编辑栏中输入公式 =DATEDIF(I3,TODAY(),"Y")，如图 8-69 所示。

图 8-69

SUM ✕ ✓ fx =DATEDIF(I3,TODAY(),"Y")

### 信息数据表

| 出生日期 | 学历 | 职位 | 入职时间 | 工龄 | 联系方式 |
|---|---|---|---|---|---|
| 1983-11-04 | 硕士 | 行政副总 | 2016/10/18 | "Y") | |
| 1990-02-13 | 本科 | 销售内勤 | 2016/10/19 | | |
| 1984-02-28 | 大专 | 网管 | 2015/10/20 | | |
| 1986-03-05 | 本科 | 网管 | 2016/10/21 | | |
| 1972-02-13 | 初中 | 保洁 | 2016/10/22 | | |
| 1990-03-02 | 本科 | 行政文员 | 2016/3/14 | | |
| 1979-02-28 | 本科 | 主管 | 2015/9/8 | | |

人事信息数据表

图 8-69

❷ 按 Enter 键，即可计算出第一位员工的工龄，如图 8-70 所示。

### 信息数据表

| 出生日期 | 学历 | 职位 | 入职时间 | 工龄 |
|---|---|---|---|---|
| 1983-11-04 | 硕士 | 行政副总 | 2016/10/18 | 1 |
| 1990-02-13 | 本科 | 销售内勤 | 2016/10/19 | |
| 1984-02-28 | 大专 | 网管 | 2015/10/20 | |
| 1986-03-05 | 本科 | 网管 | 2016/10/21 | |
| 1972-02-13 | 初中 | 保洁 | 2016/10/22 | |
| 1990-03-02 | 本科 | 行政文员 | 2016/3/14 | |
| 1979-02-28 | 本科 | 主管 | 2015/9/8 | |

图 8-70

❸ 选中 J3 单元格，将光标移到 J3 单元格的右下角，待光标变成十字形状后，按住鼠标左键向下拖动进行公式填充，即可计算出所有员工的工龄，如图 8-71 所示。

### 人事信息数据表

| 姓名 | 性别 | 身份证号码 | 出生日期 | 学历 | 职位 | 入职时间 | 工龄 |
|---|---|---|---|---|---|---|---|
| 何艳纯 | 女 | 198311043224 | 1983-11-04 | 硕士 | 行政副总 | 2016/10/18 | 1 |
| 张楠 | 男 | 199002138578 | 1990-02-13 | 本科 | 销售内勤 | 2016/10/19 | 1 |
| 周云芳 | 女 | 198402288563 | 1984-02-28 | 大专 | 网管 | 2015/10/20 | 2 |
| 贾小军 | 男 | 198603058573 | 1986-03-05 | 本科 | 网管 | 2016/10/21 | 1 |
| 郑媛 | 女 | 197202138548 | 1972-02-13 | 初中 | 保洁 | 2016/10/22 | 1 |
| 张兰 | 女 | 199003026285 | 1990-03-02 | 本科 | 行政文员 | 2016/3/14 | 1 |
| 杨子成 | 男 | 197902281235 | 1979-02-28 | 本科 | 主管 | 2015/9/8 | 2 |
| 李琪 | 女 | 197605162522 | 1976-05-16 | 硕士 | HR经理 | 2016/9/9 | 1 |
| 陶佳佳 | 女 | 198011202528 | 1980-11-20 | 本科 | HR专员 | 2015/9/10 | 2 |
| 马同燕 | 女 | 198203082522 | 1982-03-08 | 大专 | HR专员 | 2015/9/11 | 2 |
| 何小希 | 女 | 198602165426 | 1986-02-16 | 本科 | HR专员 | 2015/9/12 | 2 |
| 周璃 | 女 | 199105065000 | 1991-05-06 | 本科 | HR专员 | 2015/9/13 | 2 |
| 于青青 | 女 | 197803170540 | 1978-03-17 | 本科 | 主办会计 | 2015/9/14 | 2 |

图 8-71

## 公式分析

DATEDIF 函数。该函数用于计算两个日期之间的年数、月数和天数。

DATEDIF(date1,date2,code)

■ date1：表示起始日期；

■ date2：表示结束日期；

■ code：表示要返回两个日期的参数代码。代码是 Y 表示返回两个日期之间的年数；代码是 M 表示返回两个日期之间的月数；代码是 D 表示返回两个日期之间的天

246

数。代码是 YM 表示忽略两个日期的年数和天数，返回之间的月数。代码是 YD 表示忽略两个日期的年数，返回之间的天数。代码是 MD 表示忽略两个日期的月数和天数，返回之间的年数。

=DATEDIF(I3,TODAY(),"Y")

TODAY() 表示返回当前日期，然后使用 DATEDIF 计算 I3 的日期与 TODAY() 返回值两个日期之间的年数（用 Y 参数指定），即工龄值。

### DATEDIF函数

如图 8-72 所示，要求计算出每项固定资产的已使用月份。

| 序号 | 物品名称 | 新增日期 | 使用时间(月) |
|---|---|---|---|
| A001 | 空调 | 14.06.05 | 46 |
| A002 | 冷暖空调机 | 14.06.22 | 45 |
| A003 | 饮水机 | 15.06.05 | 34 |
| A004 | uv喷绘机 | 14.05.01 | 47 |
| A005 | 印刷机 | 15.04.10 | 36 |
| A006 | 覆膜机 | 15.10.01 | 30 |
| A007 | 平板彩印机 | 16.02.02 | 26 |
| A008 | 亚克力喷绘机 | 16.10.01 | 18 |

D2 单元格公式：=DATEDIF(C2,TODAY(),"m")

图 8-72

## 8.2.3 员工学历层次分析报表

**关 键 点**：建立数据透视表统计各学历的人数

**操作要点**："插入"→"表格"组→"数据透视表"功能按钮

**应用场景**：在"人事信息数据表"中记录了员工的学历（如图 8-73 所示），现在想要知道各学历层次员工的人数（如图 8-74 所示），可以通过建立报表，即数据透视表来分析。

### 人事信息数据表

| 姓名 | 性别 | 身份证号码 | 出生日期 | 学历 | 职位 | 入职时间 | 工龄 |
|---|---|---|---|---|---|---|---|
| 何艳纯 | 女 | 198311043224 | 1983-11-04 | 硕士 | 行政副总 | 2016/10/18 | 1 |
| 张楠 | 男 | 199002138578 | 1990-02-13 | 本科 | 销售内勤 | 2016/10/19 | 1 |
| 周云芳 | 女 | 198402288563 | 1984-02-28 | 大专 | 网管 | 2015/10/20 | 2 |
| 贾小军 | 男 | 198603058573 | 1986-03-05 | 本科 | 网管 | 2016/10/21 | 1 |
| 郑媛 | 女 | 197202138548 | 1972-02-13 | 初中 | 保洁 | 2016/10/22 | 1 |
| 张兰 | 女 | 199003026285 | 1990-03-02 | 本科 | 行政文员 | 2016/3/14 | 1 |
| 杨宇成 | 男 | 197902281235 | 1979-02-28 | 本科 | 主管 | 2015/9/8 | 2 |
| 李琪 | 女 | 197605162522 | 1976-05-16 | 硕士 | 班经理 | 2016/9/9 | 1 |
| 陶佳佳 | 女 | 198011202528 | 1980-11-20 | 本科 | 班专员 | 2015/9/10 | 2 |
| 马凱鼎 | 男 | 198203082522 | 1982-03-08 | 大专 | 班专员 | 2015/9/11 | 2 |
| 何小希 | 女 | 198602165426 | 1986-02-16 | 本科 | 班专员 | 2015/9/12 | 2 |
| 周瑞 | 女 | 199105065000 | 1991-05-06 | 本科 | 班专员 | 2015/9/13 | 2 |
| 于青青 | 女 | 197803170540 | 1978-03-17 | 本科 | 主办会计 | 2015/9/14 | 2 |
| 罗羽 | 女 | 198506100224 | 1985-06-10 | 硕士 | 会计 | 2017/7/18 | 0 |
| 邓志诚 | 男 | 198210160517 | 1982-10-16 | 本科 | 会计 | 2015/7/19 | 2 |
| 程飞 | 男 | 198506100214 | 1985-06-10 | 本科 | 客服 | 2017/7/20 | 0 |
| 周城 | 男 | 199103240657 | 1991-03-24 | 大专 | 客服 | 2017/7/21 | 0 |
| 张翔 | 男 | 199002178573 | 1990-02-17 | 本科 | 客服 | 2017/7/22 | 0 |

图 8-73

| 行标签 | 人数 |
|---|---|
| 本科 | 24 |
| 初中 | 1 |
| 大专 | 13 |
| 硕士 | 3 |
| 总计 | 41 |

图 8-74

❶ 选中 A2:K43 单元格区域，在"插入"选项卡的"表格"组中单击"数据透视表"按钮（如图 8-75 所示），打开"创建数据透视表"对话框。

❷ 保持默认选项，单击"确定"按钮（如图 8-76 所示），即可在新工作表中创建一张空白数据透视表，

如图 8-77 所示。

❸ 在"数据透视表字段"窗格中，单击"字段"列表框的滚动条，首先拖动"学历"字段到"行"区域中，然后再次从列表框中拖动"学历"字段到"值"区域中，如图 8-78 所示。

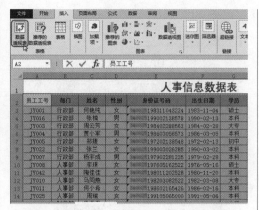

图 8-75

图 8-76

图 8-77

图 8-78

| | A | B |
|---|---|---|
| 1 | 行标签 ▼ | 计数项：学历 |
| 2 | 本科 | 24 |
| 3 | 初中 | 1 |
| 4 | 大专 | 13 |
| 5 | 硕士 | 3 |
| 6 | 总计 | 41 |

图 8-79

| | A | B |
|---|---|---|
| 1 | 行标签 ▼ | 人数 |
| 2 | 本科 | 24 |
| 3 | 初中 | 1 |
| 4 | 大专 | 13 |
| 5 | 硕士 | 3 |
| 6 | 总计 | 41 |

图 8-80

**练 一 练**

### 查看各班级中各个科目的最高分

如图 8-81 所示，要统计出各个班级中每个科目的最高成绩。可以先建立数据透视表，然后将值汇总方式更改为"最大值"。

| | F | G | H |
|---|---|---|---|
| | 行标签 ▼ | 最大值项：语文 | 最大值项：数学 |
| | 1班 | 90 | 92 |
| | 2班 | 95 | 91 |
| | 3班 | 99 | 91 |
| | 总计 | 99 | 92 |

图 8-81

❹ 拖动到"值"区域中的"学历"字段的值类型是"计数项"，是统计各学历层次的人数，所以无须做出更改，创建的数据透视表如图 8-79 所示。

❺ 选中 B3 单元格，按 F2 键，重命名字段名称为"人数"，如图 8-80 所示。

## 8.2.4 员工年龄层次分析报表

**关 键 点:** 创建数据透视表分析员工的年龄层次
**操作要点:** 1. DATEDIF 函数
　　　　　2. "插入"→"表格"组→"数据透视表"功能按钮
**应用场景:** 在"人事信息数据表"工作表中记录了员工的出生日期,现在想要分析员工的年龄层次(即查看各个不同年龄段各有多少人数),首先要在工作表中计算出员工的年龄,再创建数据透视表分析年龄层次。

### 1. 计算年龄

❶ 打开"报表分析员工档案数据"工作表,在"人事信息数据表"中选中 G 列后右击,在弹出的菜单中选择"插入"命令(如图 8-82 所示),即可在 G 列前插入一列。

图 8-82

❷ 选中 G2 单元格,在编辑栏中输入"年龄",并按 Enter 键,如图 8-83 所示。

图 8-83

❸ 选中 G3 单元格,在编辑栏中输入公式 =DATEDIF(F3,TODAY(),"Y"),如图 8-84 所示。

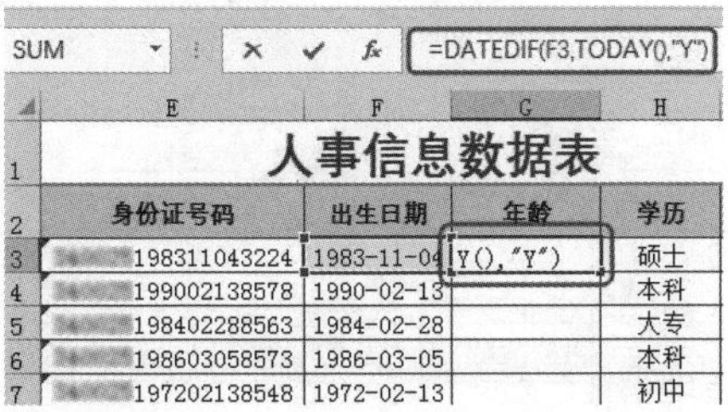

图 8-84

❹ 按 Enter 键,即可计算出第一位员工的年龄,如图 8-85 所示。

图 8-85

❺ 选中 G3 单元格,将光标移到 G3 单元格的右下角,待光标变成十字形状后,按住鼠标左键向下拖动进行公式填充,计算出所有员工的年龄,如图 8-86 所示。

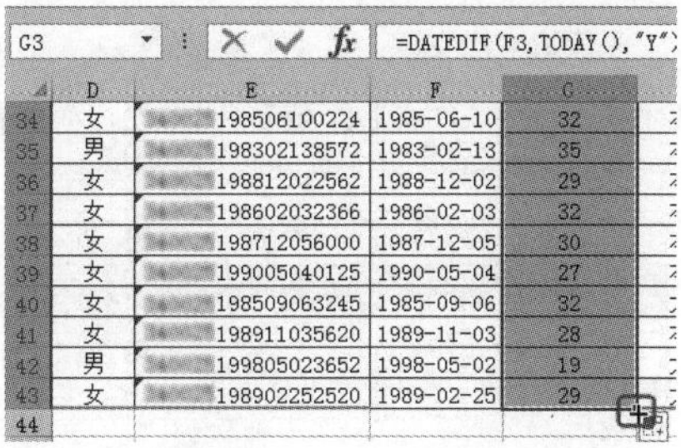

图 8-86

### 公式分析

DATEDIF 函数。
=DATEDIF(F3,TODAY(),"Y")

此公式与计算工龄的公式一样,都是使用 DATEDIF 来求两个日期间的年份差值(求年份差值使用第 3 个参数 Y 来指定,要返回月份差值,则指定参数为 M),即返回 F3 与 TODAY() 返回值之间的年份差值,即年龄。

## 2. 创建数据透视表

❶ 在"人事信息数据表"工作表中，单击选中任意单元格，在"插入"选项卡的"表格"组中单击"数据透视表"按钮（如图 8-87 所示），打开"创建数据透视表"对话框。

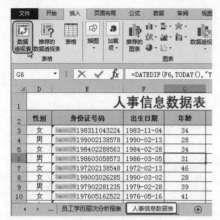

图 8-87

❷ 系统默认选中"人事信息数据表"工作表的全部数据单元格区域，即 G2:G43 单元格区域。在"选择放置数据透视表的位置"组中选中"新工作表"单选按钮（如图 8-88 所示），即可同时创建新工作表，并在新工作表中插入空白数据透视表，给新工作表重命名为"员工年龄层次分析报表"，如图 8-89 所示。

图 8-88

❸ 在"数据透视表字段"窗格中，选中"年龄"字段，分别拖动到"行"和"值"区域中，如图 8-90 所示。

图 8-89

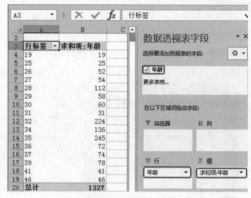

图 8-90

❹ 单击"求和项：年龄"下拉按钮，在弹出的菜单中选择"值字段设置"命令（如图 8-91 所示），打开"值字段设置"对话框。

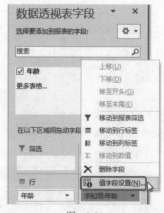

图 8-91

❺ 在"计算类型"列表框中选择"计数"选项，然后在"自定义名称"文本框中输入"人数"，如图 8-92 所示。

图 8-92

❻ 单击"确定"按钮即可统计出各年龄的人数，如图 8-93 所示。

图 8-93

## 3. 分组年龄段

在分析年龄层次时，从默认的统计结果中可以看到，年龄非常分散，达不到对年龄分层次统计的目的。此时通过对数据分组可以达到此目的，具体操作如下。

❶ 选中"行标签"字段下 25 岁以下的所有单元格项，右击，在弹出的菜单中选择"创建组"命令，如图 8-94 所示。

图 8-94

❷ 此时得到一个名为"数据组 1"的分组，如图 8-95 所示。

❸ 选中 A2 单元格，按 F2 键进入数据编辑状态，将"数据组 1"的名称更改为"18～25 岁"，如图 8-96 所示。

图 8-95　　　　　　图 8-96

❹ 按照相同的方法，依次按照上面的操作步骤将 26～35 岁，36 岁以上进行分组，并分别命名为"26～35 岁""36 岁以上"如图 8-97 所示。

❺ 选中数据透视表任意单元格后右击，在弹出的菜单中选择"显示字段列表"命令，打开"数据透视表字段"窗格，如图 8-98 所示。

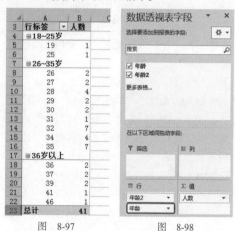

图 8-97　　　　　　图 8-98

❻ 单击"行"区域中"年龄"字段的下拉按钮，在弹出的菜单中选择"删除字段"命令，如图 8-99 所示。

图 8-99

❼完成删除字段操作后，选中A1单元格，按F2键进入编辑状态，更改"行标签"为"年龄"，如图8-100所示。

| A | 年龄 | 人数 |
|---|---|---|
| 3 | | |
| 4 | 18~25岁 | 2 |
| 5 | 26~35岁 | 31 |
| 6 | 36岁以上 | 8 |
| 7 | 总计 | 41 |

图 8-100

### 📌 知识扩展

在前面设置项目分组时，以上采用的方法是手动分组的，即想对哪一部分分组就选中哪一部分执行"分组"命令。这可以让分组更加满足实际需要。

除此之外，还有一种分组方式是自动分组，即按指定的统一步长进行分组。

单击选中"行标签"字段下的任意单元格，在"数据透视表工具－分析"选项卡的"分组"组中单击"分组选择"按钮，选中"行标签"字段下的任意单元格，在"数据透视表工具－分析"选项卡的"分组"组单击"分组选择"按钮，打开"组合"对话框。系统默认的起止数值为报表中的最小值和最大值，在"步长"数值框中输入5（如图8-101所示），即可让年龄以"步长5"自动分组，如图8-102所示。

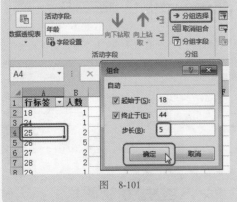

图 8-101

| A | 行标签 | 人数 |
|---|---|---|
| 1 | 行标签 | 人数 |
| 2 | 18~22 | 1 |
| 3 | 23~27 | 10 |
| 4 | 28~32 | 13 |
| 5 | 33~37 | 14 |
| 6 | 38~42 | 2 |
| 7 | 43~47 | 1 |
| 8 | 总计 | 41 |

图 8-102

### 📋 练一练

#### 对日期进行分组统计

如图8-103所示的统计结果过于分散，对统计结果按月进行分组，得到如图8-104所示的统计结果。

| | A 求和项:销售金额 | B 列标签 | C | D | E |
|---|---|---|---|---|---|
| 1 | 求和项:销售金额 | 列标签 | | | |
| 2 | 行标签 | 销售二部 | 销售三部 | 销售一部 | 总计 |
| 3 | 2/2 | | | 900 | 900 |
| 4 | 2/18 | 890 | | | 890 |
| 5 | 2/26 | | 1620 | | 1620 |
| 6 | 3/15 | | 2385 | | 2385 |
| 7 | 3/27 | 1032 | | | 1032 |
| 8 | 4/5 | | | 1080 | 1080 |
| 9 | 4/21 | | 676 | | 676 |
| 10 | 4/28 | 1485 | | | 1485 |
| 11 | 5/6 | 1790 | | | 1790 |
| 12 | 5/12 | 845 | | | 845 |
| 13 | 5/17 | | 759 | | 759 |
| 14 | 5/31 | 1112 | | | 1112 |
| 15 | 6/6 | | | 1080 | 1080 |
| 16 | 6/20 | | | 1790 | 1790 |
| 17 | 6/29 | 954 | | | 954 |
| 18 | 7/4 | | 276 | | 276 |
| 19 | 7/9 | | 1014 | | 1014 |
| 20 | 7/18 | | | 716 | 716 |
| 21 | 7/22 | | | 1890 | 1890 |

图 8-103

| | A 求和项:销售金额 | B 列标签 | C | D | E |
|---|---|---|---|---|---|
| 1 | 求和项:销售金额 | 列标签 | | | |
| 2 | 行标签 | 销售二部 | 销售三部 | 销售一部 | 总计 |
| 3 | 2月 | 890 | 1620 | 900 | 3410 |
| 4 | 3月 | 1032 | 2385 | | 3417 |
| 5 | 4月 | 1485 | 676 | 1080 | 3241 |
| 6 | 5月 | 3747 | 759 | | 4506 |
| 7 | 6月 | 954 | | 2870 | 3824 |
| 8 | 7月 | 845 | 1290 | 2606 | 4741 |
| 9 | 8月 | 450 | 1451 | | 1901 |
| 10 | 9月 | | 4553 | 345 | 4898 |
| 11 | 10月 | | 1548 | 3085 | 4633 |
| 12 | 11月 | 676 | 324 | 318 | 1318 |
| 13 | 12月 | | 3607 | 540 | 4147 |
| 14 | 总计 | 10079 | 18213 | 11744 | 40036 |

图 8-104

## 8.2.5 制作员工学历分布图

**关 键 点：** 创建数据透视图来制作员工学历分布图的项目

**操作要点：** "数据透视表工具-分析"→"工具"→"数据透视图"

**应用场景：** 打开"报表分析员工档案数据"工作簿，在 8.2.3 节中，制作了分析学历层次的数据透视表，通过此数据透视表可以创建饼图用来展示学历分布情况，具体操作如下。

❶ 在"员工学历层次分析报表"工作表中，选中 A1:B6 单元格区域，在"数据透视表工具-分析"选项卡的"工具"组中单击"数据透视图"按钮（如图 8-105 所示），打开"插入图表"对话框。

图 8-105

❷ 在"所有图表"选项卡中选择"饼图"选项，如图 8-106 所示。

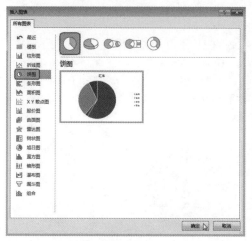

图 8-106

❸ 单击"确定"按钮，即可在工作表中插入数据透视图，如图 8-107 所示。

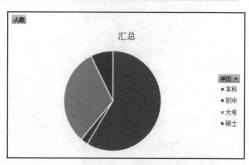

图 8-107

❹ 单击数据透视图，选中图表四周任意圆点，按住鼠标左键不放，通过拖动调整图表大小，如图 8-108 所示。

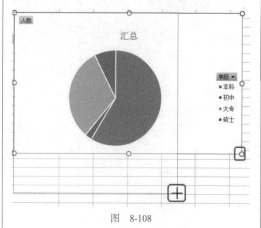

图 8-108

❺ 单击绘图区，选中绘图区任意圆点，按住鼠标左键不放，通过拖动调整绘图区大小，如图 8-109 所示。

❻ 选中图表后，单击图表右上角的"图表元素"按钮，在弹出的菜单中把鼠标指针移到"数据标签"选项，在打开的子菜单中选择"更多选项"（如图 8-110 所示），打开"设置数据标签格式"窗格。

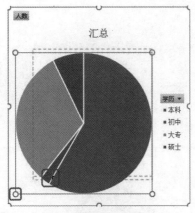

图 8-109

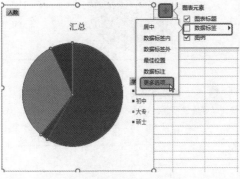

图 8-110

❼在"标签选项"栏中分别选中"类别名称""百分比"复选框，如图 8-111 所示。

图 8-111

❽收起"标签选项"栏，并展开"数字"栏，单击"类别"下拉按钮，在弹出的下拉列表中选择"百分比"选项，在"小数位数"数值框中输入 2，如图 8-112 所示。

图 8-112

❾完成全部的操作，即可为图表添加百分比格式的数据标签，表示学历分布的情况，如图 8-113 所示。

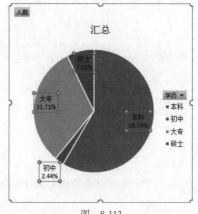

图 8-113

❿单击图表右上角的"图表样式"按钮，在弹出的菜单中选择图表样式，如"样式 11"（如图 8-114 所示），单击即可套用，效果如图 8-115 所示。

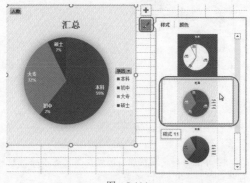

图 8-114

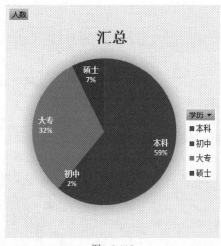

图 8-115

**快速变换图表的类型**

建立饼图数据透视图后，可以快速将其转换为条形图，如图8-116所示。

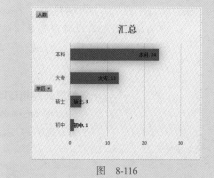

图 8-116

## 8.3 与销售数据相关的图表

公司经常需要分析员工的销售数据，了解员工和市场的情况，在分析比较销售数据时，最直接有效的途径是建立图表，例如，比较两种产品的销量时，可以建立比较的柱形图（如图8-117所示）；在分析销量达标时，可以建立温度计式图表（如图8-118所示）等。

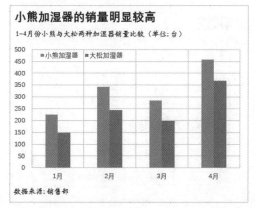

图 8-117

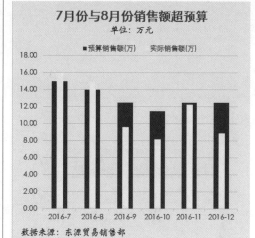

图 8-118

## 8.3.1 两种产品各月销量比较

**关 键 点：** 通过创建图表比较两种产品月销量

**操作要点：** 1.“插入”→“图表”组→“插入柱形图或条形图”功能按钮

2.“设置数据系列格式”右侧窗格

3.“插入”→“文本”组→“文本框”功能按钮

4.“设置数据系列格式”右侧窗格

**应用场景：** 比较两种产品各月的销量，可以创建簇状柱形图，柱形图擅长比较项目的大小或多少。建立图表后以月份作为水平轴，销量作为垂直轴，两种产品作为两个数据系列紧密排布在图表中，很方便对数据的比较。如图 8-119 所示为建立完成后的图表效果。

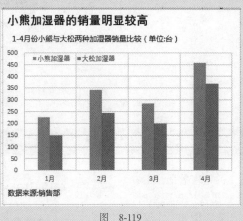

图 8-119

### 1. 创建新图表

❶ 打开“与销售数据相关的图表”工作簿，切换到“两种产品各月销量比较”工作表中，当前数据表如图 8-120 所示。

| | A | B | C | D |
|---|---|---|---|---|
| 1 | 月份 | 小熊加湿器 | 大松加湿器 | |
| 2 | 1月 | 225 | 149 | |
| 3 | 2月 | 342 | 245 | |
| 4 | 3月 | 284 | 199 | |
| 5 | 4月 | 458 | 369 | |

两种产品各月销量比较

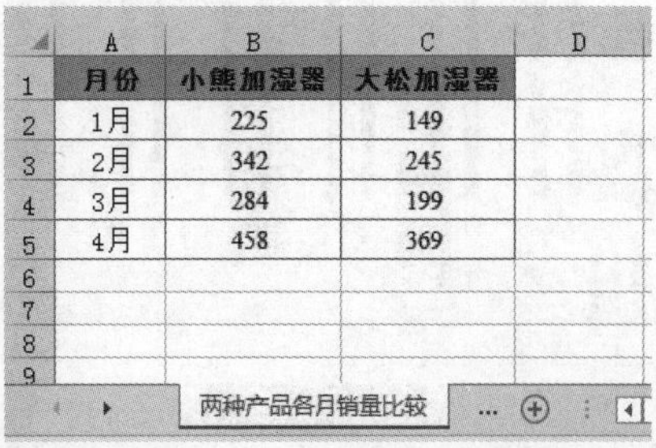

图 8-120

❷ 选中 A1:C5 单元格区域，在“插入”选项卡的“图表”组中单击“插入柱形图或条形图”下拉按钮，弹出下拉菜单，在“二维柱形图”组中选择“簇状柱形图”选项（如图 8-121 所示），即可在工作表中插入柱形图。

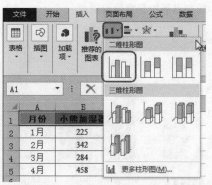

图 8-121

❸ 选中图表，图表四周会出现可调节圆点，定

位到上下控点，拖动可调节图表的高度；定位到左右控点，拖动可调节图表的宽度；定位到拐角控点，拖动可一次调节图表宽度与高度，如图 8-122 所示。释放鼠标即可看到图表高度与宽度发生变化，如图 8-123 所示。

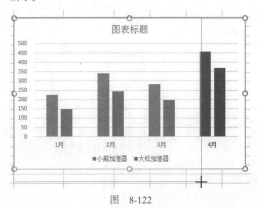

图　8-122

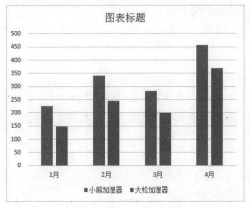

图　8-123

　　当创建图表完成后，如果在图表所在位置插入删除行列都会导致图表变形，为了避免这种情况的发生，可以在设计完成后，再通过如下操作将其位置与大小均固定起来。

　　在图表区双击，打开"设置图表区格式"窗格，选择"图表选项"栏下的"大小与属性"标签按钮，在"属性"栏中选中"大小和位置均固定"单选按钮，如图 8-124 所示。

图　8-124

## 2. 数据系列的填充

　　❶ 在"小熊加湿器"数据系列上单击一次，选中该系列的全部数据，右击，在弹出的菜单中选择"设置数据系列格式"命令（如图 8-125 所示），打开"设置数据系列格式"窗格。

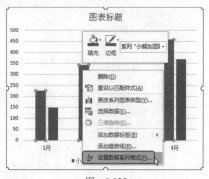

图　8-125

　　❷ 单击"填充与线条"标签按钮，展开"填充"栏，选中"纯色填充"单选按钮；单击"颜色"下拉按钮，在弹出的下拉列表中选中"橙色，个性色 6"，如图 8-126 所示。

图　8-126

❸完成上述操作，即可为"小熊加湿器"数据系列填充橙色，如图 8-127 所示。

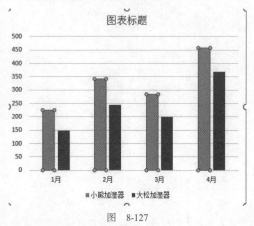

图　8-127

❹单击"系列选项"标签按钮，在"系列重叠"数值框中输入 0，如图 8-128 所示。

图　8-128

❺完成以上操作，即可使两个数据系列之间的间距为 0，如图 8-129 所示。

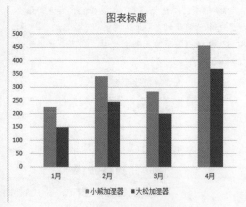

图　8-129

❻在"大松加湿器"数据系列上单击一次，选中该系列的全部数据，右击，在弹出的菜单中单击"填充"下拉按钮，在其展开的下拉列表中单击选中"水绿色，个性色 5"，即可为所选数据系列填充水绿色，如图 8-130 所示。

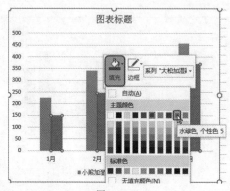

图　8-130

### 3. 添加图表元素

❶单击图表，在"图表工具 - 设计"选项卡的"图表布局"组中单击"添加图表原色"下拉按钮，在展开的下拉菜单中把鼠标指针移到"网格线"，在打开的子菜单中选择"主轴主要垂直网格线"，即可为图表添加主轴主要垂直网格线，如图 8-131 所示。

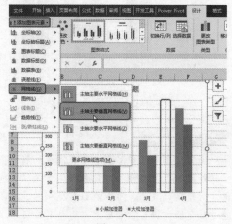

图　8-131

🎯 知识扩展

　　建立图表后对于图表中不必要的元素可以实现隐藏，保持图表简洁也是商务图表的必备要求。无论是隐藏图表元素还是重新添加图表元素，都需要在"图表元素"这个按钮下操作。

单击图表右上角的图表元素按钮，在弹出的菜单中取消选中某一元素复选框，即可隐藏该元素，如图 8-132 所示。要想重新显示，则重新选中某一元素的复选框。

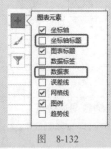

图 8-132

❷选中"图表标题"框，并在标题框中重新输入标题文字"小熊加湿器的销量明显较高"，如图 8-133 所示。

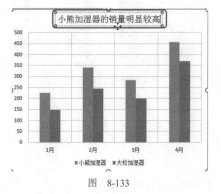

图 8-133

一个紧扣文章主旨的题目，能够让读者一眼就对内容有大概的认知。同样的，一张图表也需要标题。如果没有标题，读者会按照自己的想法去解读图表的意思，可能会出现误解、漏读的情况，因此要根据当前图表的分析目的来写标题，本例以及 8.3.2、8.3.3 例中都是根据建图表的目的写入了非常精准的标题。

❸将光标放在图表标题区的边框上，待光标变成四向箭头时，按住鼠标左键，拖动图表标题到任意位置（如图 8-134 所示），松开即可。

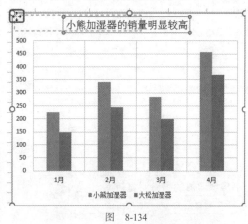

图 8-134

❹分别设置图表标题文字的格式为"等线""16""加粗""黑色"，如图 8-135 所示。

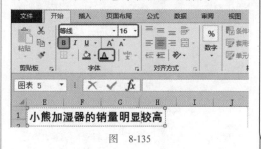

图 8-135

❺单击绘图区，选中左上角的调节按钮，调小绘图区的大小，如图 8-136 所示。

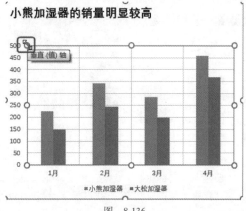

图 8-136

⑥ 在"插入"选项卡的"文本"组中单击"文本框"下拉按钮，在弹出的下拉菜单中选择"横排文本框"命令，如图 8-137 所示。

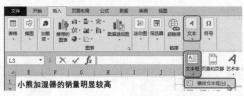

图 8-137

⑦ 在图表标题下绘制文本框，并输入文本"1—4月份小熊与大松两种加湿器销量比较（单位：台）"，如图 8-138 所示。

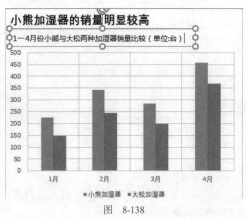

图 8-138

⑧ 在"绘图工具－格式"选项卡的"形状样式"组中单击"形状填充"下拉按钮，在弹出的下拉菜单中选择"无轮廓"命令（如图 8-139 所示），即可设置文本框无轮廓，效果如图 8-140 所示。

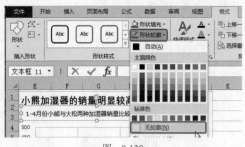

图 8-139

⑨ 按照相同的方法，绘制一个文本框，输入文字"数据来源：销售部"，最终效果如图 8-141 所示。

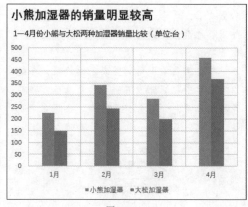

图 8-140

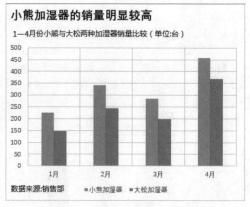

图 8-141

⑩ 选中图例，待光标变成四向箭头时（如图 8-142 所示），按住鼠标左键，拖动图例到合适位置，如图 8-142 所示。

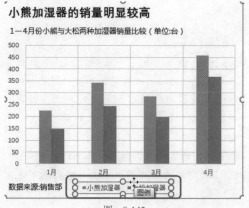

图 8-142

练 一 练

### 添加数据标签

如图 8-143 所示，为饼图添加类别名称与百分比两种数据标签。

图 8-143

## 8.3.2 各月销量达标评测图

**关 键 点**：通过创建图表直观查看各月销量达标情况

**操作要点**：1. "插入"→"图表"组→"插入柱形图或条形图"功能按钮

2. "绘图工具 - 格式"→"形状样式"组→"形状填充"功能按钮

**应用场景**：各月销量达标评测图的设计方案是使用条形图直观比较各个月的销售量（条形图也是经常用于项目大小或多少比较的图表），然后根据测评标准添加一条直线，用于直观比较和各销量是否超出直线。创建后的图表效果如图 8-144 所示。

图 8-144

### 1. 创建图表

❶ 打开"与销售数据相关的图表"工作簿，在"各月销量达标评测图"工作表中，选中 A1:B13 单元格区域，在"插入"选项卡的"图表"组中单击"插入柱形图或条形图"下拉按钮，在其展开的"二维条形图"组中选择"簇状条形图"选项（如图 8-145 所示），即可在工作表中插入簇状条形图，如图 8-146 所示。

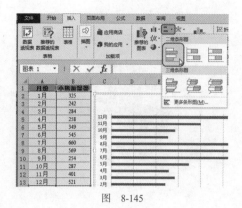

图　8-145

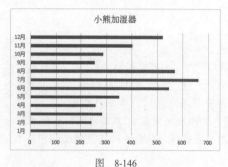

图　8-146

## 2. 绘制达标线

达标线是为当前图表自定义的一个值，它实际是一条直线，在绘制时注意需要根据其值与坐轴上的值匹配即可。

❶ 在"图表工具 - 格式"选项卡的"插入形状"组中单击"直线"按钮（如图 8-147 所示），在水平轴 320 目标位置处绘制一条直线，如图 8-148 所示。

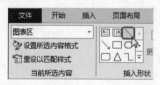

图　8-147

❷ 选中直线后右击，在弹出的菜单中选择"设置对象格式"命令（如图 8-149 所示），打开"设置对象格式"窗格。

❸ 单击"填充与线条"标签按钮，在"线条"组中，单击"颜色"设置框的下拉按钮，在弹出的下拉菜单中单击"红色，个性色 2"；设置"宽度"值为"2.25 磅"；单击"联接类型"设置框的下拉按钮，

在弹出的下拉菜单中选择"圆形"选项；单击"箭头前端类型"下拉按钮，选择"圆头箭型"选项；单击"箭头末端类型"下拉按钮，选择"圆头箭型"选项，如图 8-150 所示。

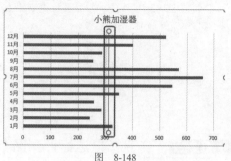

图　8-148

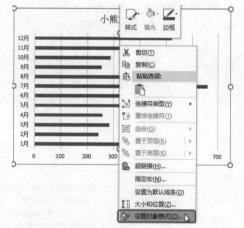

图　8-149

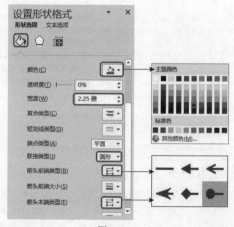

图　8-150

❹完成全部操作后，得到如图 8-151 所示的直线。

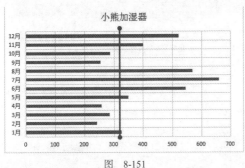

图 8-151

## 3. 将垂直轴标签的顺序改为从 1 月到 12 月

条形图的垂直轴标签默认情况下与数据源的显示顺序不一致，如果图表是表达日期序列，则会造成日期排序颠倒，本例中的默认图表就是从 12 月到 1 月的显示顺序。通过如下调整可以更改此次序。

❶在垂直轴上右击（条形图与柱形图相反，水平轴为数值轴），在弹出的菜单中选择"设置坐标轴格式"命令，打开"设置坐标轴格式"任务窗格。

❷选中"坐标轴选项"标签按钮，在"坐标轴选项"栏中选中"逆序类别"复选框和"最大分类"单选按钮，如图 8-152 所示。关闭"设置坐标轴格式"对话框，可以看到图表标签按正确顺序显示，如图 8-153 所示。

图 8-152

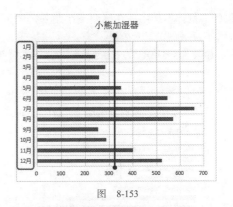

图 8-153

## 4. 调整分类间距

❶单击一次数据系列，即可选中该数据系列，然后右击，在弹出的菜单中选择"设置数据系列格式"命令，打开"设置数据系列格式"窗格。

❷在"分类间距"数值框中输入数字，如 90%（如图 8-154 所示），即可调整分类间距，效果如图 8-155 所示。

图 8-154

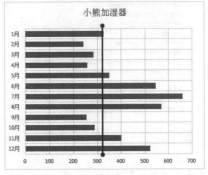

图 8-155

## 5. 绘制线条装饰标题

在图表中也是可以添加形状来实现装饰效

果的，例如本例中就在标题下绘制一个图形，以实现下画线的显示效果。

**①** 在图表框中输入能表达主题的标题，按 8.3.1 节的方法在图表中添加文本框输入图表的附加信息，这些附加信息也是专业图表的必备要素，如图 8-156 所示。

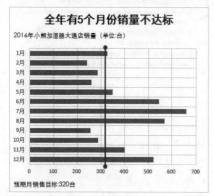

图 8-156

**②** 在"图表工具－格式"选项卡的"插入形状"组中单击"矩形"选项，如图 8-157 所示。

图 8-157

**③** 在图表标题下绘制矩形，如图 8-158 所示。

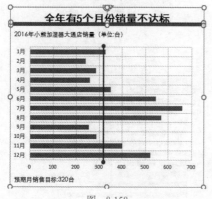

图 8-158

**④** 选中绘制的矩形，在"绘图工具－格式"选项卡的"形状样式"组中单击"形状填充"下拉按钮，在弹出的菜单中设置图形的填充颜色，如图 8-159 所示。

图 8-159

**⑤** 单击"形状轮廓"下拉按钮，在弹出的菜单中设置轮廓颜色，如图 8-160 所示。

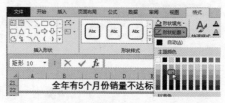

图 8-160

**⑥** 完成全部操作后，效果如图 8-161 所示。

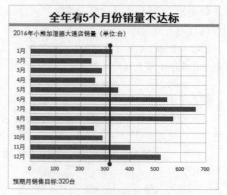

图 8-161

**⑦** 再按 8.3.1 节中介绍的方法可为图列数据系列重新设置填充颜色。选中图表的绘图区，为其设置浅灰色填充，即可达到引文所述的如图 8-144 所示的效果。

✍ **专家提醒**

图表中包含有多个对象，在图表美化的过程中都可以对其进行特殊的美化设置，如设置填充颜色、边框线条样式等。其美化操作的步骤都是类似的，最关键的在进行操作前要保障准确地选中想设置的对象。选中哪个对象，其操作效果即应用于该对象。

## 6. 将图表转换为图片使用

图表创建完成后可以将其转换为图片使用，这样更方便将其应用到分析文档或 PPT 幻灯片中。

❶ 选中图表，按 Ctrl+C 快捷键进行复制。

❷ 单击任意空白区域，在"开始"选项卡的"剪贴板"组中，单击"粘贴"下面的下拉按钮，弹出快捷菜单，选择"图片"命令（如图 8-162 所示），即可将图表输出为图片，如图 8-163 所示。

图 8-162

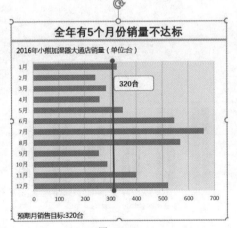

图 8-163

❸ 复制该图片，即可粘贴到其他软件中使用。

❹ 选中转换后的静态图表，按 Ctrl+C 快捷键复制，然后打开 Windows 程序自带的绘图工具，将复制的图片粘入。单击"保存"按钮（如图 8-164 所示），打开对话框，设置好保存位置后即可将图片保存到计算机中，以方便后期应用于其他位置。

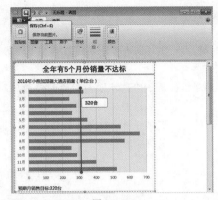

图 8-164

练一练

### 重设坐标轴标签的位置

当图表中出现负值时，坐标轴标签将会被负值图形覆盖（如图 8-165 所示），此时需要让坐标轴标签显示到图外去，如图 8-166 所示。

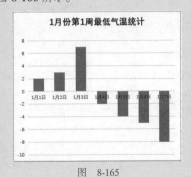

图 8-165

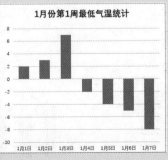

图 8-166

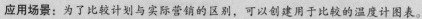

关 键 点：创建图表对计划销售额与实际销售额进行比较

操作要点："插入"→"图表"组→"插入柱形图或条形图"功能按钮

应用场景：为了比较计划与实际营销的区别，可以创建用于比较的温度计图表。
例如，图 8-167 所示的图表，是预计销售日与实际销售额相比较，从
图中可以清楚地看到哪一月份销售额没有达标。温度计图表还常用于今年与往年的
数据对比。

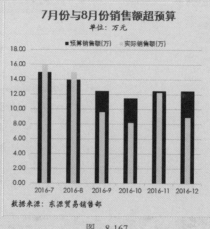

图 8-167

### 1. 创建图表

❶ 打开"与销售数据相关的图表"工作簿，在"计划与实际营销对比图"工作表中，选中 A1:C7 单元格区域，在"插入"选项卡的"图表"组中单击"插入柱形图或条形图"下拉按钮，弹出下拉菜单，在"二维柱形图"组中选择"簇状柱形图"选项（如图 8-168 所示），即可在工作表中插入柱形图，如图 8-169 所示。

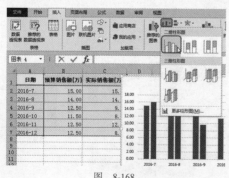

图 8-168

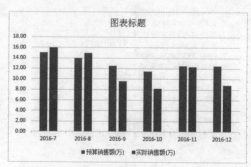

图 8-169

❷ 在"实际销售额"数据系列上单击一次将其选中，选中该数据系列后右击，在弹出的菜单中选择"设置数据系列格式"命令（如图 8-170 所示），打开"设置数据系列格式"窗格。

❸ 选中"次坐标轴"单选按钮（此操作将"实际业绩"系列沿次坐标轴绘制），并将分类间距设置为 400%，如图 8-171 所示。设置后图表显示如图 8-172 所示的效果。

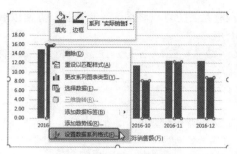

图 8-170

图 8-171

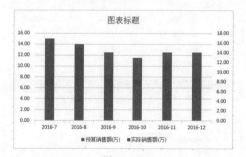

图 8-172

❹ 在"预算销售额"数据系列上单击一次将其选中，设置分类间距为110%（如图 8-173 所示）即可实现让"实际业绩"系列位于"业绩目标"系列内部的效果，如图 8-174 所示。

图 8-173

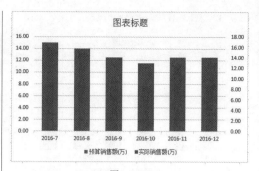

图 8-174

## 2. 固定坐标轴的最大值

因为本例最主要的一项操作是使用次坐标轴，而使用次坐标轴的目的是让两个不同的系列拥有各自不同的分类间距，即图 8-174 中红色柱子显示在蓝色柱子内部的效果。但是二者的坐标轴值必须保持一致，在图 8-175 中可以看到左侧坐标轴的最大值为 18，右侧的最大值却为 16，这是程序默认生成的，这就造了两个系列的绘制标准不同了，因此必须要把两个坐标轴的最大值固定为相同。

❶ 选中次坐标轴并双击，打开"设置坐标轴格式"窗格，单击"坐标轴选项"标签按钮，在"最大值"数值框中输入 18.0，如图 8-175 所示。

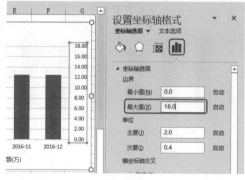

图 8-175

❷ 按照相同的方法在主坐标轴上双击，也设置坐标轴的最大值为 18.0，从而保持主坐标轴和次坐标轴数值一致，如图 8-176 所示。

❸ 单击图表右上角的图表元素按钮，在打开的菜单中单击"坐标轴"右侧的按钮，弹出快捷菜单，取消选中"次要坐标轴"复选框（如图 8-177 所示），

即可隐藏次要坐标轴，如图 8-178 所示。

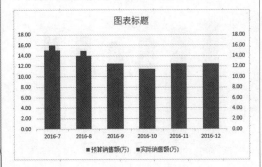

图 8-176

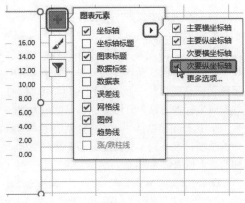

图 8-177

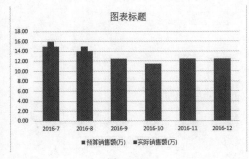

图 8-178

④ 参照 8.3.1 节操作，为图表添加反映主题的标题信息，用文本框添加辅助信息，重新设置数据系列的颜色，并设置图表区灰色底纹效果，即可达到引文中所述的如图 8-167 所示的效果。

### 3. 将图表存储为模板使用

在创建图表时可以套用 Excel 提供的图表模板，同样的，当在对图表进行一系列的设置

调整后，也可以将图表存为模板，方便以后套用。

❶ 选中要保存为模板的图表并右击，弹出快捷菜单，选择"另存为模板"命令（如图 8-179 所示），打开"保存图表模板"对话框。

❷ 选择保存位置，并给模板命名，单击"确定"按钮即可保存为模板，如图 8-180 所示。

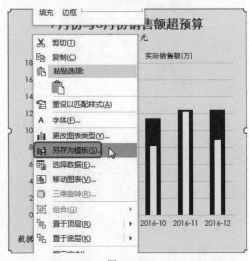

图 8-179

图 8-180

在以后的应用中，如果需要用到此类温度型的图表，选中数据源区域后，可以在"所有图表"标签下选择"模板"选项，即可看到保存的图表模板，如图 8-181 所示。单击"确定"按钮，即可以此模板创建出图表，效果如图 8-182 所示。

图 8-181

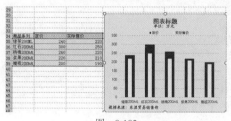

图 8-182

练一练

### 调整分类间距

分类间距是水平轴上各个分类间的距离，调小这个距离可以让柱子变宽，当调整到 0 值时，柱子将连接到一起，如图 8-183 所示。

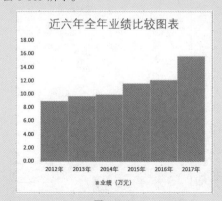

图 8-183

技高一篓

### 1. 让数据透视表的数据源自动更新

在日常工作中，除了使用固定的数据创建数据透视表进行分析外，很多情况下数据源表格是实时变化的，比如销售数据表需要不断地添加新的销售记录数据，这样在创建数据透视表后，如果想得到最新的统计结果，每次都要手动重设数据透视表的数据源，非常麻烦。遇到这种情况就可以按如下方法创建动态数据透视表。

❶ 选中数据表中任意单元格，切换到"插入"选项卡，在"表格"选项组中单击"表格"按钮（如图 8-184 所示），打开"创建表"对话框。

❷ 对话框中"表数据的来源"默认自动显示为当前数据表单元格区域，如图 8-185 所示。

图 8-184

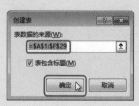

图 8-185

❸ 单击"确定"按钮完成表的创建（此时即创建了一个名为"表 1"的动态名称）。在"插入"选项卡"表格"选项组中单击"数据透视表"按钮（如图 8-186 所示），打开"创建数据透视表"对话框。

第8章　创建统计报表及图表

269

④ 在"表/区域"文本框中输入"表1"，如图 8-187 所示。

图 8-186

图 8-187

⑤ 单击"确定"按钮，即可创建一张空白动态数据透视表。添加字段达到统计目的，如图 8-188 所示。

图 8-188

⑥ 切换到数据源表格工作表中，添加新数据，如图 8-189 所示。

⑦ 切换到数据透视表中，刷新透视，可以看到对应的数据实现了更新，如图 8-190 所示。

图 8-189

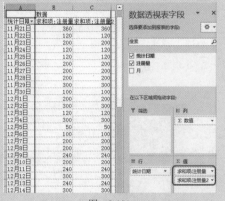

图 8-190

## 2. 更改值的显示方式－按日累计注册量

数据透视表中添加了值字段后，对于其显示方式也是可以更改的。数据透视表内置了 15 种"值显示方式"，用户可以灵活地选择"值显示方式"来查看不同的数据显示结果。例如，本例透视表按日统计了某网站的注册量，下面需要将每日的注册量逐个相加，得到按日累计注册量数据。

① 创建数据透视表后，将"注册量"字段添加两次到"Σ"值区域，如图 8-191 所示。然后更改第二个"注册量"字段名称为"累计注册量"（直接在 C4 单元格中删除原名称，输入新名称即可）。

图 8-191

② 单击"累计注册量"字段下方任意单元格并右击，在弹出的菜单中选择"值显示方式"命令，在打开的子菜单中选择"按某一字段汇总"命令（如图 8-192 所示），打开"值显示方式（累计注册量）"对话框。

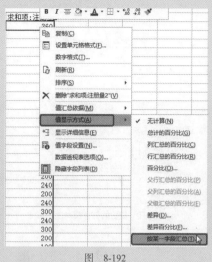

图 8-192

③ 保持默认设置的基本字段为"统计日期"即可，如图 8-193 所示。

④ 单击"确定"按钮完成设置，此时可以看到"累计注册量"字段下方的数据逐一累计相加，得到每日累计注册量，如图 8-194 所示。

图 8-193

| 4 | 统计日期 ▼ | 求和项:注册量 | 累计注册量 |
|---|---|---|---|
| 5 | 11月21日 | 360 | 360 |
| 6 | 11月22日 | 120 | 480 |
| 7 | 11月23日 | 200 | 680 |
| 8 | 11月24日 | 120 | 800 |
| 9 | 11月25日 | 120 | 920 |
| 25 | 12月11日 | 240 | 4070 |
| 26 | 12月12日 | 300 | 4370 |
| 27 | 12月13日 | 240 | 4610 |
| 28 | 12月14日 | 300 | 4910 |
| 29 | 12月15日 | 200 | 5110 |
| 30 | 12月16日 | 100 | 5210 |
| 31 | 12月17日 | 300 | 5510 |
| 32 | 12月18日 | 150 | 5660 |
| 33 | 12月19日 | 80 | 5740 |
| 34 | 总计 | 5740 | |

图 8-194

## 3. 复制图表格式

如果一张图表已经设置好了全部格式，当创建新图表也想使用相同的格式时，可以引用其格式。这样省去了逐一设置的麻烦。

① 选中图表（想使用其格式的图表），切换到"开始"选项卡，在"剪贴板"组中单击"复制"按钮，如图 8-195 所示。

② 切换到要复制格式的工作表，选中图表，在"开始"选项卡"剪贴板"组中单击"粘贴"下拉按钮，在下拉菜单中选择"选择性粘贴"命令（如图 8-196 所示），打开"选择性粘贴"对话框。

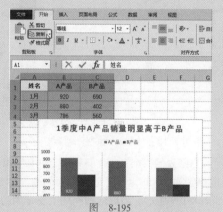

图 8-195

图 8-196

③ 选中"格式"单选按钮（如图 8-197 所示），单击"确定"按钮，即可看到图表应用了前面图表的格式，如图 8-198 所示。

图 8-197

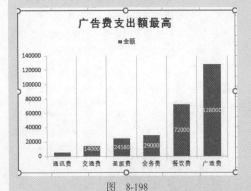

图 8-198

## 4. 让不连续的日期绘制出连续的图表

当图表的数据是具体日期时，如果日期不是连续显示的，则会造成图有间断显示，如图 8-199 所示。出现这种问题主要是因为图表在显示时默认数据中日期为连续日期，会自动填补日期断层，而所填补日期因为没有数据。这时可以按如下操作来解决问题。

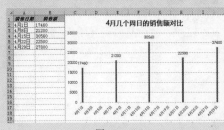

图 8-199

❶ 选中图表，在横坐标轴上双击，打开"设置坐标轴格式"窗格。

❷ 在"坐标轴选项"栏中选中"文本坐标轴"单选按钮（如图 8-200 所示）。即可得到如图 8-201 所示的连续显示的图表。

图 8-200

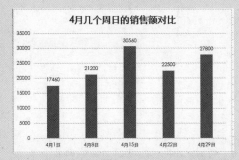

图 8-201

读书笔记

# 第9章

## 文本型幻灯片的编排

文本型幻灯片的编排

- 9.1 创建"年度工作汇报"演示文稿
  - 9.1.1 以模板创建新演示文稿
  - 9.1.2 下载模板并使用
  - 9.1.3 保存演示文稿
  - 9.1.4 创建新幻灯片
  - 9.1.5 加密保护演示文稿

- 9.2 输入并编辑"研究报告"演示文稿
  - 9.2.1 在占位符中输入文本
  - 9.2.2 调整占位符的大小及位置
    - 1. 重调占位符大小与位置
    - 2. 自定义占位符的外观
  - 9.2.3 利用文本框添加文本
  - 9.2.4 快速美化文本框
  - 9.2.5 文字格式的设置

- 9.3 排版"商业计划书"演示文稿
  - 9.3.1 调整文本的字符间距
  - 9.3.2 为文本添加项目符号
    - 1. 快速套用内置的项目符号
    - 2. 自定义项目符号
  - 9.3.3 为条目文本添加编号
  - 9.3.4 排版时增加行与行之间的间距
  - 9.3.5 为大号标题文字应用艺术字效果
  - 9.3.6 为大号标题文字设置填充效果
    - 1. 为大号文字设置渐变填充效果
    - 2. 为大号文字设置图片填充效果
    - 3. 为大号文字设置图案填充效果
  - 9.3.7 文字的轮廓线效果
  - 9.3.8 立体字
  - 9.3.9 文字的特殊效果
    - 1. 阴影效果
    - 2. 映像效果
    - 3. 发光效果
    - 4. 文字转换效果

## 9.1 创建"年度工作汇报"演示文稿

要使用演示文稿，首先需要进行创建及保存的操作。而演示文稿的创建少不了对模板的使用，本节以创建"年度工作汇报"演示文稿为例介绍相关知识点。最终幻灯片浏览效果如图 9-1 所示。

图 9-1

### 9.1.1 以模板创建新演示文稿

关 键 点：创建新的演示文稿
操作要点："开始"→"所有程序"→"PowerPoint 2013"程序
应用场景：使用 PowerPoint 制作的文件统称为演示文稿，直接通过右键快捷菜单新建的演示文稿是一张空白幻灯片，没有任何内容和对象。下面介绍在空白文稿的基础上以应用程序内置的模板创建新演示文稿。

❶ 在桌面左下角单击"开始"按钮，然后单击"所有程序"打开 PowerPoint 2013，如图 9-2 所示。

图 9-2

❷ 启动 PowerPoint 2013，进入 PowerPoint 启动

面板，在此面板中可以选择创建空白演示文稿，也可以选择以模板创建演示文稿，在列表中单击想要选用的目标模板，如图 9-3 所示。

图 9-3

❸ 单击模板后，弹出提示框，单击"创建"按钮（如图 9-4 所示），即可创建新演示文稿，如图 9-5 所示。

图 9-4

图 9-5

选择"新建"命令，然后在右侧可以选择创建新演示文稿或依据模板创建演示文稿。

**练一练**

### 在线搜索演示文稿模板

程序列举的模板有限，很多效果并不能令人满意，因此还可以通过搜索的方式获取 office online 上的模板，搜索到之后，下载即可使用。如图 9-6 所示，只要在搜索框中输入了"商务"关键字，然后单击 按钮即可实现搜索。

图 9-6

📝 **专家提醒**

如果已经打开了 PPT 程序，而又要再创建另一个新演示文稿，则在程序中选择左上角位置的"文件"选项卡，在弹出的面板中

---

### 9.1.2　下载模板并使用

**关 键 点：** 下载模板使用

**操作要点：** 进入网站找寻合适模板

**应用场景：** PowerPoint 2013 中的模板有两种来源：一种是软件自带的模板；另一是通过 Office.com 下载的模板，利用模板创建演示文稿能够节省设置模板样式等操作时间。但程序内置的主题毕竟是有限的，要想更好地设计出可用于演示的文稿，还需要在 PPT 网站上下载并借鉴使用。

如图 9-7 所示为在扑奔网站上下载的"商务 PPT"模板。

❶ 打开"扑奔网"网页，在主页右上方搜索导航框内输入"工作汇报 PPT"，单击 按钮，如图 9-8 所示。

❷ 打开"工作汇报 PPT"列表页，单击"商务 PPT 模板"，如图 9-9 所示。

图 9-7

图 9-8

图 9-9

❸ 单击模板后，进入"商务 PPT 模板"下载页，单击"立即下载"按钮（如图 9-10 所示），弹出下载提示框。

图 9-10

❹ 单击"下载"按钮，弹出"搜狗高速下载"对话框（如图 9-11 所示）。单击"文件名"文本框，更改文件名，保留 pptx 文件格式字样，接着单击"下载到"文本框，单击"浏览"按钮，弹出"另存为"对话框，选择保存的位置，再单击"保存"按钮（如图 9-12 所示），回到"搜狗高速下载"对话框，单击"下载"按钮。

图 9-11

图 9-12

❺ 此时进入到后台下载，下载完成后，可在"下载管理器"里面对文件进行处理，如图 9-13 所示。

图 9-13

💡 专家提醒

如果用户没有及时在浏览器模板下载网页下载管理器对文件进行处理，也可以进入下载时设定的保存位置处，选择打开文件或解压文件压缩包。

## 知识扩展

下载的 PPT 多数以压缩包形式存在，因此下载后，需要对文件进行解压。解压的前提是必须保障计算机程序中安装有解压软件，比如"2345 好压"。解压的方法是，双击压缩包会进入解压软件程序中（如图 9-14 所示），解压完成后即可使用。

图 9-14

### 9.1.3 保存演示文稿

**关 键 点：** 保存演示文稿
**操作要点：** "文件"→"另存为"标签
**应用场景：** 在创建演示文稿后要进行保存操作，即将它保存到计算机中的指定位置中，这样下次才可以再次打开使用或编辑。这个保存操作可以在创建了演示文稿后就保存（9.1.2 节下载模板时即在编辑之前实现了保存），也可以在编辑后保存。建议先保存，然后在整个编辑过程中随时单击左上角的"保存"按钮 及时更新保存，从而有效避免因突发情况导致数据丢失。

❶ 创建演示文稿后，进入工作界面，在左上角快速访问工具栏中单击"保存"按钮 （如图 9-15 所示），弹出"另存为"提示面板，单击"浏览"（如图 9-16 所示）按钮，弹出"另存为"对话框。

图 9-15

图 9-16

❷ 在对话框内选择保存位置后，在其下方单击"文件名"文本框，输入文件名，设置文件名和保存位置后，单击"保存"按钮，如图 9-17 所示。

图 9-17

❸ 单击"保存"按钮，即可看到当前演示文稿已被保存，如图 9-18 所示。

图 9-18

277

专家提醒

创建新演示文稿后首次单击"保存"按钮🖫会提示设置保存位置,对于已保存的演示文稿或下载时已经设置保存位置的演示文稿,编辑过程中随时单击左上角的"保存"按钮🖫不再提示设置保存位置,而是对已保存文件进行更新保存,或者直接按 Ctrl+S 快捷键实现快速更新保存。

📋 练一练

**更改演示文稿的保存类型**

PowerPoint 支持将演示文稿保存为模板等其他格式的文档。其方法是:进行保存时,在"另存为"对话框的"保存类型"下拉列表框中选择文档格式,如图 9-19 所示

为在"另存为"对话框里截取关于文件类型的一部分。

图 9-19

## 9.1.4 创建新幻灯片

**关键点**:创建新幻灯片
**操作要点**:"开始"→"幻灯片"组→"新建幻灯片"功能按钮
**应用场景**:无论是以程序内置模板创建新演示文稿还是下载模板创建新演示文稿,当所提供的幻灯片版式或张数无法满足需求时,都可以通过创建新幻灯片来完成幻灯片内容的排版与设计。

❶ 打开"年度工作汇报"演示文稿,在"开始"选项卡的"幻灯片"组中单击"新建幻灯片"按钮,在其下拉列表框中选择想要使用的版式,比如"内容与标题"版式,如图 9-20 所示。

图 9-20

❷ 单击即可以此版式创建一张新的幻灯片,如图 9-21 所示。

图 9-21

🔍 知识扩展

除了上述所讲的方法以外,还可以使用 Enter 键快速创建。在幻灯片窗格中选中目标幻灯片后,只要按下 Enter 键或 Ctrl+M 快

捷键就可以依据上一张幻灯片的版式创建新幻灯片。

对于不想要的幻灯片，可以选中幻灯片，按 Delete 键删除即可。

### 移动幻灯片

如果在设计幻灯片时没有按一定的顺序来编排内容，设计完成过后，也可以通过移动幻灯片来达到排列顺序的效果。利用鼠标

选中并拖动即可移动，如图 9-22 所示。

图　9-22

## 9.1.5　加密保护演示文稿

**关 键 点:** 为演示文稿加密
**操作要点:** "文件" → "另存为" → "浏览" → "另存为" 对话框
**应用场景:** 如果想要保护编辑完成的演示文稿不被修改，可以为演示文稿添加密码。

当设置密码后，再次打开演示文稿时，就会弹出如图 9-23 所示的"密码"对话框，提示用户只有输入正确的密码才能打开。

图　9-23

❶ 在当前演示文稿中，选择"文件"选项卡，弹出"另存为"提示面板，在左侧选择"浏览"选项（如图 9-24 所示），打开"另存为"对话框。单击左下角的"工具"下拉按钮，在下拉列表中选择"常规选项"命令，如图 9-25 所示。

图　9-24

图　9-25

❷ 打开"常规选项"对话框，在"打开权限密码"文本框中输入密码，如图 9-26 所示。

图　9-26

③单击"确定"按钮，打开"确认密码"对话框，在"重新输入打开权限密码"文本框中再次输入密码，如图9-27所示。

图 9-27

④单击"确定"按钮，即可完成为演示文稿添加密码保护。

练一练

**只设置打开权限密码**

如果只想让别人查看演示文稿内容，禁止对其做任何修改，可以只设置"修改权限密码"，而不设置"打开权限密码"，如

图9-28所示。这样打开演示文稿时会出现一个"只读"按钮（如图9-29所示），单击则可以按只读方式打开。

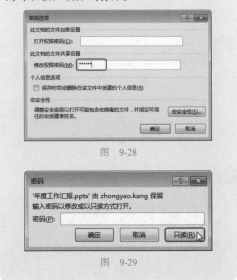

图 9-28

图 9-29

## 9.2 输入并编辑"研究报告"演示文稿

文本是幻灯片的主体，因此文本内容的输入及编辑工作是创建演示文稿时的一项重要工作。下面以输入并编辑"研究报告"演示文稿为例来介绍相关知识点。最终幻灯片浏览效果如图9-30所示。

图 9-30

## 9.2.1 在占位符中输入文本

**关 键 点：**在占位符中输入文本

**操作要点：**1. 在占位符中输入文本

2. "开始"→"字体"组

**应用场景：**幻灯片上的"占位符"是指先占住一个固定的位置，表现为一个虚框，虚框内部有"单击此处添加标题"之类的提示语，一旦单击之后，提示语会自动消失。先布局版面，后在占位符中输入文本，是占位符在幻灯片中功能的体现。

在为演示文稿排版时，为了很好地规划版面，有时会包含多个占位符，如图 9-31 所示。

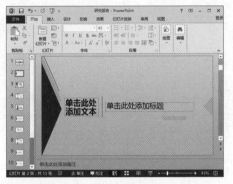

图 9-31

❶ 将鼠标定位于左侧占位符内，提示文字消失（如图 9-32 所示），输入节标题标识性文本，如图 9-33 所示。

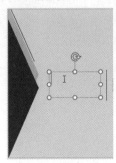
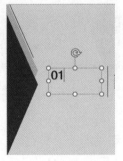

图 9-32　　　　　图 9-33

❷ 将鼠标指针定位于右侧占位符内，按照同样的方法输入节标题，如图 9-34 所示。

❸ 为了使节标题更具有醒目性，可以设置字体格式（9.2.4 节会着重讲解）。切换至"开始"选项卡的"字体"组中重新设置文字的字体、字号、颜色和阴影效果等，可达到如图 9-35 所示的效果。

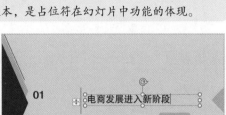

图 9-34

图 9-35

### 知识扩展

除了文本占位符外，还有图片占位符、图表占位符以及媒体占位符，都类似于文本占位符，用来排版，以达到幻灯片内容不错乱的目的，使用户更能有效地输入和编辑内容，也可根据实际内容调整占位符。

### 练一练

**在占位符中输入标题与副标题**

如图 9-36 所示为占位符，如图 9-37 所示为在占位符中输入文本后的效果。

图 9-36

图 9-37

## 9.2.2 调整占位符的大小及位置

**关 键 点：** 对占位符的大小位置进行调整

**操作要点：** 1. 拖动调整

2. "绘图工具-格式"→"形状样式"组→"形状填充"

**应用场景：** 9.2.1节讲到向占位符中输入文字，后改变字体大小和颜色，使文本更
具有可观赏性。在占位符中输入文本后，对其大小和位置也可以进行调整，并对占
位符的外观格式进行设置。这里以第四张幻灯片的节标题设置为例介绍（节标题幻
灯片可以一次性设置占位符的大小和位置复制使用，也可以进入母版中设计以实现
一次设置反复使用）。

### 1. 重调占位符大小与位置

❶ 选中左侧占位符，将鼠标指针指向占位符边框
的尺寸控制点上，当其变为 ⟷ 样式时，按住鼠标左键
使其变为 ✛ 样式，向右拖动到需要的大小（如图9-38
所示），释放鼠标后即完成对占位符大小的调整。

❷ 选中右侧占位符，将鼠标指针指向占位符边
线上（注意不要定位在调节控点上），当其变为 样
式时，按住鼠标左键变为 样式，拖动到合适位置
（如图9-39所示），释放鼠标后即可完成对占位符位
置的移动。

❸ 按照此操作方式可以把占位符的大小与位置
都调节到最合适效果，如图9-40所示。

图 9-40

### 2. 自定义占位符的外观

占位符也可以进行格式设置，如填充效
果、边框样式、阴影效果等。

❶ 选中占位符（注意不是其中的文本，如
图9-41所示），在"绘图工具-格式"选项卡的"形
状样式"组中单击"形状填充"下拉按钮，在下拉
列表中"最近使用的颜色"栏选择颜色，如图9-42
所示。

图 9-38          图 9-39

图 9-41

图 9-42

❷ 单击"轮廓填充"下拉按钮,在下拉列表中先选择线条的色彩,然后将鼠标指针指向"粗细",在子列表中可以自定义选择线条的粗细值,如图9-43所示。

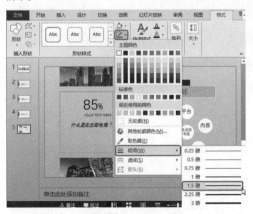

图 9-43

❸ 单击"形状效果"下拉按钮,在下拉列表中

选择"阴影"选项,在子列表中可以选择阴影效果,如图 9-44 所示。通过几步格式设置,占位符可呈现出如图 9-45 所示的效果。

图 9-44

图 9-45

## 练 一练

### 快速设置占位符中的格式

占位符实际也相当于一个图形,因此在选中占位符后,也可以通过套用形状样式实现快速美化,如图9-46所示。

图 9-46

## 9.2.3 利用文本框添加文本

关键点：绘制文本框添加文本

操作要点："插入"→"文本"组→"文本框"功能按钮

应用场景：如果幻灯片使用的是默认版式，如"标题和内容"和"两栏内容"版式等，其中包含的文本占位符是有限的。有些幻灯片版面布局活跃，设计感明显，此时则需要更加灵活地使用文本框，即当某个位置需要输入文本时，直接绘制文本框并输入文字。

如图 9-47 所示的幻灯片中，多处包含自由文本框。

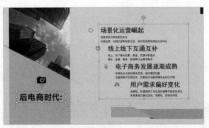

图 9-47

❶ 在"插入"选项卡的"文本"组中单击"文本框"下拉按钮，在下拉列表中选择"横排文本框"选项，如图 9-48 所示。

图 9-48

❷ 执行❶步中命令后，鼠标指针变为样式，在需要的位置上按住鼠标左键不放拖动即可绘制文本框，绘制完成后释放鼠标，光标自动定位到文本框进入文本编辑状态，如图 9-49 所示。

❸ 此时可在文本框里编辑文字，如图 9-50 所示。

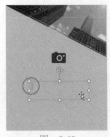

图 9-49

图 9-50

❹ 按照此操作方法可添加其他文本框并输入文字，设置文字格式，可达到如图 9-47 所示的效果。

### 知识扩展

如果在绘制文本框时没有及时编辑文字，可以选中文本框并双击，可将光标定位到文本框。或者选中文本框并右击，在弹出的快捷菜单中选择"编辑文字"命令（如图 9-51 所示），此时可在文本框里编辑文字。

图 9-51

### 练一练

**自由使用文本框**

如图 9-52 所示的幻灯片是使用多个自由的文本框来布局版面和设计文字的。

图 9-52

Word/Excel/PPT 2013 高效办公从入门到精通

284

## 9.2.4 快速美化文本框

**关 键 点:** 美化文本框

**操作要点:** "绘图工具－格式" → "形状样式" 组

**应用场景:** 文本框与占位符相似，默认是无边框无填充颜色的。在实际设计过程中也可以根据实际需要对其填充颜色、轮廓线条进行设置。除此之外，也可以应用形状样式，对其格式进行一键快速美化处理。

❶ 选中要编辑的文本框，在"绘图工具－格式"选项卡的"形状样式"组中单击"其他"下拉按钮 ，（如图 9-53 所示），在下拉列表中显示了可以选择的形状样式，如图 9-54 所示。

图 9-53

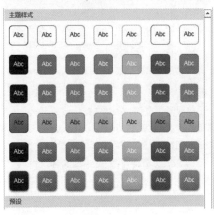

图 9-54

❷ 如图 9-55 和图 9-56 所示为套用不同的形状样式后的效果。

图 9-55

图 9-56

 练一练

### 文本框的美化效果

如图 9-57 所示幻灯片中的文本框分别设置了填充颜色与边框。

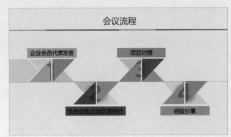

图 9-57

读书笔记

第 9 章 文本型幻灯片的编排

285

**关 键 点：** 重新设置文字格式

**操作要点：** 1. "开始" → "段落"组 → "居中"功能按钮

2. "开始" → "字体"组

**应用场景：** 由以上内容可见，无论是事先插入的占位符还是文本框，当文字输入
后，都需要对文字的格式进行设置，如标题文本一般都需要放大显示、内容文本需
要保障清晰，另外还有一些需要特殊设计的文本，以保障整个幻灯片版面的协调、
美观。

对文字格式的设置主要涉及文字的字体、大小、颜色、阴影效果以及加粗、倾斜、
下画线、删除线、文本突出显示颜色的强调效果等，个别文本还需要设置艺术效果
以加强文本的醒目性。

一般情况下，一个文本会设置多种效果，如图9-58所示的幻灯片为设置后的效果。

图　9-58

❶选择第一张幻灯片中的标题文本框（如图9-59所示，字体为默认格式），在"开始"选项卡的"段落"组中单击"居中"按钮，如图9-60所示。

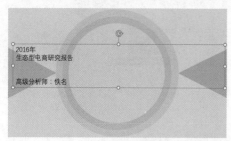

图　9-59

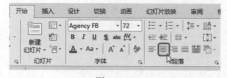

图　9-60

❷在标题占位符中选中标题文本，如图9-61所示。

图　9-61

❸在"开始"选项卡的"字体"组中单击"字体"下拉列表框右侧的下拉按钮，在弹出的列表中选择"微软雅黑"（如图9-62所示），达到如图9-63所示效果。

图　9-62

图　9-63

Word/Excel/PPT 2013高效办公从入门到精通

④单击"字号"文本框，输入75（如图9-64所示），接着选中"2016年"，单击"字号"右侧的 A^(增大字号)按钮或 A_(减小字号)按钮来调节字体大小（如图9-65所示），达到如图9-66和图9-67所示的效果。

图 9-64　　　　　　　图 9-65

图 9-66

图 9-67

⑤单击 **B**（加粗）按钮（如图9-68所示），达到如图9-69所示的效果。

图 9-68　　　　　　　图 9-69

⑥单击 **S**（阴影）按钮（如图9-70所示），达到如图9-71所示的效果。

图 9-70　　　　　　　图 9-71

⑦选中标题下方文本，按照同样的操作方法适当地设置文字字体、大小，接着单击"字体颜色"下拉按钮，在打开列表的"主题颜色"栏中单击"灰色，背景2，深色50%"（如图9-72所示），设置完成后即可达到如图9-58所示的效果。

图 9-72

📌 **知识扩展**

1. 为什么字体下拉列表中缺少艺术字体

这是因为每台计算机在出厂设置时只安装有部分常规字体，要想拥有更多的字体或艺术字体需要下载安装。常见的字体下载网站主要有"模板王""找字网"等。

2. 其他文字格式

除了常规字体、大小、颜色设置外，还可以对文字字符间距的紧凑与宽松加以设计。如果对格式设置不满意，可以选中文字，在"开始"选项卡的"字体"组中单击"清除所有格式"按钮，可实现一次性对所有格式的彻底清除。

📋 **练一练**

**设置幻灯片中文字的格式**

如图9-73所示的幻灯片中，多处文字都使用了不同的格式。不仅能突出重点内容，而且也布局了版面。

图 9-73

第9章·文本型幻灯片的编排

## 9.3   排版"商业计划书"演示文稿

幻灯片中文本排版也是一项重要的工作,通过为文本布局或效果设置可以让幻灯片的整体版面拥有专业的布局效果,同时还可以让一些重要文本以特殊的格式突出显示,提升演示文稿的视觉效果。下面以排版"商业计划书"演示文稿为例介绍相关知识点。最终幻灯片浏览效果如图9-74所示。

图 9-74

### 9.3.1   调整文本的字符间距

**关 键 点:**调整幻灯片中文本的字符间距
**操作要点:**"开始"→"字体"组→"字符间距"功能按钮
**应用场景:**字符间距指两个字符之间的间隔宽度,包含加宽或紧缩所选字符和对大于某个磅值的字符进行字距调整两个方面的设置。

如图9-75所示的英文文本为默认间距,稍显拥挤,可以通过设置加宽间距值的方法调整间距,如图9-76所示为设置加宽间距值为"5磅"后的效果。

❶ 选中文本,在"开始"选项卡的"字体"组中单击"字符间距"下拉按钮,在弹出的列表中选择"其他间距"选项(如图9-77所示),打开"字体"对话框。

图 9-75

图 9-76

图 9-77

❷ 单击"间距"设置框右侧的下拉按钮，在下拉列表框中选择"加宽"选项，在"度量值"文本框中输入 5，如图 9-78 所示。

图 9-78

❸ 单击"确定"按钮，即可将选中字体的间距更改为 5 磅。

### 9.3.2 为文本添加项目符号

**关 键 点**：添加项目符号使文本更具条理
**操作要点**："开始"→"段落"→"项目符号"
**应用场景**：幻灯片中的文字编排应力求简洁清晰，因此当列举一些观点、条目时通常都会为其应用项目符号，以使文本更加有条理。

如图 9-79 所示的幻灯片中应用了项目符号。

图 9-79

#### 1. 快速套用内置的项目符号

❶ 选取要添加项目符号的文本，在"开始"选项卡的"段落"组中单击"项目符号"下拉按钮，在弹出下拉列表中提供了几种可以直接套用的项目符号样式，如图 9-80 所示。

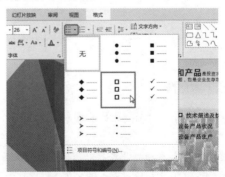

图 9-80

② 将鼠标指针指向项目符号样式时可预览效果，单击后即可套用。

## 2. 自定义项目符号

除了程序内置的几种项目符号外，还可以自定义项目符号的样式，以获取更加丰富的版面效果。下面介绍自定义图为项目符号的方法。为了体现图片修饰性的功能，多采用无背景格式（即 PNG 格式）。

① 在"项目符号"按钮的下拉列表中选择"项目符号和编号"选项，打开"项目符号和编号"对话框，如图 9-81 所示。

② 单击"图片"按钮，打开"插入图片"对话框，选中想作为项目符号显示的图片（经过处理的 PNG 格式），如图 9-82 所示。

图 9-81

图 9-82

③ 单击"插入"按钮后，效果如图 9-83 所示。

图 9-83

 知识扩展

回到"项目符号和编号"对话框，单击"颜色"右侧的下拉按钮，在下拉列表中可设置项目符号的颜色。一般在添加项目符号之前进行设置。

练一练

### 应用项目符号

如图 9-84 所示的幻灯片中，文本中使用了项目符号。

图 9-84

## 9.3.3 为条目文本添加编号

**关 键 点**：为条目文本添加编号效果

**操作要点**："开始"→"段落"组→"编号"功能按钮

**应用场景**：当幻灯片文本中包含一些列举条目时，通常需要为其添加编号，除了手动依次输入编号外，可以按如下方法一次性添加。

Word/Excel/PPT 2013高效办公从入门到精通

❶ 选中需要添加编号的文本内容，如果文本不连续，可以配合 Ctrl 键选中，如图 9-85 所示。

图 9-85

❷ 在"开始"选项卡的"段落"组中单击"编号"下拉按钮，在下拉列表中选择一种编号样式（如图 9-86 所示），选中即可预览效果，单击即可应用，如图 9-87 所示。

图 9-86

图 9-87

练一练

**为条目文本应用编号**

如图 9-88 所示的幻灯片中，文本中使用了编号效果。

图 9-88

## 9.3.4 排版时增加行与行之间的间距

**关 键 点**：调整文本的行间距
**操作要点**："开始"→"段落"组→"行距"功能按钮
**应用场景**：当文本包含多行时，行与行之间的间距是无间隔紧凑显示的。根据排版要求，有时需要调整行距以获取更好的视觉效果。

如图 9-89 所示为排版前的文本，如图 9-90 所示为增加行距后的效果。

❶ 选中文本框，在"开始"选项卡的"段落"组中单击"行距"下拉按钮，在打开的下拉列表中提供了几种行距，本例中选择 2.0（默认为 1.0），如图 9-91 所示。

❷ 如果想自定义设置其他的间隔值，可以在"行距"按钮的下拉列表中选择"行距选项"命令，打开"段落"对话框。在"间距"栏中单击下拉按钮，在下拉列表中选择"固定值"选项，然后可以在后面的文本框中设置任意间距值，如图 9-92 所示。

图 9-89

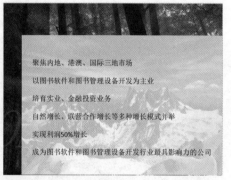

图 9-90

图 9-91

图 9-92

练一练

### 排版文本时设置行间距

如图 9-93 所示，右侧的文本重新设置了行间距。

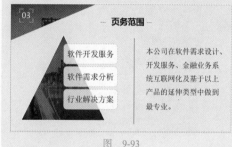

图 9-93

---

## 9.3.5 为大号标题文字应用艺术字效果

**关键点：** 设置标题为艺术字效果

**操作要点：** "绘图工具－格式" → "艺术字样式"组

**应用场景：** 幻灯片中的文本可以通过套用快速样式转换为艺术字效果。艺术样式的文字适用于大号标题文字，合适的字体可以瞬间提升幻灯片美感。

❶选中文本，在"绘图工具－格式"选项卡的"艺术字样式"组中单击 "其他"下拉按钮（如图 9-94 所示），在下拉列表中显示了可以选择的艺术字样式，如图 9-95 所示。

❷如图 9-96 和图 9-97 所示为套用不同的艺术字样式后的效果。

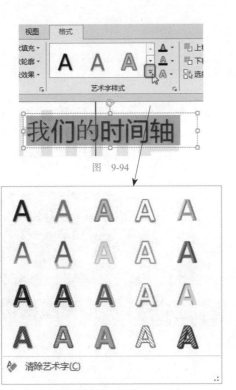

图 9-94

图 9-95

图 9-97

图 9-96

专家提醒

在为文字套用艺术效果前需要对字体合理设置，因为艺术效果是基于原字体的，即套用艺术效果后，只改变外观效果，不改变字体。因此要想获取最佳艺术效果，字体的选择也非常重要。

练一练

**艺术字效果**

如图 9-98 所示的幻灯片中，大号标语文字应用了艺术字效果。

图 9-98

第9章 文本型幻灯片的编排

## 9.3.6 为大号标题文字设置填充效果

**关 键 点：**对于大号标题文字设置填充效果

**操作要点：**"绘图工具‐格式" → "艺术字样式"组

**应用场景：**在 9.2.5 节中讲到过对文字字体、字号、颜色等的格式设置。为了使文本达到设计的效果，还需要进行艺术化处理，尤其对于大号标题文字来说，最基本的格式设置不足以达到突出显示的目的。

为大号标题文字设置填充主要有纯色填充、渐变填充、图片或纹理填充、以及图案填充，其中用得最多的就是渐变填充、图片填充和图案填充。

### 1. 为大号文字设置渐变填充效果

渐变填充即填充颜色有一个变化过程，如图 9-99 所示为设置渐变填充后的标题效果。

图　9-99

❶选中文字，在"绘图工具－格式"选项卡"艺术字样式"组中单击 按钮（如图 9-100 所示），打开"设置形状格式"窗格。

图　9-100

❷单击"文本填充与轮廓"按钮，在"文本填充"栏中选中"渐变填充"单选按钮，单击"预设渐变"右侧的下拉按钮，在下拉列表中选择"底部聚光灯－个性色 4"（如图 9-101 所示），即可达到如图 9-102 所示的填充效果。

❸单击"类型"设置框右侧下拉按钮，在下拉列表框中选择"线性"；在"方向"下拉列表框中选择"线性向下"（如图 9-103 所示），达到如图 9-104 所示的填充效果。

❹依次选中每个光圈，单击下方的"颜色"下拉按钮，可更改光圈颜色（如图 9-105 所示），拖动光圈可调节渐变所覆盖到的区域，如图 9-106 所示。

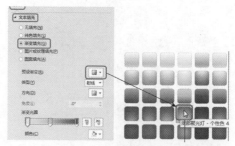

图　9-101

图　9-102

图　9-103

图　9-104

图 9-105

图 9-106

⑤设置完成后关闭"设置形状格式"窗格,即可达到如图9-99所示的效果。

📌**知识扩展**

渐变的效果在于对光圈的设置。在选择预设渐变时,就根据预设效果默认添加了光圈,在此基础上可以进行调整,以获取更加满意的效果。例如,上面介绍的重设光圈的颜色,改变光圈的位置都是在对渐变效果进行调整。

另外,在"渐变光圈"区域,通过单击"添加渐变光圈"按钮(如图9-107所示),可添加渐变光圈个数,如图9-108所示。(同样选中不需要的光圈,通过单击 📌 按钮,可减少渐变光圈个数。)

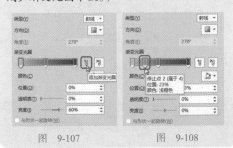

图 9-107　　　图 9-108

## 2. 为大号文字设置图片填充效果

图片填充即把图片填充到文字中,即达到如图9-109所示的填充效果。此填充效果也适合大字号文字的设置。

图 9-109

❶选中文本框并右击,在弹出的快捷菜单中选择"设置形状格式"命令(如图9-110所示),打开"设置形状格式"窗格。

图 9-110

❷选择"文本选项"选项,接着单击"文本填充与轮廓"按钮,在"文本填充"栏中选中"图片或纹理填充"单选按钮,单击"文件"按钮(如图9-111所示),打开"插入图片"对话框,找到图片所在路径并选中,如图9-112所示。

图 9-111

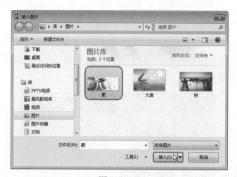

图 9-112

❸ 单击"插入"按钮，即可将选中的文本设置图片填充效果。

### 3. 为大号文字设置图案填充效果

图案填充是应用程序内置的一些图案来作为填充文字的素材。如图 9-113 所示为标题文字设置了图案填充后的效果。

图 9-113

❶ 选中文字并右击，在弹出的快捷菜单中选择"设置文字效果格式"命令（如图 9-114 所示），打开"设置形状格式"窗格。

图 9-114

❷ 单击"文本填充与轮廓"按钮，在"文本填充"栏中选中"图案填充"单选按钮。在"图案"列表中选择"对角线：宽下对角"样式（如图 9-115 所示），效果如图 9-116 所示。

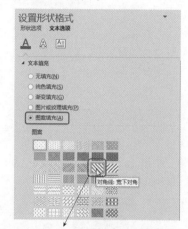

图 9-115

图 9-116

❸ 重新设置"前景"为"黄色""背景"为"金色，个性色 4，深色 25%"，如图 9-117 ~ 图 9-119 所示。

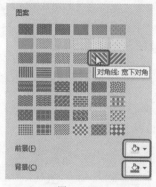

图 9-117

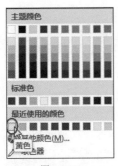

图 9-118

图 9-119

④ 设置完成后关闭"设置形状格式"窗格，即可达到如图 9-113 所示的效果。

 练一练

### 设置大号文字的渐变填充效果

如图 9-120 所示的幻灯片中，标题文字设置了渐变填充效果。

图 9-120

| 9.3.7 | 文字的轮廓线效果 |

**关 键 点:** 设置大文字的轮廓线条
**操作要点:** "设置形状格式"窗格→"文本边框"功能
**应用场景:** 对于一些字号较大的字体，还可以为其设置轮廓线条，这也是美化和突出文字的一种方式。

如图 9-121 所示为将文字设置为轮廓线为白色加粗实线后的效果。

① 选中文字并右击，在弹出的快捷菜单中选择"设置文字效果格式"命令（如图 9-122 所示），打开"设置形状格式"窗格。

图 9-121

图 9-122

❷ 单击"文本填充与轮廓"按钮,在"文本边框"栏中选中"实线"单选按钮。在"轮廓颜色"下拉列表框中选择"白色","宽度"设置为"3 磅",如图 9-123 和图 9-124 所示。

图 9-123

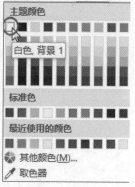

图 9-124

## 9.3.8 立体字

**关 键 点**:设置文字的立体效果
**操作要点**:"设置形状格式"右侧窗格→"文本选项"功能
**应用场景**:对于一些特殊显示的文本,可以为其设置立体效果,从而提升幻灯片的整体表达效果。立体字效果需要从三维格式与三维旋转两个方面来进行设置。

❶ 选中文本,在"绘图工具 - 格式"选项卡的"形状样式"组中单击 按钮,打开"设置形状格式"窗格,如图 9-127 所示。
❷ 选择"文本选项"选项,接着单击"文字效果"按钮,展开"三维格式"栏,单击"顶部棱台"下拉按钮,在下拉列表框中选择"柔圆""宽度"和"高度"分别为"6.5 磅""2.5 磅"(如图 9-128 和图 9-129 所示),达到如图 9-130 所示的效果。
❸ 展开"三维旋转"栏,在"预设"下拉列表框中选择"透视:适度宽松",并设置"Y 旋转"为 315°,"透视"为 60°(如图 9-131 和图 9-132 所示),达到如图 9-133 所示的效果。

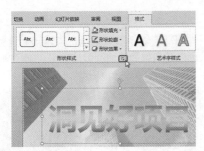

图 9-127

图 9-131　　　　图 9-132

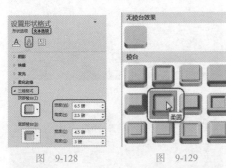

图 9-128　　　　图 9-129

图 9-133

④ 设置完毕后关闭窗口即可。

图 9-130

## 9.3.9　文字的特殊效果

**关 键 点：** 设置文字阴影、映射、发光等特殊效果
**操作要点：** "绘图工具-格式" → "艺术字样式" 组→ "文本效果" 功能按钮
**应用场景：** 除了应用上面介绍的众多文字美化方案外，程序还提供了如阴影、映像、发光、转换等效果，通过套用这些样式也可以达到快速美化文本的目的。

### 1. 阴影效果

为文本设置阴影效果，犹如现实物体呈现阴影效果一样。如图 9-134 和图 9-135 所示为设置阴影前后的效果。

❶ 选中文本，在 "绘图工具-格式" 选项卡的 "艺术字样式" 组中单击 "文本效果" 下拉按钮，在下拉菜单中将光标指针指向 "阴影"，在其子菜单中选择一种预设效果，如图 9-136 所示。

❷ 如果对预设的效果不满意，选择 "阴影选项" （如图 9-137 所示），打开 "设置形状格式" 窗格。

❸ 在 "阴影" 栏重新设置相关参数，如图 9-138 所示。

图 9-134

图 9-135

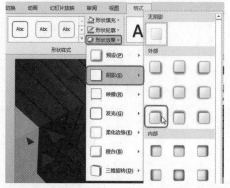

图 9-136

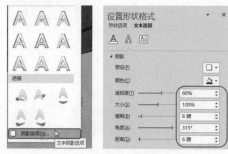

图 9-137　　　　　　　　图 9-138

## 2. 映像效果

当幻灯片为深色背景时，为文字设置映像效果可以达到犹如镜面倒影的效果。如图 9-139 和图 9-140 所示为设置映像前后的效果。

图 9-139

图 9-140

❶ 选中文本，在"绘图工具-格式"选项卡的"艺术字样式"组中单击"文本效果"下拉按钮，在下拉菜单中将光标指针指向"映像"，在其子菜单中选择一种预设效果（如图 9-141 所示），达到如图 9-142 所示的效果。

图 9-141

图 9-142

❷ 如果对预设的效果不满意，选择"文字映像选项"（如图9-143所示），打开"设置形状格式"窗格。

❸ 可重新设置映像的相关数据，如图9-144所示。

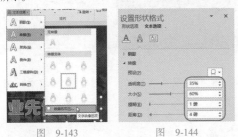

图 9-143　　　　图 9-144

## 3. 发光效果

如果当前幻灯片背景色稍深色偏灰暗，为文字设置发光效果有时可获取不一样的视觉效果。如图9-145和图9-146所示为设置发光前后的效果。

图 9-145

图 9-146

❶ 选中文本并右击，在弹出的快捷菜单中选择"设置对象格式"命令，如图9-147所示。

图 9-147

❷ 打开"设置形状格式"窗格，展开"发光"栏，在"预设"下拉列表中选择发光效果，接着设置发光颜色、大小和透明度，如图9-148～图9-150所示。

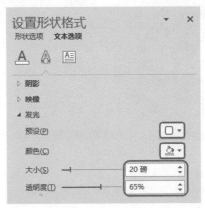

图 9-148

第9章　文本型幻灯片的编排

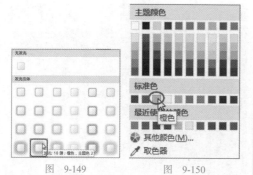

图 9-149　　　　　　　图 9-150

### 4. 文字转换效果

建立文本后，无论是否是艺术字，都可以设置其转换效果，使其呈现一种流线型的美感。如图 9-151 和图 9-152 所示为设置转换前后的效果。

图 9-151

图 9-152

❶ 选中文本，在"绘图工具－格式"选项卡的"艺术字样式"组中单击"文本效果"下拉按钮，在

下拉菜单中将光标指向"转换"，在其子菜单中选择一种预设效果，如图 9-153 所示。

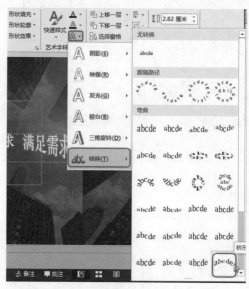

图 9-153

❷ 单击即可使用，可达到如图 9-152 所示的效果。

练一练

**设置文字映射的特殊效果**

如图 9-154 所示，幻灯片为深色背景，为文字设置映像效果可以达到犹如镜面倒影的效果。

图 9-154

## 1. 将下载的主题保存至主题库

PowerPoint 中提供了一个主题库，通过主题的套用可以迅速改变幻灯片的外观。但主题库中的主题效果一般都稍显老旧，不符合当前商务型幻灯片的设计要求。但主题库却提供了另一个实用的用途，即当从网站下载效果不错的幻灯片模板后，可以将其主题保存到主题库中，下次使用时就可以直接套用了。

❶ 在"设计"选项卡的"主题"组中，单击▽按钮，在展开设置菜单中选择"保存当前主题"命令（如图 9-155 所示），打开"保存当前主题"对话框。

❷ 可使用默认名称也可以重定义名称（注意保存位置不要改变），如图 9-156 所示。

图 9-155

图 9-156

❸ 单击"保存"按钮即可完成保存。后期新建演示文稿，在"设计"选项卡的"主题"组

中，单击▽按钮，在展开的设置菜单中即可看到保存的内置主题，如图 9-157 所示。

图 9-157

## 2. 字体其实也有感情色彩

文字在信息传达上有其独特的"表情"，即不同的字体在传达信息时能表现出不同的感情色彩。例如，楷书使人感到规矩、稳重；隶书使人感到轻柔、舒畅；行书使人感到随和、宁静；黑体字比较端庄、凝重，有科技感等。

因此在文字设计中，要学习并学会感受不同字体给人带来的不同情绪，并学着找到它们适用的规律与范围，结合演示文稿的主题合理设置文字字体，以给予人不同的视觉感受和比较直接的视觉诉求。

如图 9-158～图 9-161 所示的几张幻灯片中字体各不相同，但都具有良好的设计与表达效果。

图 9-158

图 9-159

图 9-160

图 9-161

专家提醒

值得注意的是，一张幻灯片中尽量只用 3 种以内的字体来做设计，因为过多字体既不规范工整，也很容易让设计效果产生廉价感。

### 3. 突出关键字的几种技巧

当文字很难压缩时，需要使用一些手段来突出全文的关键字，让观众对这些核心的内容留下深刻印象。看见一张幻灯片时，能否在第一时间获取信息的关键在于这张幻灯片的重点内容是否突出，而不是需要从头看到尾进行仔细分析才明白。

在幻灯片中常用的突出关键点的方式主要有以下 4 种：

（1）加大字号，中文文字体至少要加大 2～4 级才能起到突出文字的效果；

（2）变色，颜色是最常用的突出方式；

（3）反衬，图形底衬是很常用的方法；

（4）变化字体，可下载字体丰富自己的字体库。

如图 9-162 所示，幻灯片选用合适字体并使用放大文字突显效果；如图 9-163 所示，幻灯片是使用图形反衬文字。

图 9-162

图 9-163

### 4. 批量更改字体

如果幻灯片在设计中多处使用了一种不合适的字体，想全部更改为另一种字体，可以利用"替换字体"功能实现。

❶ 打开演示文稿，在功能区"开始"选项卡下的"编辑"组中，单击"替换"下拉按钮，在展开的设置菜单中选择"替换字体"命令（如图 9-164 所示），打开"替换字体"对话框。

❷ 在"替换"栏右侧下拉列表中选择"宋体"（当前要替换的字体），在"替换为"栏下选择"微软雅黑"（想替换为的字体），如图 9-165 所示。

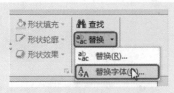

图 9-164

图 9-165

❸ 单击"替换"按钮，即可完成演示文稿所有字体的一次性修改。如图 9-166 所示的幻灯片中为原字体（是宋体），如图 9-167 所示的幻灯片中为替换后字体（是微软雅黑字体）。

图 9-166

图 9-167

## 5. 将文本转换为 SmartArt 图形

在设计演示文稿的过程中，单纯的文本表达有时会显得枯燥，幻灯片没有亮点。针对于一些条目性的文本，可以快速、直接地将文本转换为 SmartArt 图形。

❶ 选中文本所在文本框，在功能区"开

始"选项卡的"段落"选项组中，单击"转换为 SmartArt 图形）"按钮，在展开的列表中选择"其他 SmartArt 图形"命令（如图 9-168 所示），打开"选择 SmartArt 图形"对话框。

❷ 在对话框左侧选择 SmartArt 图形类型标签，在右侧单击选择对应的 SmartArt 选项，如图 9-169 所示。

图 9-168

❸ 单击"确定"按钮，即可将文本转换为 SmartArt 图形，如图 9-170 所示。

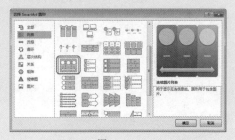

图 9-169

图 9-170

④ 转换后还需要根据版面的设计效果对 SmartArt 图形进行补充美化编辑，可达到如图 9-171 所示的效果。

图　9-171

转换的文本必须位于同一个文本框内或者同一个占位符内。

读书笔记

# 第 章

# 图文混排型幻灯片的编排

## 10

## 章

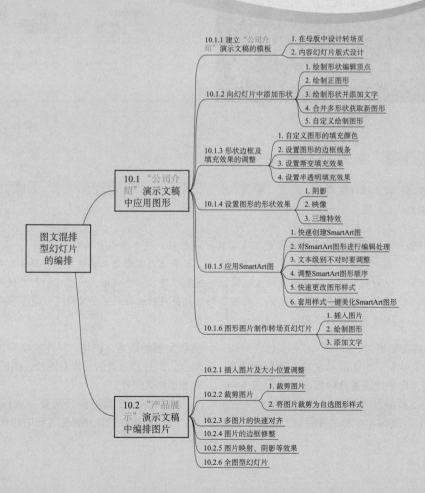

图文混排型幻灯片的编排

**10.1 "公司介绍"演示文稿中应用图形**

- 10.1.1 建立"公司介绍"演示文稿的模板
  - 1. 在母版中设计转场页
  - 2. 内容幻灯片版式设计
- 10.1.2 向幻灯片中添加形状
  - 1. 绘制形状编辑顶点
  - 2. 绘制正图形
  - 3. 绘制形状并添加文字
  - 4. 合并多形状获取新图形
  - 5. 自定义绘制图形
- 10.1.3 形状边框及填充效果的调整
  - 1. 自定义图形的填充颜色
  - 2. 设置图形的边框线条
  - 3. 设置渐变填充效果
  - 4. 设置半透明填充效果
- 10.1.4 设置图形的形状效果
  - 1. 阴影
  - 2. 映像
  - 3. 三维特效
- 10.1.5 应用SmartArt图
  - 1. 快速创建SmartArt图
  - 2. 对SmartArt图形进行编辑处理
  - 3. 文本级别不对时要调整
  - 4. 调整SmartArt图形顺序
  - 5. 快速更改图形样式
  - 6. 套用样式一键美化SmartArt图形
- 10.1.6 图形图片制作转场页幻灯片
  - 1. 插入图片
  - 2. 绘制图形
  - 3. 添加文字

**10.2 "产品展示"演示文稿中编排图片**

- 10.2.1 插入图片及大小位置调整
- 10.2.2 裁剪图片
  - 1. 裁剪图片
  - 2. 将图片裁剪为自选图形样式
- 10.2.3 多图片的快速对齐
- 10.2.4 图片的边框修整
- 10.2.5 图片映射、阴影等效果
- 10.2.6 全图型幻灯片

## 10.1 "公司介绍"演示文稿中应用图形

"公司介绍"演示文稿是企业常用的演示文稿之一,当一个企业需要做类似于宣传的活动时,通常情况下都需要制作"公司介绍"演示文稿,用于展示公司的发展历程、主体项目等,以达到一个了解、熟识甚至于集聚集体荣誉感的作用。最终幻灯片浏览效果如图10-1所示。

图 10-1

### 10.1.1 建立"公司介绍"演示文稿的模板

**关 键 点:** 建立演示文稿

**操作要点:** 1."视图"→"母版视图"→"幻灯片母版"
2."插入"→"插图"→"形状"

**应用场景:** 一篇完整的演示文稿应遵循布局统一的原则,整个演示文稿文字的色彩、样式、字号和效果应该保持统一,才会让内容看起来协调,也才符合人们的视觉习惯。因此在建立演示文稿前,一般可以建立一个模板,如内容幻灯片使用什么样的页面布局和文字格式、转场页幻灯片使用什么样的设计风格等。这些操作可以在母版中设计实现。

现在需要建立一份"安徽学舟软件科技有限公司企业介绍"的演示文稿,欲按标题页、目录页、章节转场页及内容页进行组织架构。如图10-2所示为"安徽学舟软件科技有限公司企业介绍"的演示文稿的标题页,表达了全篇演示文稿的线索,围绕"软件定制开发服务"展开。幻灯片包含的元素有图片、图形、文本并加以格式设置。

全篇演示文稿可能只需要一张标题幻灯片,可以选择在幻灯片普通视图中制作,也可

图 10-2

以在母版中制作。而整篇演示文稿需要多张转场幻灯片、内容幻灯片，其中可能涉及演示文稿设计风格的一体性，包含统一字体、统一项目符号、添加页脚以及LOGO标志等。这些操作都要借助于母版来实现。所以在建立"公司介绍"演示文稿的模板前，先来了解一下幻灯片母版的知识。

幻灯片母版用于存储演示文稿的主题和幻灯片版式的信息，包括背景、颜色、字体、效果、占位符大小和位置。母版是定义演示文稿中所有幻灯片页面格式的幻灯片，能包含演示文稿中的共有信息，因此可以借助母版来统一幻灯片的整体版式、整体页面风格，让演示文稿具有相同的外观特点。也就是通过母版使相同的幻灯片元素可以实现简化操作，避免重复操作。

单击"视图"选项卡"母版视图"组中的"幻灯片母版"按钮，即可进入母版视图，可以看到幻灯片版式、占位符等，如图10-3所示。

图 10-3

- 版式：母版左侧显示了多种版式，这些版式适用于不同的编辑对象，可以根据实际内容的需要来选择相应的版式。其中包括"标题幻灯片""标题和内容""图片和标题""空白""比较"等多种版式。选择任意一种版式添加相关元素后，回到普通视图中，在"新建幻灯片"功能下或"幻灯片"版式下都可以看到该元素添加在相应的版式上。

如图10-4所示，选中"空白版式"，添加图片。

图 10-4

当新建幻灯片时，可以选择需要的版式，可单击"新建幻灯片"按钮，在列表中选择需要的版式，如图10-5所示。

图 10-5

- 占位符：一种带有虚线或阴影线边缘的框，绝大部分幻灯片版式中都有这种框，在这些框内可以放置标题及正文，或者是图表、表格和图片等对象，并规定这些内容默认放置的位置和区域面积，如图 10-6 所示。占位符就如同一个文本框，还可以自定义它的边框样式、填充效果等，定义后，以此版式创建新幻灯片时就会呈现出所设置的效果。

图 10-6

### 1. 在母版中设计转场页

转场页内容一般包括文本标题、修饰性图形和图片，应按照统一元素统一风格进行设计。整篇演示文稿一般会有多个转场页，唯一不同的可能就是其中的文本信息，因此可以进入母版中设计，后面设计演示文稿时，只要创建转场页即可使用此版式。

❶打开目标演示文稿，单击"视图"选项卡"母版视图"组中的"幻灯片母版"按钮（如图 10-7 所示），进入母版视图。

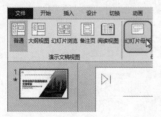

图 10-7

❷在左侧窗格母版下方选中"节标题版式"，在幻灯片编辑区右击，在快捷菜单中选择"设置背景格式"命令（如图 10-8 所示），打开"设置背景格式"窗格。在"填充"一栏中，选中"纯色填充"单选按钮，在"颜色"下拉列表中选一种背景色（如图 10-9 所示），即可为演示文稿设置灰色背景格式，如图 10-10 所示。

图 10-8

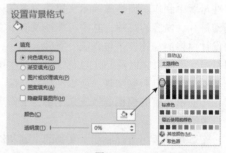

图 10-9

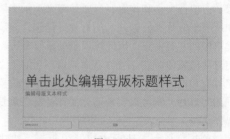

图 10-10

❸在"插入"选项卡的"插图"组中单击"形状"下拉按钮，在下拉列表中选择"等腰三角形"图形样式（如图 10-11 所示），完成绘制。

图 10-11

④ 在占位符边框上右击，在弹出的快捷菜单中选择"置于顶层"→"置于顶层"命令，如图 10-12 所示。此操作是将占位符移到图形的上方来。

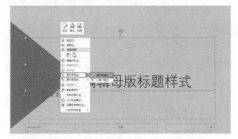

图 10-12

⑤ 在"绘图工具－格式"选项卡的"形状样式"组中设置图形的填充效果（如图 10-13 所示）和轮廓效果（如图 10-14 所示），达到如图 10-15 所示的效果。

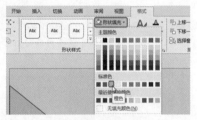

图 10-13

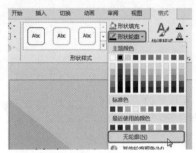

图 10-14

图 10-15

⑥ 添加其他的图形并设置图形格式，如图 10-16 所示。

图 10-16

⑦ 设置完成后，移动占位符到合适位置，达到如图 10-17 所示的效果。

图 10-17

### 2. 内容幻灯片版式设计

内容页是全文的核心，在母版中设计内容幻灯片的版式，主要是针对标题文字的格式设置，也可以设计统一的小节标题修饰性图形，还可以添加统一的页面修饰元素。完成版式设置后，所有内容幻灯片都可以先以此版式创建新幻灯片，然后按实际内容编辑即可。

① 在左侧窗格母版下方选中"标题和内容"版式，在"插入"选项卡的"插图"组中单击"形状"下拉按钮，在下拉列表中选择"等腰三角形"图形样式并绘制（如图 10-18 所示），按相同的方法添加图形并设置图形格式。

② 选中"单击此处编辑母版标题样式"文字，自定义标题文字的格式。在"开始"选项卡的"字体"组中设置文字格式（字体、字形、颜色等），达到如图 10-19 所示的效果。

③ 添加统一的 LOGO 图片。在"插入"选项卡的"插图"组中单击"图片"按钮，找到图片存放位

置并单击"插入"按钮（如图 10-20 所示），即可添加统一的 LOGO 图片，如图 10-21 所示。

图 10-18

图 10-19

图 10-20

图 10-21

❹ 单击"关闭母版视图"按钮，回到普通视图中，在"开始"选项卡的"幻灯片"组中单击"新建幻灯片"按钮，在其下拉列表框中可以看到创建的版式，如图 10-22 所示。

图 10-22

❺ 单击"节标题"版式即可创建节标题幻灯片，单击"标题和内容"版式即可创建内容幻灯片，如图 10-23 和图 10-24 所示。

图 10-23

图 10-24

**练一练**

### 在母版中设计节标题幻灯片

如图 10-25 所示为在母版中设计的节标题幻灯片版式，如图 10-26 和图 10-27 所示为应用此版式创建的节标题幻灯片。

图 10-26

图 10-25

图 10-27

## 10.1.2 向幻灯片中添加形状

**关键点**：在幻灯片中添加形状

**操作要点**：1. "插入"→"插图"组→"形状"功能按钮

2. "插入"→"插图"组→"合并形状"功能按钮

**应用场景**：前面在建立母版时已经应用了图形来修饰布局版面，可见图形是幻灯片设计中一个非常重要的元素，它可以修饰文字、布局版面、美化设计、创意图形等，从而为简单的幻灯片增添亮点，增强视觉效果。

### 1. 绘制形状编辑顶点

❶ 选中目标幻灯片，在"插入"选项卡的"插图"组中单击"形状"下拉按钮，在下拉列表中选择"矩形"，如图 10-28 所示。

图 10-28

❷ 此时光标变成十字形状，按住鼠标左键拖动即可进行绘制（如图 10-29 所示），释放鼠标即可绘制完成，效果如图 10-30 所示。

图 10-29　　　　　图 10-30

❸ 选中图形，右击，在快捷菜单中选择"编辑

313

顶点"命令（如图 10-31 所示）。此时图形添加红色边框，黑实心正方形突出显示图形顶点，鼠标指针指向顶点即变为 样式，如图 10-32 所示。

图 10-31　　　　图 10-32

❹ 按住鼠标左键不放并拖动顶点（如图 10-33 所示），到适当位置释放鼠标即可达到如图 10-34 所示的效果。

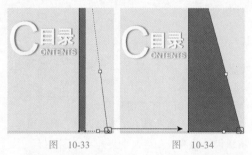

图 10-33　　　　图 10-34

❺ 按照同样的操作方法，拖动另一个顶点（如图 10-35 所示），到适当位置释放鼠标，使矩形呈平行四边形形状，如图 10-36 所示。

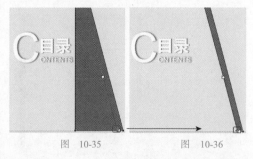

图 10-35　　　　图 10-36

## 2. 绘制正图形

绘制正图形，即让绘制的图形呈现宽度与

高度完全相等的状态。很多时候都需要用到这种图形，如果直接手动拖动很难掌握，因此可以按如下方法绘制。

❶ 选中目标幻灯片，在"插入"选项卡的"插图"组中单击"形状"下拉按钮，在下拉列表中选择"椭圆"，如图 10-37 所示。

❷ 此时光标变成十字形状，按住 Shift 键的同时拖动鼠标绘制，即可得到一个正圆，效果如图 10-38 所示。

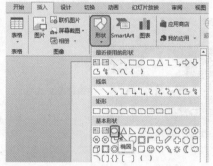

图 10-37

图 10-38

❸ 选中椭圆形，右击，在弹出的快捷菜单中选择"置于底层"→"置于底层"命令（如图 10-39 所示）。执行命令后，即可看到图形和文字重新叠放后的效果，如图 10-40 所示。

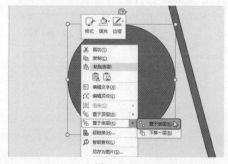

图 10-39

图 10-40

🌸 知识扩展

　　上例中是对文本及图形进行层次的调整，此操作对图形与图形同样适用。如果是使用多个图形完成某个设计，可能需要进行多次的上移或下移才能达到目的，可以选中目标图形，然后执行"上移一层"或"下移一层"操作逐步调整。

### 3. 绘制形状并添加文字

　　图形常作为文字的底衬显示，以达到突出显示文字的目的。

❶ 选中目标幻灯片，在"插入"选项卡的"插图"组中单击"形状"下拉按钮，在下拉列表中选择"椭圆"并完成绘制。

❷ 选中图形，在"绘图工具－格式"选项卡的"大小"组的"高度"和"宽度"文本框中精确设置图形的大小，如图 10-41 所示。

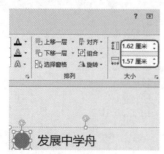

图 10-41

❸ 按 Ctrl+C 快捷键复制，按 Ctrl+V 快捷键粘贴，可得到批量图形（按一次 Ctrl+V 快捷键即复制一个图形），如图 10-42 所示。

❹ 选中一个图形与对应文本，在"绘图工具－格式"选项卡的"排列"组中单击"对齐"下拉按钮，在下拉列表中选择"底端对齐"命令（如图 10-43 所示），即可让选中的两个图形底端对齐，如图 10-43 所示。

图 10-42

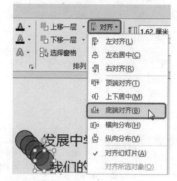

图 10-43

❺ 依次选中图形与其文本，执行"底端对齐"操作。完成此项操作后，可以发现图形与文本间距呈不相等状态，如图 10-44 所示。

图 10-44

❻ 以第一个图形和文本间距为准，依次选中图形，按键盘上的→键向对齐文本靠近，保持各间距相等，效果如图 10-45 所示。

❼ 选中图形，右击，在快捷菜单中选择"编辑

文字"命令（如图 10-46 所示），此时光标在图形中闪烁，可向图形里输入文字，如图 10-47 所示。

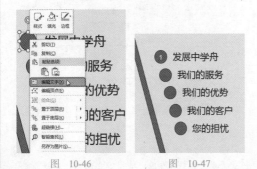

图 10-45

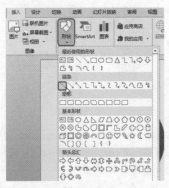

图 10-46          图 10-47

❽ 在"插入"选项卡的"插图"组中单击"形状"下拉按钮，在下拉列表中选择"直线"，如图 10-48 所示。

图 10-48

❾ 在斜向图形右侧补充绘制线条，达到如图 10-49 所示的效果。

图 10-49

如果要调整正图形的大小，为防止横纵比例失调，需要先执行"锁定纵横比"操作，再进行大小调整。

选中图形，在"绘图工具-格式"选项卡的"大小"组中单击"大小和位置"按钮（如图 10-50 所示），打开"设置形状格式"窗格，在"大小"栏中选中"锁定纵横比"复选框，如图 10-51 所示。

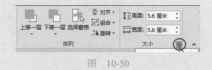

图 10-50

图 10-51

设置后，鼠标指针指向图形拐角尺寸控制点，此时光标变为样式，按住鼠标左键拖动，即可成比例缩放图形。

## 4. 合并多形状获取新图形

PowerPoint 2013 中提供了一个"合并形状"的功能按钮,利用它可以对多个图形进行联合、合并、相交、剪除操作,从而得出新的图形样式。这项功能对于爱好设计、爱好创意的用户来说,是一项很实用的功能。如图 10-52 所示即为两个圆角矩形合并组成的一个图形。

图 10-52

❶ 选中目标幻灯片,在"插入"选项卡的"插图"组中单击"形状"下拉按钮,在下拉列表中选择"矩形:圆角",如图 10-53 所示。

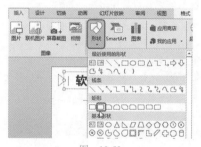

图 10-53

❷ 此时光标变为十字形,完成绘制(如图 10-54 所示),按 Ctrl+C 快捷键复制,按 Ctrl+V 快捷键粘贴,调整图形图形大小,如图 10-55 所示。

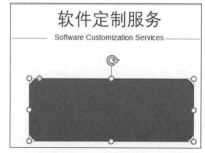

图 10-54

图 10-55

❸ 同时选中两个图形,在"绘图工具-格式"选项卡的"插入形状"组中单击"合并形状"下拉按钮,在下拉菜单中选择"联合"命令,如图 10-56 所示。

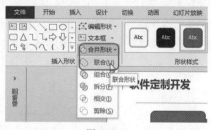

图 10-56

❹ 此时多图形联合为一个形状,如图 10-57 所示。

图 10-57

❺ 按 Ctrl+C 快捷键复制,Ctrl+V 快捷键粘贴可以得到多个相同的图形,将几个图形在页面中放置到合适的位置,如图 10-58 所示。

❻ 在"绘图工具-格式"选项卡的"形状样式"组中对图形边框及填充效果进行设置,添加文本框、小图标,即可达到如图 10-52 所示的效果。

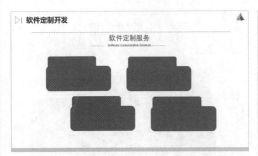

图 10-58

### 知识扩展

在"合并形状"功能组中除了"联合"功能按钮，还有其他几个功能按钮，选择其他按钮操作后能够得到不一样的效果，下面给出一组对比效果（如图 10-59 所示）。第一幅图为两个图形原始形状，对于这两个形状执行不同的组合命令可得到不同的形状。

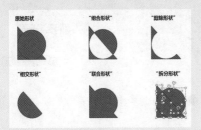

图 10-59

### 5. 自定义绘制图形

在"形状"按钮下拉列表的"线条"栏中可以看到如图 10-60 所示的几种线条，利用它们可以实现自由地绘制任意图形。这也是 DIY 用户发挥自己创意设计时经常使用到的工具。

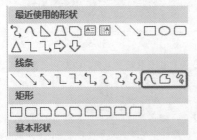

图 10-60

- ⌒曲线：用于绘制自定义弯曲的曲线，自定义曲线可以根据设计思路用来装饰画面。
- ⌐任意多边形 - 形状：可自定义绘制不规则的多边形，通常自定义绘制图表时会用到。
- ⌒任意多边形 - 曲线：绘制任意自由的曲线。下面以图 10-61 所示幻灯片为例，介绍如何使用⌒（曲线）工具绘制创意图形来设计幻灯片。

图 10-61

① 打开目标幻灯片，在"插入"选项卡的"插图"组中单击"形状"下拉按钮，在下拉列表中选择"曲线"，此时光标变为十字形状。

② 在需要的位置单击确定第一个顶点，释放鼠标左键并拖动鼠标，到达需要的位置后单击确定第二个顶点，如图 10-62 所示。

图 10-62

③ 拖动鼠标继续绘制，每到曲线转折点处单击一次，如图 10-63 所示。

④ 继续绘制（如图 10-64 所示），到达结束位置时，可指向起始点双击一次即可得到封闭的图形，如图 10-65 所示。

图 10-63

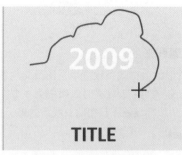

图 10-64

图 10-65

⑤ 按 Ctrl+C 快捷键复制，Ctrl+V 快捷键粘贴可以依次得到多个相同的图形。在"绘图工具-格式"选项卡的"形状样式"组中设置图形格式，达到如图 10-61 所示的效果。

 练一练

### 使用图形布局页面

如图 10-66 和图 10-67 所示的幻灯片中都使用了图形布局页面。

图 10-66

图 10-67

---

**10.1.3　形状边框及填充效果的调整**

**关 键 点**：形状边框以及填充效果的调整
**操作要点**：1. "绘图工具-格式" → "形状样式"组 → "形状填充" 功能按钮
　　　　　　2. "设置形状格式" 右侧窗格
**应用场景**：图形在幻灯片中的使用是非常频繁的，通过绘制图形、图形组合等可以获取多种不同的版面效果。绘制图形后，图表的边框及填充颜色的设置是图形美化中的重要步骤。

1. 自定义图形的填充颜色

如图 10-68 所示，在应用了标准色的基础

上做了适当的调整。

❶ 选中目标图形，在"绘图工具-格式"选项

卡的"形状样式"组中单击"形状填充"下拉按钮，在"主题颜色"列表中单击颜色即可应用于选中的图形，也可以选择"其他填充颜色"命令（如图 10-69 所示），打开"颜色"对话框。

图 10-68

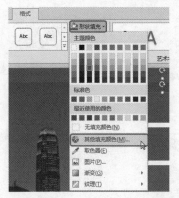

图 10-69

❷在"标准"选项卡中可以选择标准色，然后选择"自定义"选项卡（如图 10-70 所示），如果想设置非常精确的颜色，可以分别在"红色（R）""绿色（G）"和"蓝色（B）"文本框中输入值，如图 10-71 所示。

图 10-70

图 10-71

### 2. 设置图形的边框线条

图形的边框线条设置也是图形美化的一项操作，如图 10-72 所示的效果中为 3 个圆形与 1 个三角形都设置了较粗的双线条效果。

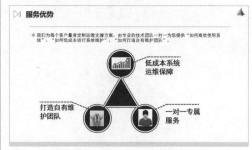

图 10-72

❶选中图形，在"绘图工具－格式"选项卡的"形状样式"组中单击▣按钮（如图 10-73 所示），打开"设置形状格式"窗格。

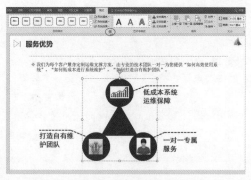

图 10-73

❷展开"线条"栏，选中"实线"单选按钮。

在"轮廓颜色"下拉列表框中选择"白色"，"宽度"设置为"12.25磅"，在"复合类型"下拉列表框中选择"双线"，在"短划线类型"下拉列表框中选择"实线"，如图10-74所示。

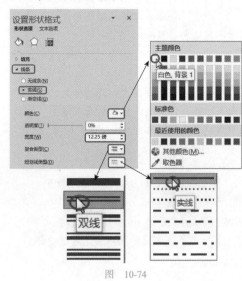

图 10-74

## 3. 设置渐变填充效果

绘制图形后默认都是单色填充的，渐变填充效果可以让图形效果更具层次感，可根据当前的设计需求合理地为图形设置渐变填充效果，如图10-75所示为设置渐变填充后的图形效果。

图 10-75

❶选中图形，在"绘图工具-格式"选项卡的"形状样式"组中单击▫按钮，打开"设置形状格式"窗格。

❷展开"填充"栏，选中"渐变填充"单选按钮。单击"预设渐变"右侧下拉按钮，在下拉列表框

中选择"顶部聚光灯-个性色1"（如图10-76所示），达到如图10-77所示的渐变效果。

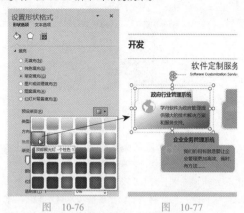

图 10-76　　　　图 10-77

❸在"类型"下拉列表框中选择"线性"；在"方向"下拉列表框中选择"线性向上"（如图10-78所示），可以达到如图10-79所示的渐变效果。

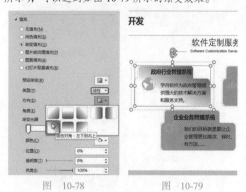

图 10-78　　　　图 10-79

❹选中任意一个光圈，在"颜色"框下拉列表中可重新选择光圈颜色（如图10-80所示），设置后可达到如图10-81所示的渐变效果。

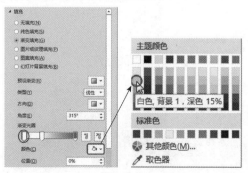

图 10-80

图 10-81

⑤ 按相同方法可以设置其他光圈的颜色。设置完成后，保持选中状态，在"开始"选项卡的"剪贴板"组中单击"格式刷"按钮 ✔（如图 10-82 所示），此时鼠标指针变为 ↳✿ 形状，然后移动到需要引用其格式的图形上单击（如图 10-83 所示），可将渐变填充效果应用到其他图形上，达到如图 10-84 所示的效果。

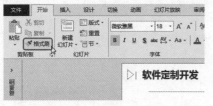

图 10-82

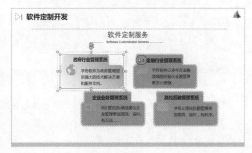

图 10-83

图 10-84

同设置大号文字的渐变填充一样，可通过单击"添加光圈个数"按钮和单击"减少光圈个数"按钮来改变光圈个数，从而设计出不同的色彩层次。

专家提醒

如果多处需要使用相同的格式，则可以双击 ✔ 按钮，依次在目标对象上单击，全部引用完成后再次单击 ✔ 按钮退出即可。

## 4. 设置半透明填充效果

添加图形后可以为其设置半透明的显示效果，如图 10-85 所示为添加的默认图形（图形为纯色填充），如图 10-86 所示为设置半透明后的效果，显然设置后的图形表达效果更好。

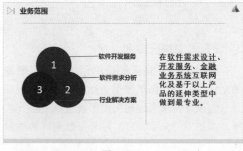

图 10-85

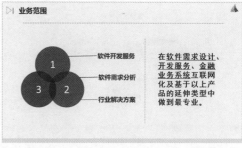

图 10-86

① 选中最上方圆形图形，在"绘图工具-格式"选项卡的"形状样式"组中单击 ⌐ 按钮，打开"设置形状格式"窗格。拖动"透明度"滑块调整透明度为30%，如图 10-87 所示。

图 10-87

② 按照同样的操作方法依次设置其他图形的填充效果，可达到如图 10-86 所示的效果。

**练一练**

**设置形状的渐变填充与半透明效果**

如图 10-88 所示的幻灯片中，设置了图形的渐变填充，并设置了半透明效果。

图 10-88

## 10.1.4　设置图形的形状效果

**关 键 点**：图形的形状效果的设置项目
**操作要点**："绘图工具 - 格式"→"形状样式"组→"形状效果"功能按钮
**应用场景**：设置图形的形状效果就是使图形呈现一种特殊效果，如阴影效果、立体效果等。这项设置在图形的美化过程应用得也很多。

如图 10-89 所示即为"形状效果"下各种特效，可在"预设"子列表中快速选用程序预定义的效果，这些预设效果有的是综合了多种效果的样式，套用它们具有方便快速的优点。当然，如果对整体预设效果不满意，可以自定义设置其他效果。

图 10-89

### 1. 阴影

设置阴影效果可以使图形拟人化，产生立体的感觉，如图 10-90 所示。

图 10-90

① 选中要设置的形状，在"绘图工具 - 格式"选项卡的"形状样式"组中单击"形状效果"下拉按钮，在下拉列表的"阴影"子列表中提供了多种预设效果，比如"透视：右上"，如图 10-91 所示。

② 继续选择"阴影选项"命令，打开"设置形状格式"窗格，在"阴影"一栏中，对阴影参数再次进行调整，如图 10-92 所示（图中显示的是达到效果图中样式的参数）。

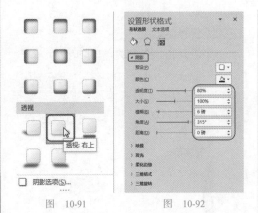

图 10-91　　　　　图 10-92

## 2. 映像

在深色背景上设置图表的映像效果，可以使图形形成如入水面的感觉，如图 10-93 所示。

图　10-93

❶选中要设置的形状，在"绘图工具－格式"选项卡的"形状样式"组中单击"形状效果"下拉按钮，在下拉列表的"映像"子列表中提供了多种预设效果，比如"紧密映像：4磅，偏移量"，如图 10-94 所示。

❷继续选择"映像选项"命令，打开"设置形状格式"窗格，在"映像"一栏中，对映像参数进行调整，如图 10-95 所示（图中显示的是达到效果图中样式的参数）。

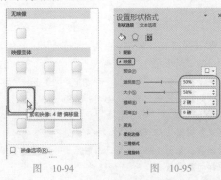

图　10-94　　　　　图　10-95

## 3. 三维特效

通过设置三维特效可以使图形更显立体化，如图 10-96 所示。

图　10-96

❶选中要设置的形状，在"绘图工具－格式"选项卡的"形状样式"组中单击"形状效果"下拉按钮，在下拉列表的"棱台"子列表中提供了多种预设效果，比如"柔圆"，如图 10-97 所示。

❷继续选择"三维选项"命令，打开"设置形状格式"窗格，在"三维格式"一栏中，对三维参数进行再次调整，如图 10-98 所示（图中显示的是达到效果图中样式的参数）。

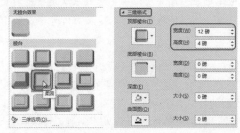

图　10-97　　　　　图　10-98

❸关闭"三维格式"栏，展开"三维旋转"栏，在"透视"区域选择"透视：适度宽松"，在"Y 旋转"文本框中作微调整，如图 10-99 所示（图中显示的是达到效果图中样式的参数）。

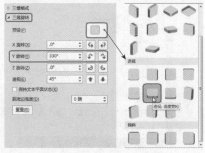

图　10-99

**练一练**

### 设置图形阴影效果

如图 10-100 所示的幻灯片中，几个圆角矩形应用了阴影的特殊效果。

— 行业解决方案 —
Industry Solution

壹　政府行业管理系统
达利软件为政府管理提供强大的技术解决方案和服务支持。

贰　金融行业管理系统
达利软件以多年在金融领域的经验让金融管理安心便捷。

叁　企业业务管理系统
我们的目标就是要让企业管理更加高效、省时、有方法……

图　10-100

## 10.1.5　应用 SmartArt 图

**关 键 点：** SmartArt 图形的应用

**操作要点：** 1. "插入"→"插图"组→"SmartArt"功能按钮

　　　　　2. "SmartArt 工具 - 设计"→"创建图形"组→"添加形状"功能按钮

**应用场景：** SmartArt 图形在幻灯片中的使用也非常广泛，它可以让文字图示化，既让枯燥的文字更便于理解，同时又布局了版面效果。SmartArt 图形实质上是形状的组合，但它无须对形状进行设计，插入即可使用，并且可以表达出并列、流程、循环等多数据关系。

### 1. 快速创建 SmartArt 图

应用 SmartArt 图形，首先要学会根据数据关系选用并创建合适的 SmartArt 图。

❶ 打开目标幻灯片，在"插入"选项卡的"插图"组中单击 SmartArt 按钮（如图 10-101 所示），打开"选择 SmartArt 图形"对话框。

❷ 在左侧选择"列表"选项，接着选中"方形重点列表"图形，如图 10-102 所示。

❸ 单击"确定"按钮，此时插入的 SmartArt 图形默认的效果如图 10-103 所示。

图　10-101

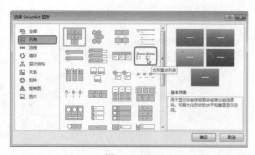

图 10-102

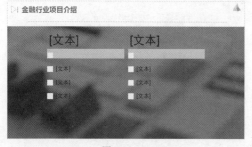

图 10-103

## 2. 对 SmartArt 图形进行编辑处理

以创建的 SmartArt 图为例,下面要根据实际情况,对 SmartArt 图进行编辑处理。

### (1) 形状不够要添加

SmartArt 默认的形状数量一般为 2~3 个,因此多数情况下图形都不够使用。当形状不够时可以自行添加更多的形状来进行编辑。

❶选中大矩形,在 "SmartArt 工具 - 设计" 选项卡的 "创建图形" 组中单击 "添加形状" 下拉按钮,在下拉列表中选择 "在后面添加形状" 命令(如图 10-104 所示),即可在所选形状后面添加新的形状。

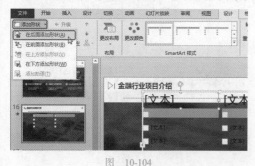

图 10-104

❷添加形状后,选中 SmartArt 图,在 "SmartArt

工具 - 格式" 选项卡的 "艺术字样式" 组中单击 "文本填充" 按钮,在下拉列表中选择一种文本填充色,即可达到如图 10-105 所示的效果。

图 10-105

### (2) 向 SmartArt 图形中输入文本

插入了 SmartArt 图形后,图形中会显示 "文本" 字样,提示在此输入文本。但由于当前 SmartArt 图形中有部分是后期添加形状,这种图形缺少文本框,因此无法直接选中图表来输入文本,此时需要打开文本窗格来输入。

❶将光标定位到带有 "文本" 字样的文本框,输入相关信息,选中多余文本框并按 Delete 键可删除多余形状,如图 10-106 所示。

图 10-106

❷选中 SmartArt 图形,在 "SmartArt 工具 - 设计" 选项卡的 "创建图形" 组中单击 "文本窗格" 按钮(如图 10-107 所示),即可打开 SmartArt 图形文本窗格。

图 10-107

③ 在文本窗格中准确定位光标并输入文本，达到如图 10-108 所示的效果。

图 10-108

**知识扩展**

选中 SmartArt 图形，其左侧会出现"显示"或"隐藏"按钮，单击该按钮可以在显示与隐藏文本窗格之间进行切换，如图 10-109 所示。

图 10-109

## 3. 文本级别不对时要调整

在 SmartArt 图形中编辑文本时，会涉及目录级别的问题，如某些文本是上一级文本的细分说明（多由于添加形状造成级别不对应），这时就需要通过调整文本的级别来清晰地表达文本之间的层次关系。

① 在文本窗格里保持某级文本编辑状态，按 Enter 键即可依据此目录级别重新添加形状，输入文本不满足对上一级文本的细分说明要求，如图 10-110 所示。

② 保持文本编辑状态，右击，在弹出的菜单中选择"降级"命令，如图 10-111 所示。

③ 此时文本被降级处理，在文本窗格中显示级别，如图 10-112 所示。

图 10-110

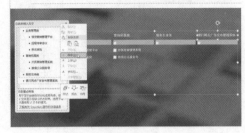

图 10-111

图 10-112

④ 按 Enter 键可继续添加同级别形状及文本框，如图 10-113 所示。

图 10-113

327

⑤ 编辑完...所示。

图 10-114

### 📖 知识扩展

也可以在功能区对文本级别进行处理。选中需要降级的文本框，在"SmartArt 工具–设计"选项卡的"创建图形"组中单击"降级"按钮（如图 10-115 所示），此时即可将选中的文本降到下一级。

图 10-115

### 4. 调整 SmartArt 图形顺序

建立好 SmartArt 图形后如果发现某一种文本的顺序显示错误，可以直接在图形上快速调整。如图 10-116 所示的"提出明确的业务需要"应该作为第一个图形，如图 10-117 所示即为调整后的效果。

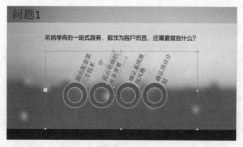

图 10-116

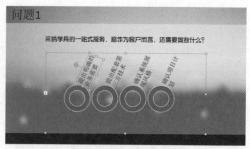

图 10-117

❶ 选中需要调整的图形文本框，在"SmartArt 工具–设计"选项卡的"创建图形"组中根据实际调整的需要，直接单击"上移"或者"下移"按钮进行调节，如图 10-118 所示。

图 10-118

❷ 此时即可看到文本顺序调整后的效果，如图 10-117 所示。

### 5. 快速更改图形样式

如果用户认为所设置的 SmartArt 图表布局不合理，或者不美观，可以在原图的基础上快速对布局进行更改。更改布局后的图形还保持着原图形的外观样式。

如图 10-119 所示即为调整后的效果。

图 10-119

在"SmartArt 工具–设计"选项卡的"版式"组中单击 按钮，在打开的下拉列表中可以选择需要的图形类型（如图 10-120 所示），当光标指向任意图标时即可看到预览效果，单击即可应用。

图 10-120

## 6. 套用样式一键美化 SmartArt 图形

创建 SmartArt 图形后，可以通过 SmartArt 样式进行快速美化，SmartArt 样式包括颜色样式和特效样式。如图 10-121 所示的幻灯片即为应用样式模板后的效果。

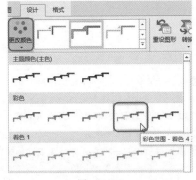

图 10-121

❶ 选中 SmartArt 图形，在"SmartArt 工具 - 设计"选项卡的"SmartArt 样式"组中单击"更改颜色"按钮，在下拉列表中可以选择"彩色范围 - 着色 4 至 5"，如图 10-122 所示。

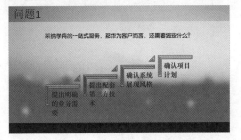

图 10-122

❷ 在"SmartArt 样式"选项组中单击▼按钮，展开下拉列表，选择"卡通"三维样式，如图 10-123 所示。

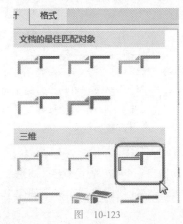

图 10-123

❸ 按 Ctrl 键选中 SmartArt 图中所有文本框，设置文字格式，即可达到如图 10-121 所示的效果。

练一练

### 应用 SmartArt 图

如图 10-124 所示的幻灯片中应用了 SmartArt 图。

图 10-124

读书笔记

## 10.1.6　图形图片制作转场页幻灯片

**关 键 点:** 图形图片配合制作制转场页幻灯片
**操作要点:** 1. "插入"→"图像"组→"图片"功能按钮
　　　　　2. "插入"→"插图"组→"形状"功能按钮
　　　　　3. "插入"→"文本"组→"文本框"

**应用场景:** 所谓转场页,可以看作是文章的小节标题,提示观众进入文章下一小节的讲解。为了避免版面的单调性,通常会对转场页进行特殊的设置,例如通过加大字号,添加图片、添加图形等进行布局设计。

全图型转场页是一种较为常见的设计,通常是插入整图布局背景,然后在其中添加图形设计。

下面给出一个在"公司介绍"演示文稿中设计转场页幻灯片的范例。效果如图 10-125 所示。

图　10-125

### 1. 插入图片

❶选中目标幻灯片,在"插入"选项卡的"图像"组中单击"图片"按钮(如图 10-126 所示),打开"插入图片"对话框。

图　10-126

❷找到图片存放位置,选中目标图片,单击"插入"按钮(如图 10-127 所示),插入后效果如图 10-128 所示。

图　10-127

图　10-128

❸保持图片选中状态,移动图片至左上方(如图 10-129 所示),鼠标指针指向右下方拐角(如图 10-130 所示),按住鼠标左键不放,拖动可成比例放大图片(如图 10-131 所示)。

❹鼠标指针指向图片右方非拐角控点,按住鼠标左键不放,拖动可调整图片的宽度,如图 10-132 所示。

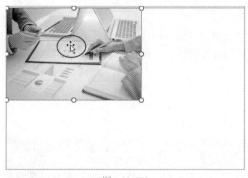

图 10-129

图 10-130

图 10-131

图 10-132

## 2. 绘制图形

由于图片颜色过亮，不适宜直接插入文本，可绘制图形使图片灰度化。

❶ 在"插入"选项卡的"插图"组中单击"形状"下拉按钮，在下拉列表中选择"矩形"，如图 10-133 所示。

❷ 按住鼠标左键不放，拖动绘制图形，如图 10-134 所示。

图 10-133

图 10-134

❸ 绘制完成后，右击，在快捷菜单中选择"设置形状格式"命令，打开"设置形状格式"窗格，展开"填充"栏，设置形状颜色为"黑"，透明度为 30%（如图 10-135 所示），部分效果如图 10-136 所示。

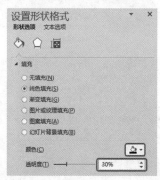

图 10-135

图 10-136

④ 按相同的方法，选择"三角形"图形，并复制一个"三角形"，调小尺寸，如图 10-137 所示。

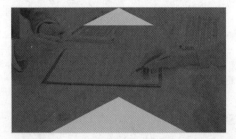

图 10-137

⑤ 选中小三角形，将光标定位在旋转图标上（⟳），光标变为 ↻ 形状时按住鼠标左键不放进行旋转，此时光标变为 ✛ 样式（如图 10-138 所示），到适当位置释放鼠标即可（如图 10-139 所示）。

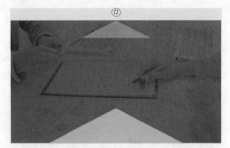

图 10-138

图 10-139

### 3. 添加文字

图片与图形的设计是为了突出文本，文本是幻灯片的核心内容。

❶ 在"插入"选项卡的"文本"组中单击"文本框"下拉按钮，在下拉菜单中选择"横排文本框"命令，即可向幻灯片中添加文本，并输入文字，如图 10-140 所示。

图 10-140

❷ 根据版面及内容整体性添加其他元素可达到如图 10-125 所示的效果。

**知识扩展**

幻灯片中图片的使用频率非常高，而且还需要使用高像素的、与演讲主题匹配且能说明问题的图片。质量粗糙、模糊不清、低分辨率会使幻灯片效果大打折扣，也不符合商务幻灯片的要求。

网络中较多网站都可以搜索并下载高质量的图片，例如昵图网（http://www.nipic.com/）（如图 10-141 所示）、素材中国等。

图 10-141

**应用图形图片制作转场页**

　　如图 10-142 所示的幻灯片是使用图形与图片制作的转场页。

图　10-142

---

## 10.2　在"产品展示"演示文稿中编排图片

　　产品展示类演示文稿也是工作型 PPT 的一种，通常新品首发或者产品介绍时都要用到。而这样的演示文稿必然涉及产品展示的问题（产品可以是有形的物品、无形的服务、组织、观念或它们的组合），因此图片的使用肯定少不了。最终幻灯片浏览效果如图 10-143 所示。

图　10-143

### 10.2.1　插入图片及大小位置调整

**关　键　点**：调整插入图片的大小位置的项目

**操作要点**："插入"→"图像"组→"图片"功能按钮

**应用场景**：要使用图片必须先插入图片，在 10.1.6 节中也讲到了插入新图片的内容，插入的默认图片其大小和位置有时并不适合版面要求，为了达到预期的设计效果，需要对图片的大小和位置进行调整。

❶选中目标幻灯片，在"插入"选项卡的"图像"组中单击"图片"按钮（如图10-144所示），打开"插入图片"对话框，找到图片存放位置，选中目标图片，单击"插入"按钮，如图10-145所示。

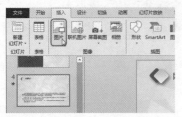

图 10-144

图 10-145

❷插入后效果如图10-146所示。

图 10-146

❸保持图片的选中状态，将鼠标指针指向左上方拐角（如图10-147所示），光标变为样式，按住鼠标左键不放，光标变为╋样式，拖动鼠标可成比例放大或缩小图片（如图10-148所示），鼠标指针指向拐角以外的其他点，可调整图片的高度和宽度，如图10-149所示。

❹图片大小调到合适的尺寸后，保持图片选中状态，将光标定位到图片任意位置，光标变为样式

（如图10-150所示），此时按住鼠标左键不放，光标变为样式，将图片移动到合适的位置（如图10-151所示），释放鼠标，效果如图10-143所示。

图 10-147

图 10-148

图 10-149

图 10-150

图 10-151

也是可以实现的。只要在"插入图片"对话框中一次性选中多幅图片即可一次性添加，如图 10-152 所示。

图 10-152

**一次性添加多张图片**

如果一次性想要插入多张同系列的图片

### 10.2.2 裁剪图片

关 键 点：通过裁剪图片来满足版面设计的需求

操作要点："图片工具-格式"→"大小"组→"裁剪"功能按钮

应用场景：默认插入的图片不一定能恰好满足版面的设计需要，可能需要的只是图片的部分元素，这时可以对图片进行裁剪。裁剪分为自由裁剪（通过移动裁剪控制点将图形多余部分裁剪掉，效果图仍然保持"矩形"形状）和裁剪为自选图形样式两种（即外观呈现为"形状"样式）。

#### 1. 裁剪图片

如图 10-153 所示，幻灯片中插入的图片顶部包含了无用部分，用户可以通过裁剪得到如图 10-154 所示的图片。

图 10-153

❶ 选中图片，在"图片工具-格式"选项卡的"大小"组中单击"裁剪"按钮（如图 10-155 所示），此时图片中会出现 8 个裁切控制点，如图 10-156 所示。

图 10-154

图 10-155

❷ 使用鼠标左键拖动相应的控制点到合适的位置即可对图片进行裁剪（这里将裁剪图片顶端部位，

光标定位到正上方控制点，如图 10-157 所示，向下
拖动鼠标，如图 10-158 所示），裁剪完成后，即可达
到如图 10-154 所示的效果。

图　10-156

图　10-157

图　10-158

❸ 调整完成后再次单击"裁剪"按钮即可完成
图片的裁剪。

## 2. 将图片裁剪为自选图形样式

插入图片后为了设计需求也可以快速将
图片裁剪为自选图形的样式，如图 10-159 所示
幻灯片中为默认图片，通过对图片裁剪可以得
到如图 10-160 所示的效果，裁剪后的图片叠放
效果较好。

图　10-159

图　10-160

❶ 按 Ctrl 键一次性选中所有图片，在"图片工
具 - 格式"选项卡的"大小"组中单击"裁剪"下拉按
钮，在下拉菜单中选择"裁剪为形状"命令，在弹出的
菜单中选择"平行四边形"命令，如图 10-161 所示。

❷ 此时可将图形裁剪为指定形状样式，达到如
图 10-160 所示的效果。

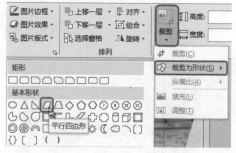

图　10-161

读书笔记

## 10.2.3 多图片的快速对齐

**关键点**：多个图片对齐的设置

**操作要点**："图片工具 - 格式"→"排列"组→"对齐"功能按钮

**应用场景**：当一张幻灯片中包含多个小图时，为了让整体视觉效果更加舒服、规范，一般要求多个小图保持相同外观。另外，多图对齐也是排版多图片时的一个重要环节，即保持多图按某一规则对齐（左对齐、右对齐、居中对齐等）。

如图 10-162 所示，图片随意放置无对齐，而通对齐设置后可达如图 10-163 所示效果。

图 10-162

图 10-163

❶ 按 Ctrl 键一次性选中所有图片，在"图片工具 - 格式"选项卡的"排列"组中单击"对齐"下拉按钮，在下拉菜单中选择"顶端对齐"命令，如图 10-164 所示。

❷ 此时程序默认以最顶端的图片为准进行对齐，保持图片选中状态按↓键向下移动到合适位置，效果如图 10-165 所示。

❸ 保持图片选中状态，再在"对齐"下拉菜单中选择"横向分布"命令，如图 10-166 所示。

❹ 将图片快速对齐后，在"图片工具 - 格式"选项卡的"排列"组中单击"组合"下拉按钮，在下拉菜单中选择"组合"命令（如图 10-167 所示），即可将各个图片组合成一个对象。

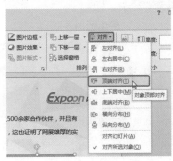

图 10-164

图 10-165

图 10-166

图　10-167

图　10-168

## 多小图对齐

　　当幻灯片中使用多张小图时，注意首先要保持相同的外观，然后要遵循一定的对齐方式。如果是对大小不一的图片进行排版，也要注意合理对齐对象，总是要让人能找到相应的规则。如图 10-168 所示的图片采用顶端对齐的布局；如图 10-169 所示的图片采用居中对齐的布局。

图　10-169

### 10.2.4　图片的边框修整

**关 键 点：** 通过边框自定义设置可以使图片得到修整

**操作要点：** "图片工具－格式" → "图片样式" 组→ "图片边框" 功能按钮

**应用场景：** 如图 10-170 所示是插入图片后，将图片更改为圆形的外观样式，通过
　　　　　　　边框自定义设置可以使图片得到修整，美观度和辨识度大大提升，如
　　　　　　　图 10-171 所示。

图　10-170

图　10-171

① 选中图片，在"图片工具－格式"选项卡的"图片样式"组中单击"图片边框"下拉按钮，在"主题颜色"区域选择边框颜色，在下方设置边框的粗细和线型，如图 10-172 所示。

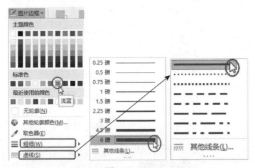

图 10-172

② 设置边框线条后效果如图 10-173 所示，按照同样的操作方法依次设置其他图片的边框样式。

图 10-173

精确设置边框效果

除了在以上功能区域设置图片的边框效果以外，还可以打开"设置图片格式"右窗格进行边框线条的设置，如图 10-174

所示。这里可以设置线条的粗细、复合类型、短划线类型。

当使用较粗的线条时，还可以选中"渐变线"单选按钮，设置线条的渐变效果。如图 10-175 所示的几个圆形图片使用的就是渐变色的边框线条。

图 10-174

图 10-175

## 10.2.5 图片映射、阴影等效果

关 键 点：图片映射、阴影等特殊效果设置

操作要点："图片工具－格式"→"图片样式"组→"图片效果"功能按钮

应用场景：同文本、图形一样，图片中可以设置一些特殊效果，如映射、阴影、发光等。根据设计需求可以应用合适的特殊效果。

如图 10-176 所示的效果图，其中右边圆形图片设置了"映像"特效，形状内矩形图片使用了"阴影透视"的效果。

图 10-176

❶ 选中圆形图片，在"图片工具－格式"选项卡的"图片样式"组中单击"图片效果"下拉按钮，在下拉菜单中将光标定位于"映像"，在弹出的子菜单中选择一种效果，如图 10-177 所示。

❷ 继续选择"映像选项"命令，打开"设置形状格式"窗格，在"映像"一栏中，对映像参数进行调整（如图 10-178 所示，图中显示的是达到效果图中样式的参数），如图 10-179 所示。

图 10-177　　　　图 10-178

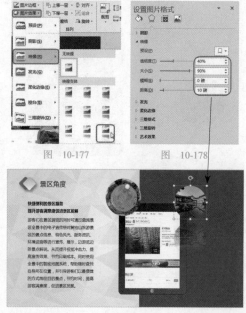

图 10-179

❸ 选中形状内图片，在"图片工具－格式"选

卡的"图片样式"组中单击"图片效果"下拉按钮，在下拉菜单中选择"阴影"命令，在弹出的子菜单中选择"透视，右下"选项，如图 10-180 所示。

图 10-180

❹ 经过设置可达到如图 10-176 所示的效果。

## 练一练

### 套用图片样式快速美化图片

图片样式是程序内置的用来快速美化图片的模板，它们一般是应用了多种格式设置，包括边框、柔化、阴影、三维效果等，如果没有特别的设置要求，套用样式是快速美化图片的捷径。选中图片后，可以在"图片样式"选项组中单击图片样式快速套用，如图 10-181 所示。

图 10-181

## 10.2.6 全图型幻灯片

**关键点：** 设计全图型幻灯片

**操作要点：** "插入"→"插图"→"形状"

**应用场景：** 全图用于幻灯片中通常都是作为幻灯片的背景使用。使用全图作为幻灯片的背景时，注意要选用背景相对单一的图片，为文字预留空间，或者使用图形遮挡来预留文字空间。全图型PPT中文字可以简化到只有一句，这样重要的信息就不会被干扰，观众能完全聚焦在主题上。

如图 10-182 所示为设计合格的全图型幻灯片。

图 10-182

❶ 选中目标幻灯片，右击，在快捷菜单中选择"设置背景格式"命令（如图 10-183 所示），打开"设置背景格式"窗格。

❷ 在"填充"一栏中，选中"图片或纹理填充"单选按钮，单击"文件"按钮（如图 10-184 所示），打开"插入图片"对话框。

图 10-183

图 10-184

❸ 找到图片存放位置，选中目标图片，单击"插入"按钮（如图 10-185 所示），插入后效果如图 10-186 所示。

❹ 在"插入"选项卡的"插图"组中单击"形状"下拉按钮，在下拉列表中选择"椭圆"并按 Shift 键绘制，如图 10-187 所示。

图 10-185

图 10-186

图 10-187

❺ 绘制完成后，效果如图 10-188 所示。按 Ctrl+C 快捷键复制，再按 Ctrl+V 快捷键粘贴，得到

同一个图形，调整其大小并按如图 10-189 所示样式叠放。

图 10-188 　　　　　 图 10-189

⑥ 选中大圆，右击，在快捷菜单中选择"设置形状格式"命令，打开"设置形状格式"窗格，展开"填充"栏，设置填充颜色为"黑色"，透明度为 30%（如图 10-190 所示）；再选中小圆，设置填充颜色为"红色"，如图 10-191 所示。

图 10-190 　　　　　 图 10-191

⑦ 设置完图形的填充色和边框后，保持小圆选中状态，右击，在快捷菜单中选择"编辑文字"命令（如图 10-192 所示），即可在图形中输入文字，达到如图 10-182 所示的效果。

图 10-192

练一练

**全图型幻灯片**

如图 10-193 和图 10-194 所示均为全图型幻灯片的设计范例。

图 10-193

图 10-194

技高一筹

### 1. 快速更改形状样式且保留格式

在编辑图形时，当完成对图形格式的设置后，如果再想更换为其他图形样式，则可以在原图形上进行更改，以实现更改形状的同时保留原格式，避免再次设置的麻烦。

① 选中需要更改的图形（如图 10-195 所示），在功能区"格式"选项卡下的"插入形状"组中单击"编辑形状"按钮，在"更改形状"的子菜单中则可以重新选择需要使用的形状，如图 10-196 所示。

② 如图 10-197 所示为原图形，图 10-198 为更改图形后的效果。

图 10-195

图 10-196

## 2. 用格式刷快速复制图形格式

图形格式设置完成后，如果其他幻灯片中的一个或多个图形也需要应用相同的图形格式，就可以使用格式刷功能，实现快速格式复制。

① 选中设置完成的图形（如图 10-199 所示），在"开始"选项卡的"剪贴板"组中单击"格式刷"按钮（如图 10-200 所示），此时光标变成小刷子形状（如图 10-201 所示），在需要引用格式的图形上单击即可引用相同的格式，如图 10-202 所示。

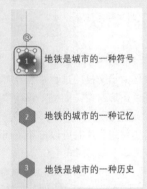

图 10-199

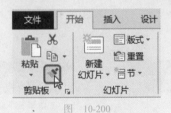

图 10-200

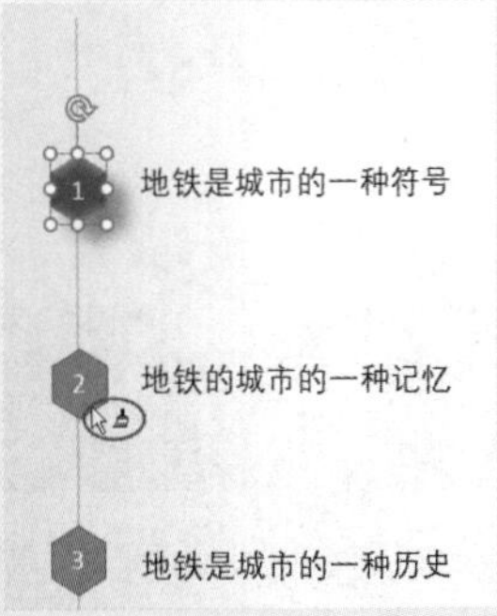

图 10-197

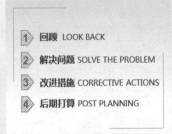

图 10-198

图 10-201

图 10-202

② 如果多处需要使用相同的格式，则双击"格式刷"按钮，依次在需要引用格式的图形上单击，全部引用完后再单击一次"格式刷"按钮即可退出。

### 3. 框选多个图形对象

在制作演示文稿的过程中，经常需要同时编辑多个图形对象（如统一移动位置、设置对齐、设计完成后进行组合等），逐一选取比较浪费时间，这时可以按照下面的方法一次性框选多个图形对象。

将鼠标指针指向空白位置，按住鼠标左键拖动框选（如图 10-203 所示），即将所有想选中的对象框住，然后释放鼠标即可将框住的对象一次性选中，如图 10-204 所示。

图 10-203

图 10-204

### 4. 在图片中抠图

将图片插入幻灯片后，通常图片会包含硬边框，因此与背景无法很好地融合。使用 PowerPoint 提供的删除背景功能可以删除图片背景，抠出图片中想要保留的部分，这时图片就和 PNG 格式的图片一样好用了。

① 选中要删除背景的图片，在功能区"格式"选项卡的"调整"组中单击"删除背景"按钮，如图 10-205 所示。

图 10-205

② 执行上述操作后，插入图片会显示区分区域，变色区域表示删除区域，不变色区域表示保留区域，如图 10-206 所示。

③ 用鼠标拖动图形中的矩形选择框，首先指定所要保留的大致范围，如图 10-207 所示。

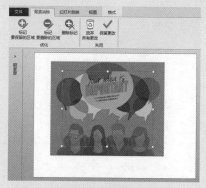

图 10-206

图 10-207

④ 程序默认的保留区域可能会与实际想保留的区域有些偏差，可以在"消除背景"选项卡的"优化"组中单击"标记要保留的区域"按钮，在想保留的已变色区域上不断点选或拖动（如图10-208所示），直到变为本色，如图10-209所示。

图　10-208

图　10-209

⑤ 调节完毕后单击"保留更改"按钮即可实现抠图效果，如图10-210所示。删除背景后的幻灯片可以更方便地用于幻灯片中，如图10-211所示。

图　10-210

图　10-211

📖 专家提醒

如果有想删除的区域默认未变色，则单击"标记要删除的区域"按钮，在想删除而未变色的区域上不断点选或拖动，直到变色。

在进行抠图时，如果背景单一，主体突出，那么只需要简单几步即可实现抠图。如果背景相对复杂，主体与背景色彩相近，那么需要使用"标记要保留的区域"与"标记要删除的区域"两个命令进行多次细致调节。

## 5. 将图片转换为 SmartArt 图形效果

幻灯片中的图片可以转换为 SmartArt 图片的版式，这些版式对多图片的处理非常有用，效果也很好，可以让原本杂乱无序的图片瞬间有规则起来。

① 选中图片，在"格式"选项卡的"图片样式"组中单击"图片版式"按钮，在展开的下拉菜单中可以看到可应用的图片版式，如图10-212所示。

图　10-212

② 选择合适的版式并单击即可实现转换，如图 10-213 所示。

③ 在文本占位符中输入文本，并进行填充颜色等优化设置，效果如图 10-214 所示。

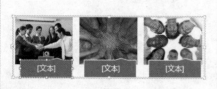

图 10-213

协助　友爱　共创

图 10-214

专家提醒

利用将图片转换为 SmartArt 图形可以实现快速创建图片式目录。首先将图片一次性插入，接着通过转换命令一键操作即可。

读书笔记